浙江传媒学院浙江省社会治理与传播创新研究院研究成果
浙江传媒学院英国研究院研究成果
中国广播电视社会组织联合会媒介素养学术研究基地研究成果
浙江省媒介素养教育研究会研究成果
浙江传媒学院媒介素养研究所研究成果

全球数字素养发展前沿研究

The frontiers in global Digital Literacy

宋红岩　著

中国广播影视出版社

图书在版编目（CIP）数据

全球数字素养发展前沿研究 / 宋红岩著. -- 北京：中国广播影视出版社，2024.7. -- ISBN 978-7-5043-9236-7

Ⅰ. TP3

中国国家版本馆 CIP 数据核字第 2024UA2674 号

全球数字素养发展前沿研究
宋红岩　著

责任编辑	许珊珊　孙政昊
封面设计	吴　睿
责任校对	马延郡
出版发行	中国广播影视出版社
电　　话	010-86093580　010-86093583
社　　址	北京市西城区真武庙二条 9 号
邮　　编	100045
网　　址	www.crtp.com.cn
电子信箱	crtp8@sina.com
经　　销	全国各地新华书店
印　　刷	天津和萱印刷有限公司
开　　本	710 毫米×1000 毫米　1/16
字　　数	319（千）字
印　　张	19.5
版　　次	2024 年 7 月第 1 版　2024 年 7 月第 1 次印刷
书　　号	ISBN 978-7-5043-9236-7
定　　价	98.00 元

（版权所有　翻印必究·印装有误　负责调换）

序 言

一

媒介素养最早源于西方文化启蒙时期，旨在提高和普及社会公众的识字能力。随着大众媒介的发展，从20世纪30年代起，人们开始关注报纸、电影、电视等媒介及其内容对社会公众的影响，对青少年价值观、认知与行为的负面作用，媒介素养越来越受到社会各界的重视。英国最早在20世纪70年代开始，就将媒介素养纳入学校教育；20世纪80年代中后期，媒介素养在欧洲、美洲的一些国家开始快速普及。随着媒介技术的细分发展，媒介素养的内涵与外延不断发展变化，衍生出屏幕素养（Screen literacy）、图像素养（Picture pixel literacy）、视觉素养（Visual literacy）、游戏素养（Game literacy）、信息素养（Information literacy）、网络素养（Cyber literacy）等子概念、子体系。

进入21世纪，媒介素养已然成为社会公民的基本生存技能，因此，联合国教科文组织组建了媒介与信息联盟，在2011年推出了《教师的媒介和信息素养课程》，在2013年发布了《全球媒介与信息素养评估框架：国家准备情况和能力》。面对数字智能媒介新业态新传播的迭代发展，2018年，联合国教科文组织将媒介素养升级为数字素养，并发布了《全球指标性数字素养技能参考框架》，来指导与评估全球各国家、各地区的媒介素养工作。面对数字社会的到来，数字素养上升为一个地区或国家的互联网空间治理、网络文化软实力和公民素养的战略性竞争优势，各国家、各地区纷纷采取措施推进数字素养教育发展。譬如，欧盟在2013年就提出公民数字素养框架DigComp 1.0，在2016年和2017年连续更新为DigComp 2.0、DigComp 2.1，2020年又发布了《2021—2027数字教育行动计划》《欧盟教育者数字素养框架》等文件。

在中国，党的十九大报告明确提出，"加快建设创新型国家""为建设网络强国、数字中国、智慧社会提供有力支撑"；党的二十大报告再次强调"加快建设网络强国、数字中国"。中国由工业革命的"后来者""跟上者"转变为"领跑者"，正处于积极地由第三次工业革命向以人工智能为引擎的第四次工业革命进军的重要历史时期，大数据、物联网、AR、生物等智慧科技发展迅猛，网络科技跃进和网络空间治理需要与之相适应的具备较高数字素养的人才。但从应用层面来看，人们不仅面对着网络谣言、网络暴力、网络沉迷等困扰，还面临着跟不上数字智媒超前发展、数字文化素养滞后的窘境。因此，数字（媒介）素养教育对国家及其社会公众的可持续发展显得尤为重要，发展数字素养教育工作迫在眉睫。

媒介素养在中国相对起步较晚，自20世纪90年代传入以来，逐渐被学者、教育者与社会公众所了解。可喜的是，面对数智时代的到来，近几年中国出台了一系列相关政策法规，2022年11月中央网络安全和信息化委员会印发《提升全民数字素养与技能行动纲要》，明确指出在"2035年，基本建成数字人才强国"；2022年3月，中央网信办、教育部等四部门联合印发《2022年提升全民数字素养与技能工作要点》，明确提出要"完善数字技能职业教育培训体系，提高全民网络文明素养"，要"促进全民终身数字学习、提高数字创新创业创造能力"等。这些都充分彰显了数字素养教育是中国面向未来数字社会的人才强国、科教强国以及中国特色教育现代化的重要战略安排，同时，也是中国网络空间治理与现实社会治理的重要战略要求。为了更好地加强国家互联网治理水平，提升社会公众的数字素养能力，我们需要了解掌握全球数字素养发展的现状，借鉴鲜活的经验和好的做法，这是本书撰写的初衷。

二

本书以联合国教科文组织媒介与信息联盟（MIL）主要成员为研究对象，一方面，力求从全球比较的视角，搭建一个比较完整、系统的当代数字素养发展图景；另一方面，研究全球数字素养（媒介素养）建设、教育与实施等方面有突出成效、有代表性的国家及地区的政策法规等制度性建设、教育教学发展、机构组织建制，对其进行深入研究，着力回答以下问题：一是全球网络空间治理及数字素养发展现状如何；二是各国家/地区数字素养建设的突出成果有哪些;三是各国家/地区数字素养发展对中国数字素养教育高质量建设有什么启示?

亚洲篇,集中研究了中国、印度、菲律宾、韩国、泰国、孟加拉国、新加坡7国的数字素养发展情况。从总体来看,中国数字素养发展模式正处于由学者呼吁转向国家推动、学术研究与在地教育实践多元共建的可喜阶段,尤其是迈入"十四五"以来,为实现网络强国和数字中国等战略目标,一系列提升全民数字素养的行动纲领相继出台,同时,数字素养相关的地方性政策法规、社会机构也快速发展起来。对印度而言,"让每个家庭至少有一个人具备数字素养"是数字素养建设的重要目标,目标人群多以农村、边缘化地区的女性和儿童为主,通过改进数字基础设施和增加互联网连接使公民更容易获得数字化授权,提升数字素养,弥合数字鸿沟。菲律宾是东南亚国家中较早开始数字化转型的,并在持续推进其战略计划。菲律宾关于数字素养的研究组织多为民间成立的非政府组织,相关活动多聚焦于提升青年群体的数字素养。在孟加拉国,信息和通信技术仍是一个相对较新的学科,现有的与数字素养相关的政策行动多为提升国民的数字技能,孟加拉国数字素养发展的最大特点在于其初衷为帮助部分边缘性弱势群体,如农村地区居民、妇女、弱势青年等,致力通过提升这部分人群的数字素养来改善其社会处境。新加坡正极力打造一个智能国家,近年来政府大力推进"数字生活""数字化准备""数字访问"计划来提升新加坡人的数字素养。新加坡在《数字化准备蓝图》中提出了四大战略推动力,《全球标准数字智能框架》专注于数字生活的8个关键领域,涵盖了24项数字能力。

欧洲篇,欧洲的数字(媒介)素养发展历史悠久,并对数字素养的发展一直保持着敏锐性、预见性与前瞻性。欧盟在2013年就提出《公民数字素养框架DigComp 1.0》,在2016年和2017年连续更新为DigComp 2.0、DigComp 2.1,2020年又发布了《2021—2027数字教育行动计划》《欧盟教育者数字素养框架》等文件。法国在2012年提出要投入十亿欧元,促进校园信息化,提供数字教学,接受有关数字素养的评估,提升师生数字安全意识。英国2021年发布了《在线媒体素养策略》《英国的数字素养》等文件。近年来,西班牙、爱尔兰等国逐步跟上,这些国家政府都加大力度,从数字素养教育着手,举办并鼓励学生参与新闻媒体的实践活动,为公民展开辨别假新闻的科普活动,注重解决数字鸿沟等问题。

北美洲篇，集中探讨了加拿大、美国和牙买加三个国家的数字素养发展情况。加拿大在数字素养的教育发展方面处于世界前列，有着比较完备的政策法规，这些政策除了来自联邦政府还来自各个省。同时，加拿大也有多家数字素养相关机构，它们为国家素质素养政策的实施提供了丰富的社会项目和研究报告。此外，加拿大对青少年的数字素养培养非常重视，有着明确的分级课程，来培养不同年龄段青少年的数字素养能力。美国形成了全民开展数字素养教育的氛围，覆盖面广、影响时间长，发布了多条政策法案，引导和规范数字素养教育的正确实施。美国数字素养在线资源丰富，民间组织与机构提供免费公开的课程，任何人都可以获取。美国的数字素养教育呈现社会化、全民化的特点，数字素养教育并不仅仅针对学校的学生，而是放眼全社会，特别是针对欠发达农村地区低收入人群、老年人、残障人士，通过为他们开设数字技术培训来弥合数字鸿沟。牙买加是一个岛国，但数字素养提升非常快，政府部门通过与企业、慈善基金会、培训机构协同提升数字素养教育。牙买加的数字素养教育以就业为导向，更强调数字技能的提升和在现实工作的实践能力。

南美洲篇，由于南美洲大多数国家数字素养发展比较缓慢，本书集中研究了巴西和阿根廷两个国家。巴西作为一个发展中国家，虽然国家人口众多，且发展起步较晚，但是对数字素养教育的推广与实施极为重视，一直致力于给全国民众提供基础的数字设备，以此来推动数字素养在本国的发展。同时，巴西对数字素养有很明确的政策法规，对数字素养教育有着完善的机构项目和教育课程。

大洋洲篇，主要介绍澳大利亚和新西兰两个国家。其中，澳大利亚的数字素养已上升至数字经济层面，数字素养工作更侧重于提高数字生产力、完善信息基础设施、支持新兴产业和技术、确保网络安全和信任等领域，数字素养培养广泛关注老年人、残疾人、低收入家庭和原住民等群体。新西兰则强调数字包容性，致力于对社区数字包容性组织、企业和个人的扶持。在数字素养的提升过程中，这些国家都成立了许多成功的官方、民间组织和基金会，各项计划成果显著。

非洲篇，具体考察了尼日利亚、加纳、津巴布韦和肯尼亚这四个国家的数字素养发展状况。为了提高非洲地区的数字素养水平，非洲国家及地区根据当地实际情况制定相应举措，以点带面地提高公民的数字素养能力。譬如，尼日利亚推出妇女数字扫盲运动、数字就业创造中心等；津巴布韦的"将技术带到农村地区计划"等。肯尼亚聚焦于数字素养政策法规的与时俱进，涉及数据保护、网络犯罪、电子通信、信息获取等方面，同时，相关活动发展迅速且成效显著，有力带动东非其他国家的数字素养发展。在不断完善政策法规的基础上，加纳以报告形式对国家数字素养发展趋势、行业标准、关键指标等开展逐年总结，形成了一套规模化、体系化的数字素养发展模式，不仅有益于国家后续发展方向的适时调整，也为西非其他国家的数字素养发展提供了有价值的参考。

三

本书从策划、撰写到成稿先后经历了5年时间，但本书作者与媒介（数字）素养结缘已有15年了。作者从2007年接触到媒介素养开始，一直从事媒介素养研究、教育推广与社会服务等工作。第一，在学术研究方面，先后主持参与十余项国家级、省部级等课题，发表四十余篇论文，出版《中国媒介素养研究报告》《中国媒介素养发展报告蓝皮书》等著作，主持完成《中国青少年数字素养的培育机制与提升路径研究》《网络道德素养教育内容与载体研究》《网络素养融入大学生思想政治理论课的创新研究》等课题，形成大约六十余万字数字素养方面的研究成果。第二，在教育实践方面，从2008年开始将相关课程植入杭州夏衍中学等15所基地校，每年都会组织浙江省中小学生专项教育活动，每年组织并开展大学生媒介素养暑期社会实践活动。从2018年开始，面向本科、研究生以及留学生开设《媒介素养教育与实务》《全球传播与媒介教育》等课程。第三，在国际合作方面，作者2004年成为联合国教科文组织（UNESCO）媒介与信息素养联盟教席成员，从2008年起连续参加中国（西湖）媒介信息素养国际高峰论坛（每两年一届），多次到国外参加国际会议，并作主题发言，同国内外媒介素养专家学者建立了广泛的交流合作。

在长期的研究、教学与实践工作中，本书作者深感媒介（数字）素养的重要性与迫切性，世界有些国家/地区起步早、发展快、成果多；近几年，中国越来越多的人开始关注数字素养教育工作，但相对而言，中国还处于起步阶段，亟须开阔视野，并以更高的站位来谋划未来的数字（媒介）素养教育事业。因此，本书的撰写有以下几个目的：一是为国家治理决策、法律法规以及政策制定等提供依据，提供第一手、翔实的国际资料。二是为该研究领域的研究者、教育者以及爱好者提供宝贵的学术研究、教育参与和启示。三是面向广大社会公众进行数字素养的宣传普及，增强和提高人们的数字素养意识、知识与能力，促进全民数字素养社会动员，共同构建网络人类命运共同体。

在本书撰写过程中，浙江传媒学院新闻与传播学院、国际传播学院研究生参与了书籍的资料收集、内容研讨与部分撰写等工作。其中，数字媒体与智能传播研究生有洪安琪、刘秀彬、刘紫贤、鲍梦妮、宋艳、王琼、周雨晴、丁梓珂、杜正文、陈婉婷、张艾末、汤瑞，全球传播与传媒教育研究生有陈晓倩、王思雨、王雨晴、季仲妍、陈洋、练思华，杭州电子科技大学自动化学院2024级研究生曹润之也参与了本书的撰写与编辑工作。

撰写一本书需要大量的时间与精力，无法涵盖世界各个国家的数字素养发展情况。第一，对一个国家/地区需要准确找到数字素养方面的信源，从中找到有价值、最典型、最突出的内容，需要耐心、细心地进行资源查找、梳理与提炼。第二，由于篇幅、语言等问题，还有一些国家没有编到本书中。本书的推出旨在抛砖引玉，若能为中国的媒介与信息素养学术研究、政府咨政、在地教育实践、公众数字素养培育等方面提供一些启发或借鉴，则无愧于本书作者在该领域上的坚持与探索。第三，对国外文献翻译过程中要注意技巧并需结合内容情境，有时要反复斟酌、校对与打磨，本书的撰写工作还存在着不完美之处，敬请读者朋友们指正。

目 录

亚洲篇

数字强国视域下的中国数字素养的发展要求与建设 …………………… 2
缩小数字鸿沟，数字印度的战略定位与实施 …………………………… 18
菲律宾数字素养教育建设的经验与启示 ………………………………… 26
时代之舟，韩国数字素养教育体系建设研究 …………………………… 40
泰国数字素养教育的发展与建设研究 …………………………………… 58
推进数字包容发展，孟加拉国数字素养发展研究 ……………………… 75
智慧国家框架下新加坡的数字公民与数字素养教育实施 ……………… 85

欧洲篇

法国数字素养教育的课程开发、教学设计与师资培训研究 …………… 94
英国媒介素养教育发展范式探讨与反思 ………………………………… 112
西班牙数字素养教育的机制建设与课程开发研究 ……………………… 124
芬兰数字素养教育的实践与启示 ………………………………………… 134
爱尔兰媒介素养课程建设研究 …………………………………………… 138

北美洲篇

加拿大数字素养教育理念、框架与课程建设研究 ……………………… 148
美国数字素养教育的现状及特征研究 …………………………………… 166
以职业发展为导向的牙买加数字素养教育实践研究 …………………… 196

南美洲篇

巴西数字素养教育课程的发展现状及启示……………………………………… 204

阿根廷数字素养教育路径——以"连接平等计划"为例 ……………… 214

大洋洲篇

澳大利亚数字素养教育的实践与启示……………………………………… 238

新西兰数字素养教育发展概览……………………………………………… 249

非洲篇

赋能与创新：数字经济时代下尼日利亚的数字素养教育………………… 264

弥合数字鸿沟：加纳教师数字素养建设研究……………………………… 276

津巴布韦中小学数字素养教育实践研究与启示…………………………… 283

肯尼亚的数字化转型：实现性别包容性发展……………………………… 292

亚洲篇

数字强国视域下的中国数字素养的发展要求与建设

在数字经济与数字技术的驱动下，全球数字环境日趋成熟，数字素养已经成为数字时代公民的基本素养之一。在中国，党和国家都高度重视数字素养的提升与教育工作，习近平总书记在中共中央政治局第三十四次集体学习时指出，要提高全民全社会数字素养和技能，夯实中国数字经济发展社会基础。加强国民的数字素养教育，是提升数字素养的最有效途径，也是加快数字化发展、建设数字中国的一个重要课题。

一、中国数字素养教育发展概览

在 20 世纪 20 年代至 90 年代，电视与电影普及带来的社会焦虑产生了早期的媒介与信息素养教育，重点在于对媒介所传递信息的选择能力、理解能力、质疑能力、评估能力以及创造能力上。后来，随着网络技术的发展与应用，社会进入信息大爆炸时期，信息的有效获取和应用成为一项重要技能，信息素养被广泛关注。近年来，人工智能、大数据、云计算等数字化技术不断走向成熟，人类步入了一个崭新的数字时代。数字素养作为更广泛的概念被提出，涵盖了计算机素养、信息素养、媒介素养等，更适用于在新技术环境下体现公民的可持续发展要求[1]。1994 年，以色列学者 Yoram Eshet-Alkalai 首次提出"数字素养"一词，并将其定义面向新兴数字环境进行学习时所必需的一系列技能[2]。此后，不同的国家与组织对这一概念不断重新解读，并随着时代变化赋予新的内涵，目前学术界仍未有统一的定论。

---

[1] 卜卫、任娟：《超越"数字鸿沟"：发展具有社会包容性的数字素养教育》，《新闻与写作》2020 年第 10 期。
[2] 杜希林、孙鹏：《我国公共图书馆数字素养教育研究——基于数字时代全民数字素养教育的视角》，《图书馆工作与研究》2022 年第 7 期。

数字素养教育是在媒介素养教育基础上发展而来的，中国自20世纪90年代引入媒介素养的概念，比西方发达国家的研究进程相对滞后。1997年，学者卜卫发表了第一篇系统性论述媒介素养教育的论文。2004年，首届中国媒介素养教育国际研讨会第一次对中国媒介素养教育的方法与意义进行了综合性的讨论①，此后，中国对媒介素养教育的研究与实践开始逐步推进。在数字技术与数字经济的发展下，国民的数字素养教育逐渐受到重视，被作为21世纪的教育目标新指向，延伸了原有的媒介素养教育内容。一些西方发达国家陆续提出数字素养教育框架，并根据自身环境与背景，各自建立了相对完善成熟的数字素养教育模式。目前，中国尚未形成相对成熟的框架，但一直在进行数字素养教育的探索与实践。

（一）研究状况

1997年卜卫发表的《论媒介教育的意义、内容和方法》一文，介绍了媒介素养教育的概念、国外媒介素养教育的起源与发展、媒介素养教育的意义、内容与途径，并对中国媒介教育的实施进行了初步构思②。此后，开始不断有学者研究媒介教育，对媒介素养的概念与思想进行阐释；同时，对国外媒介素养教育的研究成果与经验进行深入研究、借鉴与学习，与中国的实际情况相结合，探索具有中国特色的媒介素养教育模式。2004年开始，中国的媒介素养教育研究进入新的阶段，中国传媒大学举办"信息社会中的媒介素养教育"国际研讨会，复旦大学创建首个媒介素养专业网站，团中央等七部委联合主办"中国青少年社会教育论坛——2004媒体与未成年人发展"会议等。关于媒介素养教育的相关书籍陆续出版，一些学者开始从不同的交叉领域探索媒介素养教育，在对西方媒介素养教育理论与中国国情结合探讨的过程中，也开始了对媒介素养教育本土化的反思，试图构建中国媒介素养教育本土化体系③。

2006年，王晓辉发表《革命与冲突——教育信息化的教育学思考》一文，首次提出"数字素养"，并阐述其重要性。2010年后关于数字素养的研究文章陆续发表，内容主要集中在对其概念与内涵的阐释。李德刚认为，数

---

① 许欢、尚闻一：《美国、欧洲、日本、中国数字素养培养模式发展述评》，《图书情报工作》2017年第61期。
② 卜卫：《论媒介教育的意义、内容和方法》，《现代传播—北京广播学院学报》1997年第1期。
③ 卢锋：《媒介素养教育的本土化研究》，博士学位论文，南京师范大学，2011，第2页。

字素养教育是媒介素养教育未来发展的一个新动向,能够有效弥合数字时代学生的"新数字鸿沟"[①]。随着国家与社会对数字素养教育的重视,学者对数字素养的研究也逐渐从基础理论探索阶段过渡到对教育实践、教育机制、数字素养框架等方面的研究,并开始重视对图书馆参与数字素养培育的研究。顾华芳认为,图书馆作为社会教育、缩小数字鸿沟、维护信息公平的重要文化机构,需承担起培养用户数字素养的社会责任[②]。同时,对数字素养教育群体的研究也从最开始的高校学生逐渐扩展到未成年、教师、老年群体等,针对老年群体的数字素养教育研究受到强烈关注,多数学者对其现状、挑战及弥合数字鸿沟的对策进行了深度分析。2018年以来,人工智能、数字技术、大数据等热词开始不断出现在数字素养的相关研究中,新兴技术的发展推动了社会的变革,对人们的数字素养能力提出了新的要求,教育改革迫在眉睫,因而不断有跨学科的研究学者对数字素养教育问题进行探索。

(二) 实践状况

早期的媒介与信息素养教育实践多聚焦于对在校学生的能力培养。早在2000年,中国就将信息技术课程列入了义务教育阶段的必修课程;2004年9月,上海交通大学开设了首个面向本科生的媒介素养课程,随后各大高校也陆续设立相关课程。同时,在《中共中央国务院关于进一步加强和改进未成年人思想道德建设的若干意见》的影响下,青少年媒介素养教育开始受到重点关注,社会各界持续响应,如2005年深圳青少年报社、特区教育杂志联合相关政府职能部门在全市范围内的中小学推行媒介素养教育,分发科普读本并开展讲座培训等。政策扶持与教学配置升级加速了教育数字化的转型,为进一步发展数字素养教育实践提供了支撑条件。

自"互联网+"行动计划实施以后,数字素养教育在实践中开始探索,关注人群范围也逐渐从学生扩大到老年群体,同时数字素养教育督导机制开始建立。国务院办公厅在2020年出台《关于切实解决老年人运用智能技术困难实施方案的通知》,海南省配套出台《海南省关于切实解决老年人运用智能技术困难行动计划(2021—2022)》,针对异地养老人群,组织候鸟志

[①] 李德刚:《数字素养:新数字鸿沟背景下的媒介素养教育新走向》,《思想理论教育》2012年第18期。

[②] 顾华芳:《数字素养教育——数字时代图书馆新职能》,《江西图书馆学刊》2012年第42期。

愿者群体开展协助老年人使用智能技术的教育培训[1]；蔚县等社区定期开展社区居民对社区教育满意度测评，利用第三方力量反映与监督社区数字教育发展[2]。

"十四五"规划出台后，中国的数字素养教育实践在全社会范围内深入展开。2021年，网信办颁布《提升全民数字素养与技能行动纲要》，体现了国家对数字素养提升的高度重视。该文件强调了提升全民数字素养的主要任务与重点工程，各地积极响应并进行大规模的数字素养教育实践，打造试点示范区，以优秀的教育案例指导其他地区，在全国营造了浓厚的学习氛围，如南京市人社局职业技术培训指导中心举办了数字素养与技能提升专题培训班，为全市八十余家中小企业的近150名管理人员和技术骨干进行培训[3]。

二、中国数字素养教育政策背景

在"十二五"规划出台前，中国的政策重心是基础设施建设，政策文件中鲜少直接提及"数字素养"，大部分在强调信息化建设与信息技能教育等的重要性。"十二五"规划出台后，随着教育信息化基础设施的初步建成和数字经济的快速发展对数字素养教育实践的推动，"数字化教育""数字技能"等词开始在相关政策文件中被提及，同时，网络空间的媒介素养问题受到更多关注。"十四五"规划出台后，数字素养教育进入深入发展阶段，在政策层面正式界定了数字素养教育内涵。《提升全民数字素养与技能行动纲要》指出，数字素养与技能是数字社会公民学习工作生活应具备的数字获取、制作、使用、评价、交互、分享、创新、安全保障、伦理道德等一系列素质与能力的集合[4]，但在公众数字素养评估方面尚没有较为成熟的评估体系或标准。目前，数字素养教育政策已逐步融入乡村振兴、社区治理等各方面，其政策的执行面也在不断拓展，并着重于提升数字化创新创业的

---

[1]海南省发展和改革委员会：《海南省关于切实解决老年人运用智能技术困难行动计划（2021—2022）》，2021，第8页。
[2]唐超、陈颖淇、胡宜挺：《我国数字素养教育政策的演进脉络与结构特征》，《图书馆论坛》2022年第12期，访问日期：2022年11月16日。
[3]《南京人社举办数字素养与技能提升专题培训班》，http://www.js.xinhuanet.com/2022-11/15/c_1129130577.htm，访问日期：2022年11月16日。
[4]《提升全民数字素养与技能行动纲要》，http://www.cac.gov.cn/2021-11/05/c_1637708867754305.htm，访问日期：2021年11月5日。

能力,推动全民终身学习①。

(一)全民数字素养建设

信息技术与数字经济的飞速发展为人们的生产生活带来了极大的改变,信息化发展水平已成为衡量一个国家现代化进程的重要标志。自21世纪以来,各国纷纷开始逐步实施数字化转型,推进数字化建设。2015年,习近平主席在第二届世界互联网大会开幕式上首次提出"构建网络空间命运共同体"的重大命题。同年,中国开始实施"互联网+"行动计划,推动网络经济创新发展。2016年以来,随着国家政策的大力扶持,从电子政务、电子商务、在线教育到在线社交和娱乐等生活的方方面面,数字生活持续向传统生活渗透②,相关法规制度也随之逐渐丰富,与数字素养相关的行业政策陆续出台。

2018年,国家发展和改革委员会等多部门联合发布的《关于发展数字经济稳定并扩大就业的指导意见》中提出主要目标:"到2025年,伴随数字经济不断壮大,国民数字素养达到发达国家平均水平,数字人才规模稳步扩大,数字经济领域成为吸纳就业的重要渠道。"③ 2019年,工业和信息化部发布的《工业大数据发展指导意见(征求意见稿)》中提出了需"加强对工业行业人才再培训,提升员工数字素养和工业大数据技能"④。为了实现"培育数字人才,助力数字经济发展"的目标,各部门进一步出台相应政策。2020年,教育部与广东省人民政府发布的关于推进深圳职业教育的文件内容中提到,为"打造人才培养高地",需"将大数据、5G、人工智能等新技术有机融入课程体系,提升学生数字素养"⑤。2021年,人力资源和社会保障部发布的《"技能中国行动"实施方案》中,针对健全完善"技能中国"政策制度体系的主要目标,提出"健全终身职业技能培训制度",其

---

① 唐超、陈颖淇、胡宜挺:《我国数字素养教育政策的演进脉络与结构特征》,《图书馆论坛》2022年第12期。
② 欧阳日晖、杜文彬:《中国新媒体发展报告 No.12(2021)》,社会科学文献出版社,2021,第88~89页。
③《关于发展数字经济稳定并扩大就业的指导意见》,http://www.gov.cn/xinwen/2018-09/26/content_5325444.htm,访问日期:2018年9月26日。
④《工业大数据发展指导意见(征求意见稿)》,http://www.cac.gov.cn/2019-09/05/c_1569218552788238.htm,访问日期:2019年9月4日。
⑤《教育部 广东省人民政府关于推进深圳职业教育高端发展 争创世界一流的实施意见》,http://www.gd.gov.cn/zwgk/gongbao/2021/4/content_post_3367095.html,访问日期:2021年1月27日。

中明确指出需"加强数字技能培训，普及提升全民数字素养"的要求①。

迈入"十四五"时期，党和国家更是高度重视全民数字素养培育工作。习近平总书记在中央政治局第三十四次集体学习时指出，"要提高全民全社会数字素养和技能，夯实中国数字经济发展社会基础"②。提升全民数字素养是建设数字中国的基础性工作之一，全民数字素养与技能是国家国际竞争力与软实力的关键指标。十三届全国人大四次会议通过了《中华人民共和国国民经济和社会发展第十四个五年规划和2035年远景目标纲要》，阐明了中国下一个阶段的战略蓝图，其中进一步强调了对"普及提升公民数字素养"的要求。2021年11月，中央网络安全和信息化委员会办公室根据"十四五"规划制定了《提升全民数字素养与技能行动纲要》，布局主要任务与重点工程，并明确提出"到2025年，全民数字化适应力、胜任力、创造力显著提升，全民数字素养与技能达到发达国家水平"；"2035年，基本建成数字人才强国，全民数字素养与技能等能力达到更高水平，高端数字人才引领作用凸显，数字创新创业繁荣活跃，为建成网络强国、数字中国、智慧社会提供有力支撑"③的目标。同年12月，中央网信办印发《"十四五"国家信息化规划》，将"全民数字素养与技能提升"作为十大优先行动之首，提出"搭建全民数字技能教育资源体系，开展数字技能教育培训，精准帮扶信息弱势群体"④。2022年，中央网信办、教育部、工业和信息化部、人力资源社会保障部四部门联合印发《2022年提升全民数字素养与技能工作要点》，明确"到2022年底，提升全民数字素养与技能工作取得积极进展，系统推进工作格局基本建立"⑤，再次表明了国家对数字素养的重视，多措并举提升全民数字素养与技能。提升全民数字素养和技术水平，是适应数字

---

① 《"技能中国行动"实施方案》，http：//www.mohrss.gov.cn//xxgk2020/fdzdgknr/zcfg/gfxwj/rcrs/202107/t20210705_417746.html，访问日期：2021年6月30日。
② 《习近平主持中央政治局第三十四次集体学习：把握数字经济发展趋势和规律 推动我国数字经济健康发展》，http：//www.gov.cn/xinwen/2021-10/19/content_5643653.htm，访问日期：2021年10月19日。
③ 中共中央网络安全和信息化委员会：《提升全民数字素养与技能行动纲要》，http：//www.cac.gov.cn/2021-11/05/c_1637708867754305.htm，访问日期：2021年11月5日。
④ 《中央网络安全和信息化委员会印发〈"十四五"国家信息化规划〉》，http：//www.gov.cn/xinwen/2021-12/28/content_5664872.htm，访问日期：2021年12月28日。
⑤ 《四部门联合印发〈2022年提升全民数字素养与技能工作要点〉》，http：//www.gov.cn/xinwen/2022-03/02/content_5676432.htm，访问日期：2022年3月2日。

时代的需要，建设数字化国家的关键，是缩小数字鸿沟、共享数字红利、促进实现共同富裕的重要措施。

此外，部分数字经济处于领先地位的地区，对数字人才的需求强烈，陆续将"数字素养"纳入地方性政策法规中。如浙江省的《浙江省数字经济促进条例》、广东省的《广东省数字经济促进条例》等，都在强调需提升全社会、全民的数字素养。除了从地区发展的角度出发规划强调数字素养的重要性以外，天津市2021年新修订的《天津市科学技术普及条例》为进一步"推进全域科学技术普及工作、提高公民的科学文化素质"，在第十一条中加入"提升老年人、残疾人信息素养和健康素养，提高老年人、残疾人适应社会发展能力"；在第十三条中确认科普工作包括"普及数字化、网络化、智能化的知识和应用技能，提升公民数字素养"①。

（二）数字校园与师生信息素养建设

从20世纪90年代开始，网络技术的发展与普及，让"社会信息化"的概念开始出现，同时随着教育改革的发展，政府开始高度重视教育信息化工作，并出台了系列规划文件。早在2006年，教育部办公厅成立教育信息化工作办公室，以"适应构建学习型社会和教育现代化的需要，进一步加强教育信息化建设"②。2010年，在《国家中长期教育改革和发展规划纲要（2010—2020年）》中首次在"加快教育信息基础设施建设"的规划中提出了"数字化校园"的概念③，提升数字资源的开发利用，从而培养学生与教师的数字素养。

2013年起，教育部办公厅每年印发《教育信息化工作要点》，提出不同的工作重点内容以指导推进媒介与信息素养教育的发展。在国务院2016年印发的《"十三五"国家信息化规划》中提及了74项重点任务分工方案，其中强调了"提升国民信息素养"。此后，教育部发布了《关于"十三五"期间全面深入推进教育信息化工作的指导意见》，对教育信息化工作进行规划部署，对学生与教师的信息素养能力的提升目标做出了

---

①《天津市科学技术普及条例》，https：//www.tjrd.gov.cn/flfg/system/2021/11/29/030022 992.shtml，访问日期：2017年1月17日。

②《教育部办公厅关于成立教育信息化工作办公室的通知》，http：//www.moe.gov.cn/srcsite/A16/s3342/200610/t20061016_82364.html，访问日期：2008年4月25日。

③《国家中长期教育改革和发展规划纲要（2010—2020年）》，http：//www.moe.gov.cn/jyb_xwfb/s6052/moe_838/201008/t20100802_93704.html，访问日期：2010年7月29日。

规定。

2018年，教育部在党的十九大精神的指导下，发布《教育信息化2.0行动计划》，标志着中国教育信息化进入2.0时代。文件提出"到2022年基本实现'三全两高一大'的发展目标，即教学应用覆盖全体教师、学习应用覆盖全体适龄学生、数字校园建设覆盖全体学校，信息化应用水平和师生信息素养普遍提高，建成互联网+教育大平台"[1]，开启了具有中国特色的教育信息化之路，也为媒介素养教育的全面开展奠定了基础[2]。此外，教育部还发布了《中小学数字校园建设规范（试行）》，提出并强调了采用"云—网—端"架构模式建设数字校园，确立了用户信息素养、信息化应用、基础设施、网络安全与保障机制五方面的建设内容[3]。此后，在每年印发的《教育信息化工作要点》中，开始有了更为具体的建设指标体系与建设行动安排等。在一系列的政策文件后，逐步形成了一套指导各级各类学校推进数字校园与媒介与信息素养教育建设发展的规范体系[4]。

（三）网络空间的媒介素养教育建设

习近平总书记曾强调，网络空间是亿万民众的精神家园。中国互联网络信息中心（CNNIC）发布的第50次《中国互联网络发展状况统计报告》显示，"截至2022年6月，中国网民规模为10.51亿，互联网普及率达74.4%"[5]。作为与互联网一同成长起来的一代，青少年逐渐成为网络空间使用主体，受数字新媒体的影响最大。因此，政府与社会近年来十分重视规范网络空间秩序，加强青少年网络空间中的媒介素养教育建设。

2016年国务院印发的《"十三五"国家信息化规划》，便开始强调网络空间治理对青少年发展的重要性，"依法加强网络空间治理""为广大网民特别是青少年营造一个风清气正的网络空间""创新网络社会治理""提升

---

[1]《教育部关于印发〈教育信息化2.0行动计划〉的通知》，http：//www.moe.gov.cn/srcsite/A16/s3342/201804/t20180425_334188.html，访问日期：2018年4月18日。
[2] 许志红、许宁：《中国媒介与信息素养政策法规分析报告（2016—2020）》，载《媒介与信息素养研究报告（2021—2022）》，社会科学文献出版社，2022，第46-47页。
[3]《中小学数字校园建设规范（试行）》，http：//www.moe.gov.cn/srcsite/A16/s3342/201805/W020180502564019214596.pdf，访问日期：2018年5月2日。
[4] 许志红、许宁：《中国媒介与信息素养政策法规分析报告（2016—2020）》，载《媒介与信息素养研究报告（2021—2022）》，社会科学文献出版社，2022，第51页。
[5]《第50次〈中国互联网络发展状况统计报告〉》，http：//www.cnnic.net.cn/n4/2022/0914/c88-10226.html，访问日期：2022年9月14日。

网络媒介素养"①。此后，教育部在 2017 年先后发布《中小学德育工作指南》《高校思想政治工作质量提升工程实施纲要》，均提出对校园网络文化的建设，规范师生的网络行为，提升网络文明素养，营造清朗的网络育人环境。在 2018 年的《教育部办公厅关于做好预防中小学生沉迷网络教育引导工作的紧急通知》中，教育部指出了家长的监护职责，并强调需"帮助家长提高自身网络素养，掌握沉迷网络早期识别和干预的知识"②。此外，相关部门多次强调青少年的网络素养教育，并不断推动网络安全教育进校园。2016 年，中央网络安全和信息化领导小组办公室等六部门联合印发《关于加强网络安全学科建设和人才培养的意见》，提出"网络教育从孩子抓起，加强青少年网络素养教育，开展'网络安全知识进校园'行动，将网络安全纳入学校教育教学内容，促进学生依法上网、文明上网、安全上网"③。同年 12 月，国家互联网信息办公室发布《国家网络空间安全战略》，提及对提升青少年网络文明素养的内容，并提出"推动网络安全教育进教材、进学校、进课堂，提高网络媒介素养，增强全社会网络安全意识和防护技能，提高广大网民对网络违法有害信息、网络欺诈等违法犯罪活动的辨识和抵御能力"④。2020 年新修订的《中华人民共和国未成年人保护法》，提出"国家、社会、学校和家庭应当加强未成年人网络素养宣传教育，培养和提高未成年人的网络素养，增强对未成年人科学、文明、安全、合理使用网络的意识和能力"⑤。

此外，网络空间的健康有序发展，离不开广大网民的广泛参与，因此政府与社会致力于不断提升全民网络媒介素养。2017 年，中共中央办公厅、国务院办公厅印发《关于促进移动互联网健康有序发展的意见》，强调了

---

①《国务院关于印发〈"十三五"国家信息化规划〉的通知》，http：//www.gov.cn/zhengce/content/2016-12/27/content_5153411.htm，访问日期：2016 年 12 月 27 日。

②《教育部办公厅关于做好预防中小学生沉迷网络教育引导工作的紧急通知》，http：//www.moe.gov.cn/srcsite/A06/s3325/201804/t20180424_334106.html?from=timeline&isappinstalled=0，访问日期：2018 年 4 月 20 日。

③《关于加强网络安全学科建设和人才培养的意见》，http：//www.moe.gov.cn/srcsite/A08/s7056/201607/t20160707_271098.html?from=timeline&isappinstalled=0，访问日期：2016 年 1 月 7 日。

④《国家网络空间安全战略》，http：//www.cac.gov.cn/2016-12/27/c_1120195926.htm，访问日期：2016 年 12 月 27 日。

⑤《中华人民共和国未成年人保护法》，http：//www.npc.gov.cn/npc/c30834/202010/82a8f1b84350432cac03b1e382ee1744.shtml，访问日期：2020 年 10 月 17 日。

"加强网络普法,强化网民法治观念,提升全民网络素养"① 的要求;2019年印发并实施的《新时代公民道德建设实施纲要》,提及"推进网民网络素养教育"等内容。

同时,为了进一步优化网络空间安全环境,中国陆续出台了一系列关于网络安全的法律法规与网络安全体系标准,先后颁布并实施《关于促进网络安全产业发展的指导意见》《中华人民共和国密码法》《网络信息内容生态治理规定》《网络安全审查办法》等。在推进中国网络强国建设的同时,促进了全民数字素养的提升②。

三、中国数字素养教育组织考察

一直以来,高校是推进数字素养教育研究与发展的主力军,从 2004 年开始,高校便开始增设媒介素养相关课程,待逐渐成熟后,先后走向中小学校园。许多高校在其下设的学院或单独设立的研究中心开展数字素养科研活动,推动数字素养教育在中国的发展。此外,政府部门也十分重视数字素养的发展,不断出台政策与意见,并设置相关课题项目等来推动其发展。同时,部分社会多元力量也参与到提升数字素养的行列中,以举办相关活动、支持科研课题等为主。

(一)高校组织:课程实践与理论探索

2004 年,经教育部备案批准,中国传媒大学在国内率先设置传媒教育硕士点,并于次年正式开设面向本科生与研究生的媒介素养课程。此后,国内各大高校陆续开设了相关课程。在逐渐成熟后,部分高校与中小学进行合作,开展系列青少年媒介素养教育课程实践,如 2008 年,中国传媒大学传播研究院传媒教育研究中心与北京市东城区黑芝麻胡同小学合作,共同开发"小学生媒介素养教育实验课";浙江传媒学院与多所学校合作开展教育,建立多个媒介素养教育实践基地,开发中小学媒介素养教育教材与课程,扎实开展媒介素养教育。

高校研究人员是媒介素养和数字素养理论探索与推进的关键力量,他们

---

①《中共中央办公厅 国务院办公厅印发〈关于促进移动互联网健康有序发展的意见〉》,http://www.gov.cn/zhengce/2017-01/15/content_5160060.htm,访问日期:2017 年 1 月 15 日。
②许志红、许宁:《中国媒介与信息素养政策法规分析报告(2016—2020)》,载《媒介与信息素养研究报告(2021—2022)》,社会科学文献出版社,2022,第 58-59 页。

瞄准数字化发展前沿，协同相关企业开发优质数字教学资源。许多重点高校设立相关的研究机构，积极开展数字素养学术研讨活动，推进国内外研究组织之间的交流合作，总结、推广数字素养教育的理论成果和实践经验。如浙江传媒学院与浙江省广播电视集团等单位联合，搭建了全国性的"中国广播电视协会媒介素养研究培训基地"，全省性的"浙江省媒介素养教育研究会"，校级的"浙江传媒学院媒介素养研究所"三个研究机构，拥有专业实力雄厚的研究队伍，积极开展西湖媒介素养高峰论坛、数字素养教育论坛等，组织实施了一系列媒介知识、信息知识的普及教育，以及多媒体和媒介素养知识的科普教育工作和社会培训[1]；中国传媒大学下设媒介素养教学与研究中心，建立起了研究机构、青少年媒介素养教育基地、公民媒介素养教育三边互动的平台，为各类媒介素养教育打造了系统化、专业化、进阶化的培训课程体系和业务交流平台，形成以科研促教学、以教学助培训、以培训带咨询的有效连环互动[2]；2021 年，北京师范大学未成年人网络素养研究中心正式成立，在"未成年人网络素养高峰论坛"中发布《未成年人网络素养 2020 年度报告》，致力于构建未成年网络素养教育的生态系统，完善教育体系[3]。

高校一方面通过教学实践提升各类人群的数字素养，另一方面通过科研交流推进理论发展，助力国内数字素养教育。

（二）政府部门：顶层设计与重点扶持

党和国家高度重视全民数字素养教育工作，教育部、网信办等政府部门积极响应，陆续出台相关政策与意见，对提升国民数字素养做出部署，同时对数字素养相关的科研项目给予支持等。2004 年，"媒介素养教育理论与实践"被列为教育部哲学社会科学研究重大课题攻关项目，教育部此后开始陆续为媒介素养相关的课题研究等提供支持，如西南大学的西部地区新农村青少年媒介素养教育研究项目等；台湾省教育部门为培养学生媒体识读素养

---

[1] 浙江传媒学院：《科研与创作》，http：//www.cuz.edu.cn/kyycz.htm，访问日期：2022 年 12 月 23 日。

[2] 中国传媒大学媒介与公共事务研究院：《媒介素养教育与研究中心》，https：//baike.baidu.com/reference/24183859/b4b1L71rHN49nRk3LhZcmyxrSBBXir8390pxK-N0yn8LK5PX9D2cswgVoC88Wk_xcP39C2HAN4kQyZXHdWqA5Zg，访问日期：2021 年 11 月 19 日。

[3] 北京师范大学新闻传播学院：《北师大与腾讯共建未成年人网络素养研究中心》，https：//sjc.bnu.edu.cn/xwdt/xwzx/115519.html，访问日期：2021 年 6 月 1 日。

能力，综合各界资源成立了媒介素养教育资源网站，提供丰富的教材教案、数位课程，让学生学习辨认假信息和假新闻，并提升独立思考能力。

随着互联网的深入发展，政府开始高度重视国民网络素养问题，全民数字素养建设逐渐成为重点。2016年，中央网信办部署实施的"中国好网民工程"正式启动，推出系列活动，营造了良好的网络生态环境；2022年，网信办会同教育部等14部门在全国范围推行"全民数字素养与技能提升月"活动，打造了系列数字素养公益课程，让全社会积极参与到全民数字素养与技能提升的行动中，推动全民共建共享数字化发展成果①。

政府部门的行动具有引领性力量，出台的政策与意见为国内数字素养教育明确了发展方向，同时，也为在全社会开展国民数字素养提升给予了支持与保障。

（三）社会力量：课程研发与活动推行

在政府与高校的号召下，许多社会性多元力量自发参与推行数字素养。2013年，广州市少年宫儿童媒介素养教育中心的老师与相关科研单位专家学者合作，立项开展多项课题，研发相关的校园实践课程，并发行了首套广东省媒介素养地方课程实验教材②。此外，提升全民数字素养对弥合数字鸿沟、促进共同富裕具有重要意义。中国互联网发展基金会、中国社会工作联合会联合发起公益项目"跨越数字鸿沟—社区数字素养教育示范项目"，通过社工服务，采用"线下教育和线上实操"相结合的方式，为社区居民开展数字素养教育培训，致力于提升社区居民尤其是老年人的数字素养，弥合数字鸿沟，助力数字社区建设。

在数字社会，数字素养已成为公民的核心素养之一，提升数字素养需要社会各界共同努力。这些多元社会力量的加入激发了公民学习与提升自身数字素养的热情，能够更大程度地在全社会普及数字素养。

四、中国数字素养教育课程实践

中国目前开设的数字素养教育课程较多针对青少年与老年群体。一直以

---

① 《"2022年全民数字素养与技能提升月"活动启动》，http://www.gov.cn/xinwen/2022-07/23/content_5702493.htm，访问日期：2022年7月23日。
② 广州市少年宫：《全力推动媒介素养教育走进广州校园》，http://www.61cn.org.cn/5261.html，访问日期：2016年9月24日。

来，中国十分重视青少年教育，有关数字素养的课程实践也最早从高校学生开始。中国自2004年开始陆续在各大高校加入媒介素养相关课程，让学生理解、认识媒介，培养其批判思维与创新能力。近年来，高校媒介素养课程内容逐渐加入了信息素养、网络素养、数字素养等方面的知识普及与技能培训，让学生能够全方位适应数字媒体时代。此外，数字鸿沟仍是当前建设数字中国进程中最大的问题，代际数字鸿沟的现象尤为明显。因此，政府与社会多关注老年群体的数字素养，有针对性地设置相关课程内容。

在众多关于数字素养的课程中，本书整理、筛选了部分较有代表性的课程（见表1）。

表1 中国媒介素养教育相关课程一览表

组织属性	组织名称	课程名称	适用人群	授课方式	课程主要内容
官方部门	中央网信办等	全民数字素养与技能提升平台课程	全民	线上	网络安全、人工智能、新媒体、区块链、元宇宙等前沿话题。
	广西教育技术和信息化中心	中小学教师数字素养与技能研修班	中小学教师	线上	分为图形化编程实践、Python编程实践、中小学数字资源应用三个专题，提升中小学教师数字素养与技能。
高校及下设部门	浙江传媒学院	媒介素养教育与实务	大学生	线下	通过专题讲授、课后实践与实验体验等综合性手段，培养学生全面、客观看待智能数字环境的能力。
	中山大学	信息素养通识教程：数字化生存的必修课	大学生	线上	主要分为信息素养和信息检索两部分，让学生快速学会各类信息获取技能，有效提升信息素养。
	北京大学图书馆	信息素养概论	大学生	线下	从增强大学生的信息意识、信息能力、信息文化入手，把图书馆的用户教育、信息工作、参考服务等融入大学的教学当中。

续表

组织属性	组织名称	课程名称	适用人群	授课方式	课程主要内容
社会组织	DN.A农村支教计划	腾讯	留守儿童	线下	以公开课的形式，提升农村留守儿童的网络素养，建立科学健康上网习惯。
	第三年龄学堂	浙江老年大学	老年人	线上与线下	设有物联网技术课程，提升老年人网络知识与应用技能。
	"博士课堂·同一堂课"之数字素养系列公益课程①	中国科学院深圳先进技术研究院等	青少年	线上	解释当下最流行的网络安全问题，提升青少年网络安全意识。
	数字素养科普大讲堂②	中国电子劳动学会	全民	线上	对时下热门的数字技术问题进行科普，内容包括数字生活、保密意识、人工智能等。

（一）内容与时俱进，偏重线下教育

通过考察部分现有的数字素养相关培训课程发现，课程内容的设置多聚焦于时下热门的数字话题，如人工智能、大数据、网络隐私安全问题等，通过科普让更多人了解和把握新兴数字技术的应用方向并警惕数字时代的安全边界等，让公民更好地融入数字社会。教育部最新印发的义务教育课程方案和课程标准（2022年版）依据核心素养和学段目标，按照学生的认知特征和信息科技课程的知识体系，围绕数据、算法、网络、信息处理、信息安全、人工智能六条主题线索设计义务教育全学段内容模块，具体学习内容由内容模块与跨学科主题两部分组成③，如图1所示。

---

①深圳教育云：《网络安全》，https://zy.szedu.cn/zt/ztwlaq/，访问日期：2022年12月4日。
②《数字素养课程平台》，http://www.shuzisuyang.com.cn/course.cateid=6，访问日期：2022年12月5日。
③《义务教育课程方案和课程标准（2022年版）》，http://www.moe.gov.cn/srcsite/A26/s8001/202204/t20220420_619921.html，访问日期：2022年4月20日。

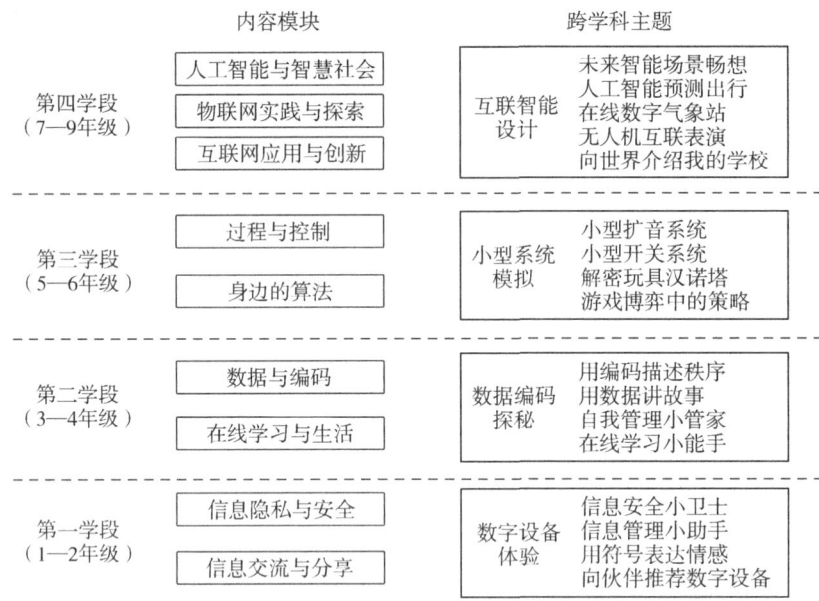

图 1　信息科技内容模块与跨学科主题

此外，目前国内关于数字素养的线上教育资源仍相对较少，院校的必修选修课程、社会组织的公益教学等多在线下开展。线下教育虽在一定程度上更有针对性，教学效果更显著，但线上资源能获得更大范围的推广，加快提升全民数字素养的进程。

（二）培育方式滞后，系列课程较少

在现有的数字素养教育课程中，总体设计上相对缺乏层次与逻辑性，未能很好地融入专业与实践，且教学方式多为传统的课程、讲座、培训等，缺乏一定的创新性。尽管高校课程中涉及数字素养，但教学内容仍多为理论科普与信息技术的培育，尤其在中小学教育中，数字素养的主要培育途径是信息技术课程，但由于应试教育下升学压力较大，教师与学生对其重视程度不高，课程的教学方式也多停留在教材讲解阶段，难以提升学生的数字化思维与技术能力等。此外，除了高校教育中有成体系的针对学生群体的数字素养课程，其余组织所推出的课程数量较少、持续时长较短或内容相对粗略，如继网信办等部门提出"全民数字素养与技能提升月"活动后，各地政府、街道等开展相应宣传行动，组织课程培训，但在提升月活动结束后，相关课程也随之结束。提升全民数字素养并不是一朝一夕能完成的任务，数字技术的更新速度正在不断加快，因此有关部门应加大和拓宽对数字素养教育的推行力度与范围，针对不同人群建立成体系的课程教学等。

（三）缺乏体系标准，群体困境犹在

尽管网信办颁布的《提升全民数字素养与技能行动纲要》以目标为导向，对提升全民数字素养提出了主要任务与重点工程，但仍缺乏对数字素养教育建立系统性的指导标准。教育部发布的课程标准也主要围绕信息技术课程，在其中纳入相应的数字素养内容，这导致高校的数字人才培养目标不明确、评估标准参差不齐，影响了学生数字素养的提升。此外，尽管在国家与社会层面不断强调弥合数字鸿沟，但现有的针对老年人和特殊群体的数字素养课程仍较少，这些群体不仅在学习设备应用层面存在与大众群体相异的要求，还在思维认知上相对落后。因此，在设置相关课程时需根据这些特殊人群的具体情况进行差异化教学。

小结

国家"十四五"规划提出了"加快数字化发展，建设数字中国"的发展战略，提升全民数字素养是实现这一目标的重要途径。针对现有的数字素养教育发展状况，在未来的改进中，仍应以弥合数字鸿沟与提升整体水平为方向。首先，在课程内容设置方面，需考虑到课程设计、实施与考核的各个环节，保证独立课程的数量和质量，将数字素养教育融入学生的专业知识体系，提高实践应用能力，避免课程流于形式。其次，为有效弥合数字鸿沟，除了加大各地基础信息设备的建设与投入，还需发挥图书馆、社区等的作用，为公众提供个性化、深层次的数字素养教育，并提高对老年人、特殊群体的针对性课程设计。最后，推进中国特色的数字素养教育框架与标准的建设，同时政府需调动更多社会力量，推动各方进行数字素养教育的建设与推行，让各方形成差异化补充，助力全民数字素养发展。

缩小数字鸿沟,数字印度的战略定位与实施

当下,人类正处于纸质媒介、电子媒介向数字智慧媒介转向的重要时期,人民生活日益增长的数字需求已成为数字化变革中的重要抓手,数字媒介的快速发展使得"数字素养"成为这个时代生存的重要条件。欧盟委员会强调数字素养是使用信息技术和互联网的能力,数字素养迅速成为21世纪创造力、创新和创业的先决条件,是公民参与社会,获取技能和知识的基础。数字素养是个人适应数字时代更好地生活与参与竞争的基本素养。在印度数字环境的大背景下,数字素养的发展基于对个人和社区的数字扫盲行动。尽管印度是移动互联网增长最快速的国家,但印度数字化程度的地域差距使得印度大批公民仍处在数字盲区,互联网建设对社会发展的作用仍处于落后位置。

2021 年发布的《印度的互联网采用率》[①] 显示:从 1998 年开始的 23 年年度联合研究对印度互联网用户的覆盖范围和频率进行测量,覆盖了 390 多个城市和市区以及 1 300 多个村庄的约 75 000 名受访者。报告表明,在 2020 年数据收集时,最近一次一个月内访问互联网的印度网民人数约为 6.22 亿,且互联网使用增长继续呈上升趋势,预计到 2025 年将达到 9 亿。印度农村地区的实际增长潜力是印度城市地区的 3 倍,互联网正在覆盖印度的各个地区。印度的互联网接入与使用在短时间内有如此快速的发展,是由于印度对于数字接入和公民数字技能发展的高度重视,相关政策和计划实施使得互联网的接入更加容易,国民的信息访问技术显著提升。

一、数字印度的历史进程

2005 年,世界信息社会峰会(World Summit on the Information Society)

---

① ICUBE:《印度的互联网采用率》,https://images.assettype.com/afaqs/2021-06/b9a3220f-ae2f-43db-a0b4-36a372b243c4/KANTAR_ICUBE_2020_Report_C1.pdf,访问日期:2021 年 6 月 3 日。

的举办使得信息通信技术（ICT）得到了联合国的广泛关注。联合国明确指出，社会经济发展和人民生活的提升需要提高 ICT 接入和使用率、共享信息和知识的能力。印度公共图书馆在印度民众对信息技能获取方面起到了重要作用，地区图书馆项目在比尔和梅琳达·盖茨基金会的支持下于 2013 年启动，以传播数字素养、提升对关键信息的访问和知识获取为目的，将地区图书馆打造成数字信息赋权的重点场所，公共图书馆建设也被联合国视为 2030 年可持续发展目标议程的手段。

2015 年，印度政府发起"数字印度"计划，旨在通过完善数字基础设施、增加互联网连接，使国家在技术领域进行数字化发展，确保能够通过数字方式向公民提供政府服务。该计划以"发展安全稳定的数字基础设施""提供数字化政府服务"和"普及数字素养"为核心，进一步提升了农村和边远地区的互联网网络高速连接。

表1 "数字印度"计划三个关键愿景领域

领域	愿景
数字基础设施作为核心实用工具	高速互联网向公民提供服务的核心实用程序
	数字身份是独一无二的、终生的、在线的、可验证的
	手机和银行账户使公民能够参与数字和金融空间
	轻松访问公共服务中心
	公共云上的可共享私人空间
	安全可靠的网络空间
治理和按需服务	跨部门或辖区的无缝集成服务
	从在线和移动平台实时提供服务
	所有公民权利都可移植并在云上可用
	数字化转型服务，提高经商便利性
	使金融交易电子化和无现金化
	利用地理信息系统（GIS）进行决策支持系统的开发
公民的数字赋权	通用数字素养
	普遍可访问的数字资源
	印度语言数字资源/服务的可用性
	参与式治理的协作数字平台

"数字印度"明确表示基础设施的完善是公民实现数字使用的核心工具，对每个公民来说，"数字身份"即将实现从摇篮到坟墓的终生性，公民

未来的生活始终与数字化息息相关,覆盖生活需求、工作交际、政务服务、金融服务等方方面面。致力于打造公民能够轻松访问、公共共享、秘密私人、安全可靠的网络空间,实现跨区服务、实时在线服务、云上可用、数字化转型服务、无限进化。

2017年,由数字赋权基金会发布的"国家数字素养使命"(National Digital Literacy Mission,NDLM)是被印度政府采用的一项成熟的中央政府计划,通过与英特尔合作,由Bhara宽带网络有限公司(BBNL)实施的"国家光纤计划"确保印度公民的数字连接。其相关培训有助于提高印度边远地区民众的数字设备使用认知和意识。印度教育分析与技术研究中心指出:"数字印度"计划下"包容性数字素养框架"旨在说明对印度弱势群体的数字包容计划,以有效改善农村资源匮乏、信息基础设施薄弱和网络环境较差的状况,试图通过对个人和地域赋权数字技术,缩小社会差距。

表2 包容性数字素养框架

信息素养	学习获取在线信息,学习使用媒介、通信与社交媒体
健康素养	在线健康服务,增强健康与药物使用意识
金融素养	网上银行、电子支持等
电子政务素养	获取政府服务的知识与途径等
电子安全素养	在线安全
电子学习素养	获取教育材料

印度特别强调互联网接入和信息获取是个人在数字时代享有的基本权利,是数字素养培养的基础。2020年印度最高法院表示,将"访问互联网"列入宪法第19条规定的一项基本权利[①]。印度《宪法》第19条第1款(a)项显示:言论和表达自由权是所有公民的基本权利。数字设备基础设施的建立目的在于使印度的每一个公民都可以利用数字技术获取最大效益。对于数字时代成长起来的"数字原住民",数字设备为这些年轻人提供了更加广阔的平台,对农村偏远地区民众来说却不尽如人意。因此,"数字印度"的愿景中对偏远数字盲区中公民数字素养的发展成了重中之重。

---

① 印度政府法律和司法部立法部门:《印度共和国宪法》,https://baike.baidu.com/item/印度共和国宪法/10194263?fr=ge_ala,访问日期:2020年9月8日。

二、"数字印度"下的扫盲行动

在数字基础设施建设和使用方面,印度农村仍然相对落后,信息通信技术的发展使得相关法律或社会保障计划变得透明,这将有助于促进弱势群体团结维护他们对生活条件和生产资源权利的争取。但是对缺乏数字素养的农村群体而言,信息内容的低需求和道德使用的低意识可能会使他们对社会生活的改变并不关心。印度政府致力于实现"数字印度",推出了各项数字化举措,鼓励各地数字设备接入、数字技术培训,重点将农村部落和边缘群体的教育作为数字印度计划的一部分,赋权弱势群体的数字素养建设。

(一)农村边远地区的数字接入

为提高印度农村弱势群体的数字素养,政府扩大了"数字印度"的规划,组织并实施了多项数字包容性计划,旨在维护和增进所有公民的生活权利和福祉。

印度政府电子和信息技术部开展总理的农村数字扫盲运动(Pradhan Mantri Gramin Digital Saksharta Abhiyaan)旨在提高公民数字素养,使其可以顺利操作数字设备。[1] 该运动特别针对农村和社会边缘人口、部落少数群体、非智能手机用户、贫困人群、9~12年级的数字文盲学生、妇女、少数族裔等数字接入的弱势群体。明确在"数字印度"的国家愿景下,开展的相关数字计划不是为了富人,而是为了那些不富裕的人们,侧重于为农村地区的人们提供必要的数字技能,覆盖印度大约40%的农村家庭、约6 000万人,建立包括公共服务中心、成人扫盲中心、IT扫盲的非政府组织等各类培训组织,通过培训农村地区公民包括使用手机和平板电脑在内的数字设备访问技能,提高他们进行消息发送和接收、互联网接入、信息获取、政务服务、电子支付等数字使用的能力,让每个家庭至少有一个人具备数字素养,从而使他们能够便捷使用数字应用,进一步缩小印度的数字鸿沟。

数字赋权基金会(DEF)开展START课程来进行数字学习。它是在通过农村和部落社区的实践培训和研讨会传授功能性数字素养的多年经验后开发的课程。面向第一代互联网用户,传授相关数字素养和媒体与信息素养。

---

[1] 印度政府电子和信息技术部:《总理的农村数字扫盲计划》,https://www.pmgdisha.in/about-pmgdisha/,访问日期:2022年5月5日。

课程主题涵盖：计算机基础、应用程序的使用、媒体和信息素养以及在线安全等。START 的教育课程主要通过在农村地方和边缘部落进行数字实践培训和主题活动，增强用户数字访问、分析和理解信息的能力、内容生产创作和传播力。课程累计影响 23 个印度邦，超过 500 万人受益。印度工业联合会（CII）、Puducherry 和拉吉夫甘地兽医教育与研究学院（RIVER）于 2020 年初启动了农民数字素养中心（Farmer Digital Literacy Center）计划，旨在每年对多达 500 名农民进行数字素养教育，以提高农民的数字素养和对可持续农业技术的认识。

（二）关于女性的数字赋权

近年来，随着数字时代的发展，相关研究表明，印度女性的移动普及率也要比男性低得多。印度政府也注意到女性在社会中的重要位置，并有意提升女性的社会地位，并相应对其提供特殊福利政策。印度数字素养计划的开展进一步使妇女了解她们如何成为数字内容的生产者，并使她们在获得社会支持方面受益。

2015 年，印度的"互联网萨蒂"（Internet Saathi）[①] 计划致力于提高农村地区女性对互联网的兴趣和使用率，并在农村社区选拔了一批接受过数字培训的女性，通过让这些女性参与变革性的工作来赋予她们权力，寻求谋生机会。数字赋权基金会《比哈尔邦和贾坎德邦的数字鸿沟》（Digital divide in Bihar and Jharkhand）的报告中强调印度社会的复杂性和分层性增强了女性领导者数字素养培训中心建立的必要性。帮助她们学习包括数字金融知识在内的数字技能培训，可以防止男性对信息通信技术工具的垄断。印度发展方案组全球总部开发塔拉信件+计划（TARA Akshar+）[②]，用以提高农村和城郊妇女的识字率，从而释放她们的潜力。相关指导性和娱乐性的课程，促进了女性获得识字和计算能力，并将数字技能与实际应用相联系。

另外，印度政府对女性数字素养的培养在低年龄阶段也有全面实施。英国文化协会、数字赋权基金会（DEF）倡议的女童教育英语和数字化（The

---

[①] Tata Trusts：《互联网萨蒂》，https：//www.tatatrusts.org/our-work/digital-transformation/digital-literacy/internet-saathi，访问日期：2020 年 8 月 4 日。

[②] 发展方案组全球总部：《塔拉信件+计划》，https：//www.taraakshar.org/，访问日期：2021 年 4 月 9 日。

English and Digital for Girls Education）① 计划，旨在改善孟加拉国、印度和尼泊尔社会经济边缘化社区中少女的生活状况。该计划重点是提高参与者的英语水平、数字技能和对社会问题的认识。女童们使用安装在笔记本电脑上的自助学习资源，提高英语和数字技能，并通过使用练习册，提高了口语和写作能力。该计划成功覆盖了 12 个州的 19 个地区，通过 23 个项目点覆盖了近 600 名女孩。

三、"数字印度"的发展规划与挑战

数字时代为发展中国家提供了变革的机遇，印度的数字化——"数字印度"建设任重而道远。不仅要在基础设施上加大投资力度，涉及全国各地区的各个角落、各类人群，更需要将全面提高公民数字素养作为主要内生动力，提高全民数字素养意识形态的提升，不仅包括学生、职业者、农村人群，还涉及政府职员、老年人和其他弱势群体。数字素养提升并非一朝一夕，其教育规划虽在教学课堂中应用但见效缓慢，各国都在尝试和寻找一条更有效的发展之路，不仅要政策保障、机构实施，更是要重视增强个人素养提升意识，使其与数字化技术共同进步。

（一）新冠肺炎疫情中的素养教育

自 2020 年起，新冠肺炎疫情在全球蔓延扩散。在疫情影响下，为减少人群密集接触，数字平台脱颖而出，网络资源和解决方案成为危机中的主要支柱。显而易见的是，学生的相关教育工作以及相关单位人员工作开展由线下改为线上，线上学生学习、工作开展的连续性和有效性进一步凸显。数字化发展高度依赖公民的数字技术水平，尤其在年轻群体中更能体现。对学生群体的培养在国家未来战略中起着关键性作用，这表明了在教育模式中，师生的数字素养培养与数字化教育发展相辅相成。数字技术提供学生能够轻松访问信息的形式，也提供给教育工作者媒体设备设施，在线上教学的过程中能够提升学生的互动性和创造力。政府需要更加意识到线上教育课程程序的谨慎性和责任感，重视教师群体数字素养能力培养，保障在线上课程教学时能够顺利发挥作用，提升课堂效率。教师应进一步教授学生数字技能，使在

---

①数字赋权基金会：《女童教育英语和数字化计划》，https：//www.defindia.org/education-empowerment-2/#EDGE，访问日期：2021 年 4 月 8 日。

疫情影响下的青少年能够在线上学习中提升学习效率。

另外，新冠肺炎疫情中也暴露出了很多信息问题。大多数公民缺乏对假新闻和谣言的鉴别能力，对健康类知识的缺失导致在疫情信息传播中出现恐慌。网络道德与安全的重要性尤为凸显，尤其是青少年群体，他们心智未成熟且易于被网络信息所误导。互联网时代，网络信息海量且错综复杂，未被核实就在公众中传播的信息存在虚假性，公众需要具备良好的信息观察力和辨别力，避免被假新闻和谣言误导，在纷杂的网络世界中能够获取到自身真正所需的信息。

（二）"数字印度"下的在线安全

很多时候，数字素养的需求和增长不仅体现在知识技能方面，还与道德情感和安全方面有着紧密的联系。人们因对于"网络道德"的缺乏而导致网络欺凌、网络暴力、"人肉搜索"的出现，也因对于网络安全性的不甚了解造成个人信息泄露、滥用、内容丢失等问题。因此，对数字素养相关内容的开展不仅要落实对数字技能知识的普及，更要向所有涉及使用数字设备的民众强调网络伦理和数字安全的重要性。数字赋权基金会数字教育赋权中提倡在线安全，通过在线社区讨论和热线电话等方式应对在线滥用、网络欺凌和假新闻等问题，促进在线安全。印度也存在民间社会组织"网络和平基金会"开创网络和平（Cyber Peace）倡议，以抵抗网络暴力和网络犯罪。未来，对于网络安全的问题更要进一步全面解决。

（三）按需实施的数字赋权

由于文化经济落后地区的人们本身的素养存在缺失，在对农村地区数字素养培育的进程中，相关课程与人民用来谋生的时间相冲突，很可能出现人民不配合、不在意的情况。因此，在对数字盲区地域的人民培养时，需要将其文化水平、资源差距考虑在内，制订出符合情况并使人民都能满意的培养计划，在制订数字素养计划的同时有必要开展相关宣传活动，让公民意识到数字素养学习的必要性，提高人民对数字素养学习的意愿。数字素养培育需要分类实施、按需赋权，对于农村偏远地区的公民来说，基础的数字设备技能、操作流程和搜索功能能给他们生活带来很大帮助；对于已具备数字技能且有一定数字使用经验的公民来说，对从互联网获取的信息中存在的网络安全和网络信息甄别和批判能力才是最重要的。网络道德培养的目的在于减少现阶段互联网发展伴随而来的负面影响，打造清朗的网络环境，提升公民的数字化生活质量。

(四) 数字治理的技术变革

数字技术下的治理目的是通过数字干预加强基层民主、改善治理、提高政府工作效率和宣传力度，在基层中达到更好的治理效果，真正做到为人民发声。通过数字平台提供更加便捷的政务服务需要机关人员具备良好的数字素养，并且能够实时地通过数字工具保障公民基本的权利和人身安全。政府可以利用先进的数字资源进行数字化治理、政策宣传、线上服务，接收和反馈人民的声音，提升政府与相关组织单位、民间组织和地方社区的合作，增强人们的政务民主、社区治理参与并更好地实现公民权利的享有。

此外，政府需要在国家和地方层面确定数字治理的重点领域，对于相关单位的人才队伍招募和建设在数字化时代必不可少。专注于培训和寻找有才华的应用程序开发人员，使国家级、省级以及地方部门和机构通过高技术组建功能强大的专业部门，创新数字政府的服务方向和计划。基于人工智能、大数据、AR、VR、区块链等新兴技术作用于基层社会治理，打造深厚的数字治理基础，增强数字治理的能力现代化、先进化，建立真正的数字化国家。

菲律宾数字素养教育建设的经验与启示

在信息时代，数字素养已被公认为是国家经济发展的关键因素之一，亚太经合组织、经济合作与发展组织等机构将数字素养提升到了"21世纪技能"的高度①，许多国家和地区都认识到提升国民数字素养的重要性。近年来，东南亚地区数字化发展迅猛，作为其主要的经济体之一，菲律宾在推动国家数字化转型方面也做了诸多努力。在2011年菲律宾提出的数字战略中，明确了提升国民数字素养的内容。如今菲律宾从官方到民间，均在为国民数字素养教育贡献力量，推动数字素养教育体系的发展。

一、菲律宾数字素养教育发展

尽管与西方发达国家相比，东盟地区的数字素养教育稍显落后，但在近几年，东盟国家逐渐重视国民的数字素养教育，其中菲律宾从官方到民间对提升数字素养的热情均十分高涨。事实上，菲律宾一直是媒介素养教育的先驱，其起源可以追溯到20世纪60年代，当时在小学课程中就进行了良好礼仪与正确行为教育。一些组织在20世纪70年代末到80年代初引入了媒体教育②。由于媒介与信息素养（MIL）的概念内涵在数字化情境下与数字素养大部分重叠，是构建数字能力概念的基础模型，于是在数字化进程的推进下，菲律宾人开始提升对数字素养的认知。在2020年一项关于东盟国家年轻人的调查中，有76%的菲律宾受访者认为数字素养技能非常重要，在东盟国家中排名第一。因此，菲律宾媒体教育的内容与主题也越来越强调数字化。菲律宾的数字素养教育最开始是以一系列扫盲计划的形式进行的，从传

---

①杨文建：《英美数字素养教育研究》，《图书馆建设》2018年第3期。
②Bautista, A. "Teaching Media and Information Literacy in Philippine Senior High Schools: Strategies Used and Challenges Faced by Selected Teachers." *Asian Journal on Perspectives in Education*, 2021, 1 (2): 1-15.

统的提升识字能力的读写扫盲逐步转向计算机技能普及的数字扫盲。随着菲律宾政府数字战略与相关政策的推行，菲律宾数字素养教育体系也日趋成熟。

二、菲律宾数字素养教育政策背景

菲律宾是东南亚国家中较早开始数字化转型的国家，一直坚持将数字化作为未来规划的关键议题之一。在数字化和IT安全这一复杂的主题领域被提上东盟议程之前，菲律宾就已经认识到IT部门的重要性，并在2018年通过实施了一些长期行动计划。菲律宾的数字发展可以追溯到该国1987年的《菲律宾宪法》，其中第24条规定：国家认识到通讯和信息在国家建设中的重要作用①。随后，相应的数字化转型的政策与规划陆续被提出。在菲律宾信息与通信技术（以下简称ICT）战略路线图（2006—2011年）与菲律宾数字战略（2011—2016年）中，促进国民数字素养的内容被提出。为响应战略规划，从官方到民间均在贡献自身力量，最终形成政府力量主导、社会各界参与支持的氛围。

（一）数字普及：全面推进数字服务，着力综合数字鸿沟

菲律宾作为一个岛国，在提供负担得起的互联网接入方面存在先天的地理劣势。2010年，菲律宾的互联网普及率落后于邻近的马来西亚和越南，仅有四分之一的人口使用互联网。因此，普及互联网成为菲律宾政府的早期优先事项，在该国的ICT路线图与中期发展计划中均有所体现。在此基础上，菲律宾社区电子中心（CeC）计划、教育、就业、企业家和经济发展技术赋权（Tech4ED）等项目相继启动落实。

在所有普及技术与数字服务的项目中，Tech4ED项目所取得的成果最为显著。2013年，菲律宾政府启动Tech4ED项目，通过在全国范围内建立可持续的技术中心，实现互联网普遍接入的政策目标。Tech4ED中心为国民提供ICT服务，如教育、就业支持、生计援助、创业发展、电子保健、电子政府服务和电子旅游等。优先设项在农村等服务不足的地区，尤为关注妇女、老年人和特殊群体的信息和通信技术，旨在帮助弥合数字与

---

①Marian Norbert Majer，"Digitalisation in Philippines". https：//www.roedl.com/insights/digitalisation-asia/digitalisation-in-philippines，访问日期：2018年6月25日。

教育鸿沟。该项目至今已有十万多受益用户，其中大多数是妇女，三分之二以上是年轻人。Tech4ED 项目在国内和国际均获得高度认可，成功获得了众多国际奖项，包括 2016 年信息社会世界峰会奖，并入围 2019 年 IDC 亚太智慧城市奖（SCAPA）①。目前，Tech4ED 平台涵盖八个部分，内容和学习材料涉及电子教育、电子援助、电子商城、电子政务服务、电子农业、电子健康、乡村影响力资源、性别与发展，旨在开发和提高中心用户的知识和技能。在此项目的动员下，社会各界对提升公民数字素养的热情被点燃，逐步形成了多元主体参与共建的格局。

（二）教育改革：修订改善基础课程，培养媒介批判思维

2012 年，菲律宾提出推进教育体制改革，延长教育年限，以提高国际竞争力，并在 2013 年，正式立法通过 K-12 学制。新的教育体制最大的特点是修订了两年制的高中课程。学生可以根据自己的能力和兴趣、学校的特点和情况选择适合的高中课程，其中，"媒体信息素养"被指定为核心科目之一②，该课程向学习者介绍媒体和信息作为个人和社会发展的沟通渠道和工具的基本理解，培养学生成为富有创造力和批判性的思考者以及负责任的用户，即有能力的媒体和信息生产者。这一事实表明，处于数字化转型中的菲律宾，开始重视提升学生的数字素养。

然而，随着互联网的广泛普及与普遍存在的媒体信息陷阱，低年级课程也迫切需要媒介素养教育，同时要求培养提升学生的批判性思维。菲律宾众议院提案的"2020 年批判性媒介素养法案"提出，应为所有没有批判性媒介素养和信息课程的学校、大学和学院都制定相关课程，培养学生对媒介内容的思考批判能力，在面对海量信息时，能够甄别与筛选，打击虚假与误导性信息的传播。

随着数字技术的普及与发展，数字素养相关课程也在菲律宾教育体系中不断更迭深化。如今，菲律宾数字素养教育在提升学生数字技能的基础上，逐步开始强调学生个性化认知与思辨能力的发展，向培养更为理智的数字化公民更进一步。

---

①Alliance for Affordable Internet（2020）. "Philippines: Providing ICT centres for universal access." Good Practices Database. Washington DC: Web Foundation.
②박주현（2021）:《필리핀의 미디어정보 리터러시 교육과정 분석과 시사점 탐색》.《한국도서관·정보학회지》, 52（2）, 331-355.

（三）能力建设：搭建数字能力框架，加强数字技能培训

近年来，菲律宾互联网用户激增，同时，菲律宾用户的平均上网时间很长，每天近10小时。社交媒体公司Hootsuite和We Are Social共同推出的2019年数字报告显示，菲律宾人在社交媒体平台上每天平均花费4小时12分钟，几乎是全球平均2小时16分钟的两倍①。然而，新冠肺炎疫情暴发后，社会存在的地区数字鸿沟与制度缺陷等进一步暴露，这表明在数字化转型政策中，仍需加强提升和关注公民数字能力的培养与建设。由菲律宾参议院与众议院制定的《2022全面数字转型法案》，仿照欧盟委员会的DigComp 2.0，建立了公民数字能力框架和教师信息通信技术能力框架。公民数字能力框架主要通过信息和数据素养、沟通与协作能力、数字内容创建能力、数字安全意识、识别需求与问题的能力这几方面来衡量与认证公民的数字能力。而教师的信息通信技术能力框架，则提出三种教学方法，用以比较不同地区、省、市教师的能力，来分析和开发国家或区域级教师专业发展的教育项目和培训课程。此外，《2022全面数字转型法案》还呼吁菲律宾信息与通信技术部（DICT）和公务员委员会（CSC）整合公职人员在职业服务中所需的所有数字技能，并协调年度数字技能培训计划。

三、菲律宾数字素养教育组织

菲律宾数字素养教育一直以政府力量主导、社会各界参与的多元主体模式发展。政府等官方组织作为制定与执行数字素养教育政策的主导力量，起着引领性作用。同时，高校、学者等积极开展数字素养相关学术研究与讨论活动，是数字素养教育推进过程中的关键力量。此外，非政府组织、媒体等社会各界也在发挥自身优势，作为数字素养教育的补充力量，不仅以公益性质开展知识普及与培训教育活动，还为媒介素养教育政策提供资金支持。

（一）官方引领力量：在基础教育中落实数字素养

自提出数字化转型战略以来，菲律宾政府不断出台并修订改善数字素养教育的相关政策，均以总领性的目标战略为导向，而教育部与信息和通信技

---

①Sonny Angara, "Providing for A National Digital Transformation Policy and for Other Purposes", http://legacy.senate.gov.ph/lisdata/3262229487!，访问日期：2022年5月12日。

术委员会等官方组织针对不同群体进行具体落实。其中最具代表性的行动是教育部提出在基础教育中纳入媒介与信息素养（MIL）课程。尽管在2013年提出的法案中，MIL只在高中课程里被作为核心课程，但随着对数字素养重视程度的提升，近年来参议院成员也多次提出相关提案，使得MIL在基础教育中的重要程度不断加深。2017年，菲律宾教育部还在K-12基础教育的替代性学习系统（ALS）课程中增设数字素养学习链，帮助ALS学习者掌握关键数字知识、技能和价值观，使其能够作为数字世界的一部分有效地生活和工作。

（二）学术界关键力量：在教学研究中提升数字素养

推动菲律宾的数字素养教育发展，需要理论与实践的共同响应。因此，菲律宾部分高校、数字素养研究的知名学者等除了参与日常的教学任务，还开展数字素养学术性研讨与普及讲座活动等推进提升公民数字素养。学者发表的研究性论文多从教学经验、课程效果反馈等角度出发，例如拉古纳州理工大学教授Alberto D. Yazon等发表的《教育者的数字素养、数字能力和研究生产力》，研究证明了教职员工的数字素养与研究生产力之间的正相关关系，并提供了一系列有效提升教育工作者数字素养的建议[①]。此外，部分公立高校选择与企业合作创办数字素养培训活动并提供相关课程，如菲律宾开放大学（UPOU）与菲律宾长途电话公司（PLDT）合作推出的PLDT信息教学外展计划，通过相关课程与研讨会，为公立高中教师和学生提供数字素养培训。

（三）非政府补充力量：在培训研讨中提升数字素养

在菲律宾数字素养教育系统中，非政府组织是一个不可或缺的角色，利用其优势资源，通过研讨会、在线课程、出版刊物等形式推广数字素养教育，提升菲律宾公民的数字认知。例如致力于打击假新闻的破假运动（Break the Fake Movement），联盟不仅为菲律宾公民提供在线扫盲教育课程，还开展"打破虚假的VLOGATHON 2020"等系列竞赛活动，在激发公民打击假新闻的过程中，提升公民对媒体信息的认知，培养公民的信息辨别能力；菲律宾媒体和信息素养协会（PAMIL）积极开展媒体与数字素养方面

[①] Alberto D. Yazon, Karen Ang-Manaig, Chester Alexis C. Buama, John Frederick B, "Tesoro. Digital Literacy, Digital Competence and Research Productivity of Educators", *Universal Journal of Educational Research*, 2019, Vol. 8.

的学术研讨会，致力于解决现实中提升公民数字素养存在的问题，同时为MIL教育者和培训师制作有关媒体和信息素养的学习材料和资源。此外，还有较为引人注目的打破常规的媒介素养计划（Out of the Box Media Literacy Initiative）。除了定期开展研讨会，还为公众提供抵御假新闻的"IWASFAKE远程学习资源"课程，以及为教师提供可供借鉴的数字素养课程教学计划。该组织最具特色的项目是青年领袖孵化器，资助菲律宾青年团体与组织实施数字项目，鼓励青年组织使用数字平台来关注其社区的需求，培养青年领袖，致力于更大程度地推广和提升公民数字素养。

除了自发开展数字素养教育活动，一些非政府组织还与官方机构合作，助推数字素养教育的发展。2016年，亚洲新闻与传播学院（AIJC）为促进菲律宾青年对提升MIL的参与度，并激发有利于青年的国家MIL相关政策，在联合国教科文组织的支持下，领导多个青年组织发起了一项关于为菲律宾制定MIL政策框架的倡议，该框架试图建立包括MIL教学在内的实践原则和规范，并为行动和决策设置参数①。

在这三股力量的支持下，菲律宾关于数字素养的培训课程逐渐增多，课程内容越发丰富。本文筛选整理了其中的部分课程，详见表1。

表1　菲律宾数字素养的培训课程（部分）

组织属性	组织名称	课程名称	针对人群	课程主要内容
官方	菲律宾教育部（DepEd）	媒体与信息素养（MIL）课程	11—12年级学生	学习和使用数字媒体，培养学生思辨与创作能力。
	菲律宾教育部（DepEd）	K-12基础教育替代性学习系统-学习链6：数字素养	成人、特殊情况失学儿童	帮助ALS学习者掌握关键知识、技能和价值观，使其能够作为数字世界的一部分有效地工作和生活。
	菲律宾教育部（DepEd）、微软菲律宾	Project BTS 2.0数字素养入门包	教师与社会公民	除了数字技能培训，该课程还帮助学习者获得参与数字经济所需的数字素养认证。

---

① Ramon R. Tuazon, Therese Patricia S. Torres, Guillian Mae C. Palcone, "Media and information literacy education in Asia: exploration of policies and practices in Japan, Thailand, Indonesia, Malaysia, and the Philippines". Thailand: UNESCO, 2020: 66-76.

续表

组织属性	组织名称	课程名称	针对人群	课程主要内容
学术界	菲律宾长途电话公司（PLDT）、菲律宾开放大学（UPOU）	PLDT 信息教学外展计划（PLDT Infoteach Outreach Program）	全国公立高中教师和学生、失学青年和老年人	提供各种教学模块和学习工具，内容包括批判性思维、数字素养、渐进式培训和终身学习。
非政府组织	破假运动组织（Break The Fake Movement）	媒体公民实验室培训课程	社会公民	包含四个主题：负责任的数字公民、媒体素养、虚假新闻与虚假信息、辨别力与赋权。
	打破常规的媒介素养计划（Out of The Box Media Literacy Initiative）	在行动视频中的媒体素养	教师	分享有关培养学生媒体素养的课堂策略，授权和激励教师创新教学实践和学习工具。
	打破常规的媒介素养计划（Out of the Box Media Literacy Initiative）	I WAS FAKE 远程学习资源	社会公民	共有三门课程，旨在教授如何保护自己和他人免受"假新闻"的侵害，提高对误导性新闻和信息的抵抗力。
	Facebook	Digital Tayo	社会公民	使具有知识的人们能够批判性地思考他们的数字行为，具体课程包含数字参与模块、数字赋能模块。
	Facebook	Digital Tayo Teachers	教师	课程包旨在支持菲律宾职前教师课程中三门核心技术课程的教师：教学技术1、教学技术2、建立和提高21世纪学习的识字技能。
	菲律宾老年技术社区（Techie Senior Citizens Philippines）	菲律宾老年人的数字素养课程	老年人、退休人员	分为电子邮件安全与互联网使用两部分课程，分别提升老年人网络安全意识与数字技术。

四、菲律宾数字素养教育课程实践

菲律宾数字素养的相关课程较为丰富，不仅有来自官方机构的，也有非政府组织的。本文选取了三个实施情况较为成功并具有代表性的课程案例，其分别针对特殊学习者、教师和老年人群体进行数字素养培训。

（一）K-12 基础教育替代性学习系统学习链 6：数字素养

替代性学习系统（ALS）是菲律宾的一个平行学习系统，为特殊失学青年和成人学习者提供提高基本和实用识字技能的机会，并获得完成基础教育的同等途径。ALS 项目使用了一种情境化的非正式课程，与正规学校系统的 K-12 基础教育课程基本一致，但它不是正规学校课程的镜像，需要根据学习者先前的学习情况进行合理化设计。作为现有正规教育系统的可行替代方案，ALS 包含正规和非正规的知识和技能来源。

菲律宾教育部在 2017 年提出了 K-12 基础教育替代性学习系统的数字素养学习链。该学习链的总体目标是培养 21 世纪的数字公民，让他们有信心以负责任和合乎道德的方式使用 ICT 和数字工具，并利用他们的数字知识和技能解决日常生活中的问题。

1. 课程内容

数字素养学习链是基础教育替代性系统中新增设的模块，为了实现数字素养，ALS 学习者既需要学习 ICT 相关的知识和技能，也需要将其整合到 ALS 课程的其他学习链中，整体成长为新时代的数字公民。该学习链将数字素养的概念定义为"数字素养是每个 ALS 学习者使用计算机或移动设备，安全、负责地生成、应用和共享数字信息的能力"，并认为 21 世纪的数字公民需要具备的数字素养包含四个相互关联的维度，即数字概念和操作的知识、使用互联网和数字系统网络、践行数字道德、在日常生活中使用信息通信技术和数字设备及应用程序[1]。因此，学习链的学习内容设置了以下几个部分：

表 2　ALS 的课程内容设置

内容标准	绩效标准
数字概念	解释在日益数字化的世界中使用 ICT 的基本概念
数字化运营和管理	具备使用计算机的基本硬件操作、软件操作和文件管理知识
数字应用	使用常用的办公应用软件（文字处理、电子表格、演示软件）制作文档和管理信息，解决日常生活中的问题
数字系统网络	导航全球数字系统以搜索信息和资源，并在日常生活中与他人交流
数字设备	将移动设备用作获取信息和与他人交流的工具
数字伦理	展示在 21 世纪使用技术的道德实践和价值观

---

[1] UNESCO, "A Global Framework of Reference on Digital Literacy Skills for Indicator 4.4.2", http://uis.unesco.org/sites/default/files/documents/ip51-global-framework-reference-digital-literacy-skills-2018-en.pdf，访问日期：2018 年 6 月 3 日。

该学习链中的学习技能以内容标准为基础，按照从最简单到最复杂的顺序排列，学习项目的难易程度将随着年级的升高逐步提升。此外，在 ALS 的高中课程中，为了满足基础教育课程的中等技能发展、创业与就业能力，ALS 学习者还必须完成指定的赋权技术，包括体育、艺术设计或职业技术。而大学 ALS 学习者在完成专业科目外，还必须完成核心科目媒体和信息素养的学习①。

2. 课程实践

学习课程可以在任何社区学习中心（CLC）中进行，即为特殊情况下的失学儿童和成人提供学习资源和学习设施的物理空间。教授课程的老师包括实施 ALS 计划的教育部聘用教师、由当地政府部门聘请的社区 ALS 实施者、由私营部门自主并实施 ALS 计划的教师三类。在每一位 ALS 学习者开始课程学习前，均需要进行基本读写能力测试，并结合先前的学习情况进行评估，作为 ALS 教师未来课程计划的参考，并有利于 ALS 教师在后续教学过程中把控学生的学习进度。

该学习系统自有一套学习成果认证与评估标准，通过测试的 ALS 学习者将获得带有教育部印章、ALS 标识与学校或社区学习中心标志的证书，证明他们是正规教育系统的毕业生。从 2005 年到 2015 年，共有 582 536 名学习者通过测试获得学位认证。ALS 的课程内容随着社会的发展越发成熟与丰富，扶持了更多的特殊学习者。在 2021—2022 学年，菲律宾 ALS 的注册人数达 239 616 人。

（二）Digital Tayo Teachers

菲律宾教师在提升民众数字文化和技能方面处在重要位置，是学生成为良好数字公民的榜样。数字素养教育者不仅要对学生进行知识传授，还需要教导学生如何批判性地评估信息，并启发和引导价值观与道德规范的建立。

Digital Tayo 是 Facebook 在菲律宾的数字扫盲计划，通过为菲律宾人提供可访问的学习模块和资源，培养其数字技能，同时加强菲律宾人对网络信息环境的理解，帮助他们成为更有见识的数字公民，以建立一个负责任的数字公民社区。而该计划下设的"Digital Tayo Teachers"是针对菲律宾教师的一个培训指导项目，旨在通过提供可访问和包容性的资源以及专门针对教师

---

①Republic of the Philippine Department of Education, "K to 12 Basic Education Curriculum for the Alternative Learning System (ALS-K to 12)-Learning Strand 6-Digital Literacy", https://www.deped.gov.ph/wp-content/uploads/2019/01/LS-6-Digital-Literacy.pdf，访问日期：2017 年 6 月 5 日。

教育新技术课程的培训，提高全国职前教师的数字素养技能。

1. 课程内容

在课程内容设计之初，设定了三个课程目标效果：（1）课程包应该模拟教师如何使用技术来传递知识，以及职前教师如何将技术集成到他们的教学中，使学生能够在不同的课程范畴内，在科技辅助下完成学习任务；（2）课程包应该鼓励教师超越理论和框架，将教学内容融入情境，将理论与实践相结合；（3）课程包应该允许灵活的学习方式，在设计材料时，应考虑到通用学习设计等包容性模型[1]。

基于此，在该课程包中，共提供三个模块化的核心课程项目，即教学技术 1（TTL 1）、教学技术 2（TTL 2）以及为 21 世纪的学习建立和提高数字素养技能。这些课程项目是一系列的学习成果，教师能够对这些成果进行修改和调整，以适应他们的需要。这种以项目为基础的课程方法建立在高等教育委员会（CHED）开发的课程基础上，但灵活适用于教师教育机构或教育者。其具体课程项目内容如表 3 所示。

表 3 Digital Tayo Teachers 课程包课程项目及主要内容

课程模块	课程名称	课程设计目标	具体教学内容
教学技术 1（TTL1）	播放列表礼物（Playlist Gifts）	学习者能够在各种内容领域整合媒体和技术。	要求学生创建一个资源站点（播放列表）。在项目结束时，学生将反思研究和策划资源，并总结建立和设计他们的资源站点的经验。
	资源混音（Resource Remix）	学习者能够使用适当的创新技术制定教学经验和评估任务。	要求学生创建一个作品集，其中包含两个重新创建或"混合"版本的学习资源。项目结束时，学生将尝试对同伴作品集给予评价。
	技术入职（Tech Onboarding）	解释影响教学过程的 ICT 政策和安全问题；在使用技术工具和资源时表现出社会、道德和法律责任。	创建一个定向或技术入职会议，以支持合作教师或他们的学生使用技术。在项目结束时，学生将反思发现问题、构建和设计他们的技术入职的经验。

---

[1] Facebook, "Digital Tayo Teachers Course Packs", https://wethinkdigital.fb.com/learning/ph/wp-content/uploads/sites/38/2021/10/Intro-Pack.pdf, 访问日期：2022 年 5 月 15 日。

续表

课程模块	课程名称	课程设计目标	具体教学内容
教学技术2（TTL2）	挑战图书馆（Challenge Library）	利用ICT培养21世纪技能：信息、媒体和技术技能、学习和创新技能、生活和职业技能以及有效沟通技能；利用技术工具在不同的主题领域制订基于项目和问题的协作计划和活动。	让学生在他们选择的专业中识别现实世界的问题，在项目结束时，学生将反思在发现和构建问题、研究和管理资源等方面的经验。
	教育科技设计挑战（EdTech Design Challenge）	使用开放的工具（文字处理、电子表格、演示软件和创作工具）来支持项目的开发；利用不同学科领域的技术工具制作学习资源；根据学习背景评估信息通信技术资源的相关性和适宜性；使用技术工具在实践社区之间协作和共享资源。	让学生体验从概念化到用户研究和原型制作的整个设计过程。为此，学习者将组成团队并根据他们的专业选择一个学习问题，与真实用户交谈，并通过实地研究开发用户故事。作为最终输出，团队将设计和构建他们的原型，为公开展示做准备。
	工具库存（Tool Inventory）	使用开放的工具（文字处理、电子表格、演示软件和创作工具）来支持项目的开发；利用不同学科领域的技术工具制作学习资源；根据学习背景评估信息通信技术资源的相关性和适宜性。	要求学生创建一个工具清单，展示他们推荐的技术工具，这些工具可用于教学，特别是他们的专业领域。在项目结束时，学生将从他们的工具清单中选择一种ICT资源，并将其整合到实际的课程计划中。
为21世纪的学习建立和提高数字素养技能	21世纪学习计划	展示有关促进数字技能的教学策略的知识；应用教学策略，发展学习者的批判性和创造性思维或其他更高层次的思维技能；展示在选择、开发和使用各种教学和学习资源方面的技能，以实现学习目标；展示积极使用信息通信技术的技能。	学生通过教学演示或课堂演示来展示他们的学习计划，并进行集体反思，分享他们与在职教师一起工作的经验，以及在菲律宾背景下学到的关于21世纪技能的知识。
	元投资组合（Meta Portfolio）	展示内容知识及其在课程教学领域的应用；展示有关促进数字技能的教学策略的知识；展示在选择、开发和使用各种教学和学习资源方面的技能，以实现学习目标。	要求学生在学习不同主题的过程中练习更多的反思性思维，通过将他们的想法转化为学习经验来教授不同的技能，从而应用这些课程。本项目旨在通过一个文档化的过程来完善学生的批判性思维和元认知。
	学科库	展示内容知识及其在课程教学领域的应用；展示有关促进数字技能的教学策略的知识；展示在选择、开发和使用各种教学和学习资源方面的技能，以实现学习目标。	要求学生使用他们喜欢的任意数字平台建立一个主题库，展示他们对项目驱动问题的答案。学生将阐明如何在特定学科领域教授、探索和发展21世纪的数字技能和素养。

此外，Digital Tayo Teachers还准备了"基于项目的学习""学习体验设计"和"促进在线学习"的入门书，以进一步支持教师将课程包的内容整

合到他们的课堂和教学实践中①。

2. 课程实践

这些课程包旨在支持高等教育委员会（CHED）在教师教育课程中规定的教学和技术课程。每个项目都与规定的课程相匹配，以帮助课程讲师和教育机构修改课程的内容，使其达到预期教学目标。

（三）菲律宾老年技术社区

老年人作为在信息时代最容易被忽视的"数字难民"，其与社会存在的数字鸿沟不仅为老年人的日常生活带来一定的困扰，也成为菲律宾数字化转型的巨大挑战。因此，提升老年人的数字素养也是许多社会组织关注的焦点。

菲律宾老年技术（Techie Senior Citizens Philippines）社区是一个在线学习网站，为热衷于探索数字技术的老年人和退休人员提供支持，主要的活动内容是在其Youtube与Facebook主页发布主题研讨会，解决老年人数字素养相关问题以及提供数字素养在线教育课程。

1. 课程内容②

菲律宾老年人的数字素养课程是菲律宾老年技术社区提供的免费培训课程，分为两个模块：电子邮件安全、老年人互联网使用。具体课程内容详见表4。

表4 菲律宾老年技术社区课程内容

课程模块	课程目标	课程主题	课程内容
电子邮件安全（E-mail Security）	了解如何使用电子邮件通过互联网发送和接收信息；获取电子邮件安全提示；了解如何创建强密码；创建自己的Gmail账户来交换电子邮件。	1. 电子邮件的定义与历史	·什么是电子邮件
		2. 使用Gmail创建电子邮件账户	·谷歌、谷歌服务和Gmail；·创建一个谷歌账户
		3. 登录到Gmail	·登录Google账户·Gmail网站
		4. Gmail收件箱	·如何撰写和发送电子邮件
		5. 电子邮件安全提示	·使用电子邮件的注意事项·如何创建一个强密码（并记住它）
		6. 补充资料	·隔离期间的网络犯罪——如何发现在线诈骗·互联网隐私和安全

---

① "Digital Tayo Teachers"，https：//wethinkdigital.fb.com/learning/ph/teachers-course-packs/，访问日期：2022年5月16日。

② "Digital Literacy Lessons for the Filipino Elderly"，https：//techieseniorcitizens.com/online-learning/，访问日期：2022年5月18日。

续表

课程模块	课程目标	课程主题	课程内容
老年人互联网使用（Internet Usage for the Elderly）	学习有用的互联网和信息技术概念；发现信息技术的实际应用；建立对那些希望通过互联网从事爱好或创收活动的人有用的知识基础。	1. 互联网和万维网基础知识	·什么是互联网 ·互联网简史 ·什么是万维网 ·万维网简史 ·测验：互联网基础知识
		2. 互联网和万维网的好处	·互联网与通信 ·可以在万维网上做的事情 ·互联网和网络的好处
		3. 网络研讨会：Techie老年人的互联网使用情况	·Techie老年人的互联网使用情况

2. 课程实践

该项目从2018年开始不断升级改进课程内容，帮助老年人更好地理解学习技能。同时，除了线上教育外，该组织还会在线下开展研讨与教学活动。为评估老年人课程的学习情况，菲律宾老年技术社区还提供互联网使用测验，正确回答8个以上的问题将获得课程学习证书。

五、菲律宾数字素养教育对中国的启示

尽管菲律宾数字素养教育体系还有许多提升空间，但其部分成功经验可以作为中国数字素养教育改革与发展的有益参考。

（一）内容多元：以问题为导向设置课程

数字素养教育课程并不是简单的数字技术培训课程，而是以培养学生能够在网络环境中自在生存并利用技术提升自我为目标的数字公民培育课程。在菲律宾数字素养教育体系中，课程内容与主题多元化，常以现实问题为导向，较为关注假新闻、网络安全、数字沟通等方面，通过对问题现象的科普教育，提高对数字问题的解决能力，让学生发展成为全方位合格的数字公民。

（二）通力合作：官民联动提升课程质量

在菲律宾数字素养的课程中，有许多是官方机构与民间组织合作创办的，如教育部与微软合作推出的Project BTS 2.0数字素养入门包。合作课程不仅拥有官方优质教育资源，还享有企业技术与资金等方面的支持，能够显著提升课程的传播与教学效果。此外，许多民间组织也积极参与推动政府议

程与政策，为学校与其他教育机构提供学习材料。推动数字素养教育发展，仅靠单一力量效果较弱，因此需鼓励官民组织进行合作，发挥各自优势。

（三）全面兼顾：差异化课程促进数字包容

不同地区、年龄、职业等的人群对数字素养课程的诉求与接受能力存在差异，除了在基础教育中进行无差别的教学，还需细分群体并提供具有针对性的课程。本书列举了菲律宾为特殊学习者、教师与老年人群体提供的数字素养课程，其课程内容与教学方式均根据人群需求与基础能力进行设置。其中，菲律宾针对特殊学习者的 K-12 替代性学习系统课程形成了较为成熟的体系，在助力特殊的失学青年等人群数字素养提升方面卓有成效，促进形成更具社会包容性的数字素养教育。数字素养教育的意义，是不让任何一个公民在数字化社会中掉队，因此需兼顾不同群体，构建数字包容以弥合数字鸿沟，从而全面提升国民数字素养。

小结

菲律宾数字素养教育在政策的支持、学术界的推动以及社会各界自发进行的普及活动的帮助下，逐步得到完善。在现有的数字素养课程中，不仅在线上与线下两种渠道均有涉及，还在面向不同群体时设置针对性课程，其中对一些数字边缘群体的关照在近几年有所提升，菲律宾正努力缩小地区与代际间的数字鸿沟。但是相较于西方的数字素养教育进程，菲律宾仍较为落后，这不仅因为目前菲律宾整体的数字化水平还相对较低，多数培训课程均为线上课程，普及程度不高，还因为菲律宾并没有制定较为本土化的数字素养框架，缺乏统领性的课程引导框架。此外，虽然菲律宾数字素养的相关课程较为丰富，但学术界对数字素养教育的研究性成果相对较少，导致数字素养教育发展速度相对缓慢。

不过，可喜的是，菲律宾人对数字素养的重视程度正在不断提升，无论是官方机构还是民间组织均在为数字素养教育而努力。同时，菲律宾参议院与众议院发布的《2022 全面数字转型法案》拟定了公民与教师的数字能力框架，未来菲律宾的数字素养教育将有望形成更为完整且规范的体系。

时代之舟，韩国数字素养教育体系建设研究

数字社会中，数字素养不仅是公民的核心素养之一，也是发展数字经济的重要内容，更是提升国家核心竞争力不可或缺的一环，得到各国政府的高度重视。据韩国科学技术信息通讯部2022年4月发布的互联网使用报告显示，截至2021年年底，韩国网民规模持续增长，网民生活全面"网络化"，韩国家庭近99.9%接入互联网，全国各街道网络连接率达90%，即时通信软件的使用率达98.3%，数字力量持续壮大①。除此之外，自2004年以来，韩国公布年度数字鸿沟指数，比较弱势群体与普通群体互联网使用情况和数字素养的差距，以评估大家数字排斥的公共政策的有效性。报告通过前瞻性的调查和分析，检查数字信息消除政策推进过程中的负面因素；各阶层在数字化发展过程中可能存在的潜在阻碍因素；尤其是其中针对各薄弱层的信息差距进行年度调查，譬如残障人士、低收入阶层、农渔民、朝鲜脱离居民以及结婚移民等。调查项目有数字信息化程度、信息使用态度和其他，例如数字信息化方法、能力级别以及数字助手和社会资本、数字设备使用情况和新冠肺炎疫情相关的互联网使用量变化、生活变化等。韩国数字素养发展正持续在政治、经济、教育等方面不断深耕②。

根据国际咨询公司埃森哲（Accenture）2014年1月公布的调查结果，韩国在全球10个数字化政府（Digital Government）表现领先的国家中排名第四。2016年年底，韩国教育部发布了题为《应对智能信息社会的中长期教育政策方向与战略》的行动纲领，提出了韩国教育到2030年向前发展的五个方向。该纲领纳入了韩国教育到2030年底准备第四次工业革命而应采

---

①《韩国2022年度互联网使用报告》，https://www.nia.or.kr/site/nia_kor/ex/bbs/List.do?cbIdx=99870，访问日期：2022年4月17日。

②《韩国2021年数字信息差距调查报告》，https://www.nia.or.kr/site/nia_kor/ex/bbs/List.do?cbIdx=81623，访问日期：2022年4月19日。

取的22项战略，主要内容是扩大学生的教育选择，加强教师在教学和评估方面的自主权，推进培养未来先进学校的项目，培养智能信息技术领域的骨干人才。2019年，韩国文在寅总统主持召开第53届国务院会议，宣布了在包括科学技术部、信息通信部在内的各部委参与下制定《国家人工智能战略》。韩国首尔市政府于2021年11月初宣布，未来将打造"元宇宙平台"，面向市民提供公共服务，其中就包括在数字化未来生活中韩国教育的计划安排。

同时，韩国具有利用世界上领先的内存半导体的优势，韩国政府宣布将以其作为杠杆，致力成为排名第一的AI半导体大国，并加强对AI半导体核心技术和开发新概念半导体的战略投资，并将以CPU为中心的计算转变为可以模仿大脑的以内存为中心计算的半导体（目前的内存处理器有望增加解决问题的能力）。其次，致力于居民从小就轻松有趣地学习SW和AI，并建立一个教育系统，允许所有年龄和职业的人获得基于AI的能力，并为世界上最好的AI人才成长创造一个不断增长的土壤。

韩国数字素养教育作为韩国政府统领下的政治、经济与教育长期规划的重要部分之一，目前在基于韩国政府的人工智能国家战略、元宇宙平台、《科学、数学、信息教育振兴法》和《应对智能信息社会的中长期教育政策方向与战略》[①]，Hanwha System 开发的教育广播 Metaverse 教育平台 Meta-Campus（校区），构建虚拟公共教育系统，于2023年年初正式开通，提供中小学学习内容和服务。韩国教育部于2022年2月8日公布的《2022年教育信息化实施计划》设定了四项政策目标，使更多的学校网站能够从基于数字的教学和教育信息服务中受益。

一、韩国数字素养教育发展回顾

2009年，韩国教育部修订教育课程时，媒介素养就被列入"跨学科学习"的主题之一，与"创意体验活动"联合开展。2015年版国家课程则提出了以六大核心素养为主干的课程体系，其中的"知识与信息处理素养""创新思考素养""沟通素养"都与媒介素养相关，这也使媒介素养教育备

---

①《应对智能信息社会的中长期教育政策方向与战略》，https://www.korea.kr/news/pressReleaseView.do? newsId=156175173，访问日期：2022年2月25日。

受重视。2015年版国家课程颁布后，韩国教育部从2016年开始在初中阶段推行自由学期制，初一、初二的学生在自由学期内可以参加校内外各类社会活动并将这些活动计入课程时数，同时鼓励学校与外部机构合作开发丰富且不拘泥于形式的综合课程。在此背景下，韩国言论振兴财团等公共机构与学校合作推行媒介素养教育，内容包括基础设施建设、教师培训、资料开发等。因此，在2019年教育部颁布《学校媒介素养教育支援计划》（以下简称《计划》）界定媒介素养定义和范畴之前，不少地区就已经开展了各种形式的媒介素养相关教育，诸如新闻素养教育、媒体应用教育、新闻应用教育等。教育部《计划》的颁布，也有规范、整合、充实以往实践之意[1]。

韩国青少年媒介素养亟待提升也是颁布该《计划》的重要原因。青少年沉溺网络日趋严重、网络暴力升级等问题都要求韩国政府做出应对。《计划》扩大媒介素养的内涵，加入了"正确利用媒体进行沟通和参与社会生活的能力"等内容。

此外，《计划》更是为了在自媒体时代培养国民理性、良好的沟通和交流能力。韩国于2014年修订的《终身教育法》规定，政府应在学校教育之外实施"文解教育"，即培养社会生活所需的文字理解能力。近年来，媒体环境发生剧变，大量自媒体、社交媒体等出现，媒体生产者和消费者相互混合成为双向媒体，提高国民的媒介素养，使他们能够在新的媒体环境下顺畅沟通与交流是国家和谐发展的基础。从这个意义上说，《计划》的目的之一就是培养具有良好文化能力的国民。

韩国教育部于2019年7月发布《计划》，宣布该计划以"使国民成为自律、尊重、相互连接的民主公民"为愿景，将培养所有学生的批判性理解能力、合理的沟通能力、创意与文化感受能力作为媒介素养教育的总目标，提出了四大政策方向。例如，将媒介素养教育正式纳入学校课程，扩大学生的媒介素养教育机会，强化教师的媒介素养能力，形成学校媒介素养教育体系。

韩国首尔市政府于2021年11月初宣布，未来将打造"元宇宙平台"，面向市民提供公共服务。其中数字新政（Korean Digital New Deal）包含数字内容产业培育支援计划，诸如对人才培养进行投资等。这表现了韩国数字素

---

[1] 姜英敏、李思洁：《韩国将媒介素养教育纳入学校教育体系》，《上海教育》2021年第20期。

养人才培养的意志，详见图1、图2。

共投资2024亿韩元（约合人民币11亿6 000万元）

XR内容开发支援——473亿韩元（约合人民币2亿7 000万元）
数字内容开发支援——156亿韩元（约合人民币8 900万元）
R&D投资——537亿韩元（约合人民币3亿700万元）
XR内容产业基础建造——231亿韩元（约合人民币1亿3 000万元）
数字内容企业基础建造——186亿韩元（约合人民币1亿6 000万元）
人才培养——107亿韩元（约合人民币6 000万元）
支持数码内容进军海外——119亿韩元（约合人民币6 800万元）
数码内容基金投资——200亿韩元（约合人民币1亿1 000万元）
公买公卖环境营造——15亿韩元（约合人民币9 000万元）

图1　韩国数字新政（Korean Digital New Deal）数字内容产业培育支援计划

"韩国数字革新"五大课题中，首选包括元宇宙在内的"数字超革新（Hyper Innovation）"项目。元宇宙产业培育计划首次被列入政府"韩国版新政2.0"。

例如，公开平台内蕴含的数据、著作工具，让第三方企业用于开发新的服务，从而可以制造出"观光宇宙"。

通过该计划，到2022年将目前只有21家的大客车专门企业增加到56家，到2025年将目标扩大到150家。

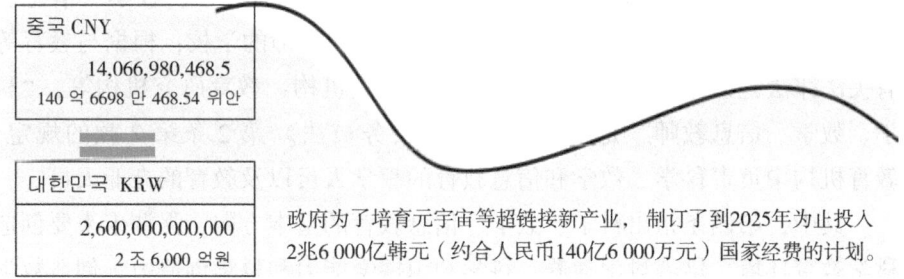

政府为了培育元宇宙等超链接新产业，制订了到2025年为止投入2兆6 000亿韩元（约合人民币140亿6 000万元）国家经费的计划。

图2　韩国数字新政（Korean Digital Newdeal）数字内容产业培育支援计划

Hanwha System 开发教育广播的 Metaverse 教育平台 Meta-Campus（校区），构建虚拟公共教育系统，于 2023 年初正式开通，提供中小学学习内容和服务[①]。

教育部于 2022 年 2 月 8 日公布的《2022 年教育信息化实施计划》设定

---

① Hanwha System，https：//www.hani.co.kr/arti/economy/economygeneral/1022418.htm.

了四项政策目标，使更多的学校网站能够从基于数字的教学和教育信息服务中受益。

韩国正在数字政府的建设目标下努力实现经济与教育多项驱动发展前进。

二、韩国数字素养教育发展政策、法规等背景支持

（一）《终身教育法》修订①

2014年修订的《终身教育法》规定，政府应在学校教育之外实施"文解教育"，即培养社会生活所需的文字理解能力。近年来，媒体环境发生剧变，大量自媒体、社交媒体等出现，媒体生产者和消费者相互混合成为双向媒体，提高国民的媒介素养，使他们能够在新的媒体环境下顺畅沟通与交流是国家和谐发展的基础。

（二）《科学、数学、信息教育振兴法》②

2017年底，韩国将原来的《科学教育振兴法》修订为《科学、数学、信息教育振兴法》，强调要营造科学、数学、信息各科教育并跨学科整合教育环境，培养学生具备科学、数学及信息素养，通过两门以上学科的整合来培养具有创新实践能力的融合型人才。

"科学、数学、信息教育"是指教育机构开展的科学、数学、信息教育。"教育机构"是指在高中以下各级学校培训教师的学校；根据与教育等有关法律法规设立的教育培训机构、学生培训机构、教育研究机构等，"科学、数学、信息教师"是指根据《教育公务员法》第2条第2款的规定，教育机构中负责科学、数学和信息教育的教学人员以及教育的专业人员。

其中，第四条指出科学、数学、信息教育的基本方向，强调未来要创造科学教育环境，培养科学素养、科学知识探索能力和科学创造力；创造数学教育环境，培养数学素养、数学知识解决问题的能力和数学创造力；创造信息教育环境，培养信息文化素养、信息知识问题解决能力和计算思维；除科学、数学、信息教学大纲教育外，还应通过两门以上学科的整合来培养具有创新实践能力的融合型人才。

---

①《终身教育法》修订，https://m.blog.naver.com/parksunny56/222735852551，访问日期：2018年4月25日。

②《科学、数学、信息教育振兴法》，https://www.law.go.kr/，访问日期：2018年4月25日。

(三)《应对智能信息社会的中长期教育政策方向与战略》[①]

2016年年底,韩国教育部发布了题为《应对智能信息社会的中长期教育政策方向与战略》的行动纲领,提出了韩国教育到2030年要发展的五个方向。该纲领纳入了韩国教育到2030年年底准备第四次工业革命而应采取的22项战略,主要内容是扩大学生的教育选择,加强教师在教学和评估方面的自主权,推进培养未来先进学校的项目,培养智能信息技术领域的骨干人才。

该政策纲要分为八个部分,包括推进背景、第四次产业革命动因:智能信息技术、智能信息技术带来的变化前景、未来形象及核心成功要素、展望与推进战略、智能信息社会中长期政策方向、推进课题和推进体系。

该纲领提到,韩国通过长期国家信息化的推进,确保其拥有世界高水平的ICT基础设施。未来,为了在智能信息社会中持续创造新的价值,确保国家竞争力,有必要确保智能信息技术在教育系统培养相关产业及高度化服务。为应对智能信息社会的到来,要求初中从2018年开始、小学从2019年开始施行软件教育义务化,强化智能信息技术人才培养的基础;并提出要对现行师范大学的课程进行改编,培养后备师资的核心能力,确保到2020年追加600余名专任教师扩充信息、计算机中等专任教师队伍。

表1 韩国应对智能信息社会的中长期教育政策的战略目标

中长期教育方向	关键词
1. 充分发挥学生兴趣和才能的教育	灵活
2. 培养思维、解决问题能力和创造力的教育	自治
3. 考虑到个人学习能力的定制培训	个性化
4. 智能信息技术领域关键人才培养	专业化
5. 重视人、促进社会融合的教育	人性化

(四)《学校媒介素养教育支援计划》[②]

2019年7月,韩国教育部发布《学校媒介素养教育支援计划》(以下简称《计划》),宣布将媒介素养教育纳入学校教育,成为学校课程的重要组

[①] 姜英敏、李思洁:《韩国将媒介素养教育纳入学校教育体系》,《上海教育》2021年第20期。
[②]《学校媒介素养教育支援计划》,https://www.kice.re.kr/filedown8,访问日期:2019年7月13日。

成部分。2021年2月，韩国教育部开通媒介素养教育门户网站"MILINE"（Media and Information Literacy Network for Education），面向社会免费提供媒介素养教育的教学资源、研究报告、相关文献书籍等信息。这是继韩国教育部发布《计划》将媒介素养纳入学校教育之后的又一重要举措。《计划》以"使国民成为自律、尊重、相互连接的民主公民"为愿景，将培养所有学生的批判性理解能力、合理的沟通能力、创意与文化感受能力作为媒介素养教育的总目标，提出了四大政策方向。

1. 将媒介素养教育正式纳入学校课程

《计划》要求各级各类学校将媒介素养教育纳入学校课程，并着力开发教育教学资料。小学阶段要重点培养信息筛选与甄别能力，初中阶段强调将媒介素养教育融入现有课程内容中，高中阶段则要尝试开设媒介素养选修课程。考虑到现行教育课程（2015版）中的核心素养只包括信息处理和使用能力，忽略了理解信息、创造信息的能力，因此在新版教育课程修订时将重新界定媒介素养的内涵与范畴，使其更加综合、系统。此外，韩国鼓励各市、道教育厅开发地方课程，编写相关教学资料，发行官方认证图书，确定本地区媒介素养教育的定义、原则、内容要素等。教育部还将积极推动隐性课程建设，如构建能够展示学生自媒体作品、共享媒体资源的公共网络空间，营造媒介素养教育健康发展的外围环境。

2. 扩大学生的媒介素养教育机会

教育部整合现有教育资源，如"民主公民教育""创客教育""新闻应用教育"等，增加学生接受媒介素养教育的机会。例如，在"民主公民教育"中，让学生认识到人是媒体的生产者和消费者，作为负责任的公民，在信息的生产和流通时应该保持理性客观，不推广特定的价值观和理念、不表露偏狭的憎恶。在"创客教育"（Maker Education）中，鼓励影像与媒体类的特色高中积极开展"媒体创作"活动，支持相关学生社团的发展。此外，《计划》还帮助文化弱势群体（如跨文化家庭子女、移民学生、社会青少年等）接受媒介素养教育，提高其媒体应用能力。同时，要充分利用公共图书馆、电视台、大学等，形成全方位的媒体教育资源体系。

3. 强化教师的媒介素养教育能力

教师是媒介素养教育的主要实施者，《计划》强调将从加强实操性和提高针对性两方面切实提高教师的媒介素养。首先，组建教师研究会，使教师有机会直接参与培训项目的开发和实施，以更真实地反映教师的培训需求，增强培训效果。各地教师研究会组成学习共同体，共享国内外媒介素养教育的优秀案例。其次，由市、道教育厅和各地教师研究会联合组建"教育一线协助小组"，为一线教师提供专业支持。再次，根据教师所在学段和职业生涯周期，定期开展有针对性的、问题解决式的精准培训。最后，在教师职前培养机构——教育大学和师范类高校加强媒介素养教育，提高未来教师的媒介素养和教育能力。

4. 形成学校媒介素养教育体系

《计划》指出，教育部及有关部门协同制定政策，地方教育厅制定当地规划并进行教师及家长培训，媒体教育中心负责实施，民间团体进行教材开发和讲师培训，这是未来需要鼎力打造的学校媒介素养教育支持体系，如图3所示。

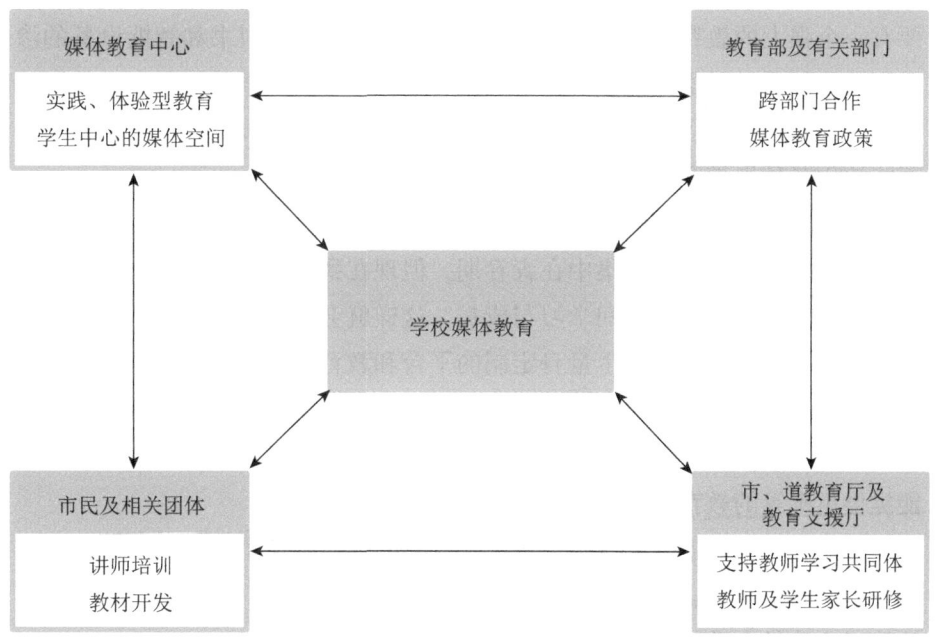

图3 韩国学校媒介素养教育体系

针对当前媒介素养教育的实施主体多元、复杂等特点，《计划》颁布后，教育部将成立中央指定的专门机构——"媒体教育中心"，各地区可以根据当地状况选择新建、改建"中心",相关经费由政府提供支持。媒体教育中心将缩小各地区媒介教育基础设施差距、以支持和提升现有媒介素养教育水平为宗旨,主要职能包括加强各地教育厅与学校之间的联系、为学校提供媒介素养教育资源、教师培训、培养和派遣讲师、援助文化弱势群体等。同时,成立家长监督团,并通过"父母 Nuli 之家"等机构普及和宣传媒介素养教育,多方合力推动韩国媒介素养教育的实施。在《计划》的影响下,目前韩国媒介素养教育的实施、参与机构较多,包括中央及地方政府部门、非政府公共部门等[①]。

(五)《2022 年教育信息化实施计划》[②]

韩国教育部于 2022 年 2 月 8 日公布的《2022 年教育信息化实施计划》设定了四项政策目标,使更多的学校网站能够从基于数字的教学和教育信息服务中受益。特别是实施方案变得更加密集,如扩大提供各种形式的在线内容和建立教育在线操作系统(平台)等。主要包括:

首先,创造一个实现梦想和希望的未来教育环境。为了未来的教育,先要有一个强大的教育环境。最值得期待的是扩大数字教科书和智能设备的渗透率,比如通过科学时间纸质教科书了解恐龙。但是,纸质教科书中的图片本身并没有描绘出以前地球的图景。未来,将测试将要改进的数字教科书是否能够用各种视觉和视觉效果更生动地学习。

其次,以终身责任的形式创新教育信息化。有句话说"学无止境",尽管大部分人的学习时期都集中在青春期,但现在我们需要一生学习,学生需要利用下课回到家里的时间学习与成长,这样就会有令人意想不到的收获。

再次,加强为残疾学生量身定制的平台和教育福利服务。教育应该平等地为所有人的成长提供机会。残疾学生由于其他限制因素很难获得与非残疾学生平等的教育。如果教育信息化能够消除流动性、时间和空间的限制,就能提供更平等的教育机会。

最后,扩大数字基础设施,用于交流和共享教育信息。人们可以随时随地获得所需的政策,并向政府提出他们想要的政策方向。期待着能够更容易地接近这些教育政策,并更加熟悉它们。

---

① 姜英敏、李思洁:《韩国将媒介素养教育纳入学校教育体系》,《上海教育》2021 年第 20 期。
②《2022 年教育信息化实施计划》,https://if-blog.tistory.com/13028,访问日期:2022 年 2 月 25 日。

三、韩国数字素养相关组织机构概况及相关项目

(一) 教育部

大韩民国教育部是韩国教育事业的管理部门,提供教育政策、教育项目、教育新闻、教育数据等内容。教育部下设大韩民国学术院事务局、国史编纂委员会、国际教育振兴院、教员惩戒裁审委员会和国立特殊教育院五个直属机构。2009 年,韩国教育部修订教育课程时,媒介素养就被列入"跨学科学习"的主题之一,与"创意体验活动"联合开展。2015 年版国家课程则提出了以六大核心素养为主干的课程体系,其中的"知识与信息处理素养""创新思考素养""沟通素养"都与媒介素养相关,这也使媒介素养教育备受重视。

2015 年版国家课程颁布后,教育部从 2016 年开始在初中阶段推行自由学期制,初一、初二的学生在自由学期内可以参加校内外各类社会活动并将这些活动计入课程时数,同时鼓励学校与外部机构合作开发丰富且不拘泥于形式的综合课程。

2019 年 7 月,韩国教育部发布《学校媒介素养教育支援计划》(以下简称《计划》),宣布将媒介素养教育纳入学校教育,成为学校课程的重要组成部分。2021 年 2 月,韩国教育部开通媒介素养教育门户网站"MILINE",面向社会免费提供媒介素养教育的教学资源、研究报告、相关文献书籍的信息。这是继韩国教育部发布《计划》将媒介素养纳入学校教育之后的又一重要举措。该计划以"使国民成为自律、尊重、相互连接的民主公民"为愿景,将培养学生的批判性理解能力、合理的沟通能力、创意与文化感受能力作为媒介素养教育的总目标,提出了四大政策方向,包括(1)将媒介素养教育正式纳入学校课程;(2)扩大学生的媒介素养教育机会;(3)强化教师的媒介素养教育能力;(4)形成学校媒介素养教育体系。

2021 年 2 月,韩国教育部发布《绿色智能未来学校综合推进计划》,提出将在 2021 年到 2025 年投入 18.5 万亿韩元(约合人民币 960 亿元),以数字化与绿色环保相融合的方式,对房龄超过 40 年的 2 835 栋教学楼进行翻新和改建。该计划以尖端数字化技术为基础,意图将智慧教室与教育空间革新、绿色环保、学校复合化(与社会联系)等核心要素相结合,打造未来型学校。《绿色智能未来学校综合推进计划》作为 2020 年韩国新政的十大

代表工程，打造面向未来教学的数字化基础智慧教室作为构建智能学习环境的核心一环，主要包括：（1）打造以数字化技术为基础的智能学习环境，包括构建学校无线环境、普及智能终端以及运营学习管理系统等；（2）构建智能学校运营体系，包括运营智能型教育行政信息系统进行教务管理，运营学校技术中心和委托民间企业等进行校内数码仪器维护，以及通过智能监控、传感器等尖端安全技术保障学校安全，比如利用人脸识别技术进行出入校管理，通过行动分析系统预防和监控校园暴力和火灾等；（3）以数字化转型为基础进行教学革新，除了上文提到的利用电子教科书、增强现实和虚拟现实技术等拓宽教学时空界限、扩大线上线下融合型教学，韩国还与国内外学校联合授课，联系大学、研究所和企业等机构实施远程实习体验和职业指导。利用大数据进行学生的个性化学习诊断，并随时随地向残疾学生、跨文化学生和学业中断的学生提供学习支持。扩大以学生为中心的课堂教学，培养学生解决问题的能力、创新能力等。目前，"绿色智能未来学校"项目正处于持续推进的状态，韩国各地区教育厅积极制作和推广相关资料，举办项目方案竞赛，并多次开展试点学校招募和选拔工作[①]。

（二）韩国教育与学术信息研究所 KERIS

韩国教育与学术信息研究所 KERIS 是韩国教育部、市和道教育办公室的直属机构。1996 年成立的韩国教育发展院附属多媒体教育研究中心在 1999 年由韩国多媒体教育中心（KMEC）和韩国信息研究中心（KRIC）整合，韩国教育与科研情报服务部（KERIS）正式成立。

2001 年 4 月成功举办全国中小学信息基础设施建设暨互联网连接仪式；

2002 年 5 月成功开放了"全国教育信息共享系统"；

2004 年 12 月与日本国立信息研究所（NII）建立学术信息联合利用系统并实施服务；

2005 年 11 月与中国高等教育文献与安全系统（CARIS）签署联合使用协议、与澳大利亚教育与信息研究所（Australian Institute for Teaching and School Leadership）签署联合电子学习合作协议；

2006 年 3 月开办了"Home-Edu Civil Affairs Service"；

2007 年 9 月加入国际电子学习标准化组织 IMS 全球学习联盟；

---

① 于佳靓、韩国：《教育信息化有哪些新动向》，《中国教师报》2022 年第 3 版。

2008年1月开设地方教育管理综合系统（Edufine）；

2009年9月与韩国信息技术厅签订合作协议，共同利用国家知识库；

2010年8月开设教育学术信息流动服务（网上家庭学习、精品课堂视频、KOCW）；

2011年2月与韩国广播公司签订工作协议，促进青少年媒体教育；

2011年7月与韩国教育协会签订振兴教育信息化研究和学术会议的工作协议；

2012年8月通过互联网普及电子教科书；

2015年11月举办教育与信息化研讨会（庆北大学）；

2016年12月被指定为教育和学术服务领域个人信息非识别措施的专业组织；

2018年11月被教育部指定为网络欺凌预防教育支援中心；

2020年4月运营远程教育平台以支持在线学校开放。

（三）韩国新闻振兴基金会

成立于2010年的韩国言论振兴财团是非政府公共机构推动媒体素养教育的主力。该财团作为隶属于韩国文化体育观光部的公共机构，主要负责振兴言论出版业相关事业。自2015年开始，该财团与韩国教育电视台共同制作新闻素养有关的教育节目，2017年创办第一本媒介教育的杂志——《媒介素养》，并召开全国第一届媒介教育大会。

目前，财团致力于以新闻素养为中心的媒介素养教育，其工作内容分为面向学校和面向社会两大部分。面向学校的工作主要包括以下五大方面：第一，培训和管理专门的媒介素养讲师，把讲师派遣到中小学进行教师培训。第二，与部分报社合作，定期为学校提供媒介素养课程所需的报刊资源。第三，为促进媒介素养教育相关人员之间的信息沟通，定期组织全国性大会，邀请教师和媒体人分享优秀案例，举办产学合作论坛。第四，为促进国际交流，定期组织教师和从事媒介素养教育的专业人员到媒介素养教育发达的国家参加培训。第五，财团还会委托一些学术组织和机构开发适用于中小学课程和初中自由学期主题活动的教材。

面向社会的工作则包括：首先，开发针对各地居民的媒介素养教育项目，为部分报社实施的新闻应用教育（NIE）项目提供专业支持，比如记者体验活动、NIE夏令营、家长培训等。其次，开设以媒介素养为教育内容的终身教育教室,并向全国各地的多文化中心、地区儿童中心、社会福利馆、青少年休息中心、地区教育厅家长支援中心等机构和部门派遣媒介素养教育讲师。再次,鼓励大学开设提高新闻素养和培养专业媒体人两方面的讲座,并向听课和授课人员达标的大学提供经费支持。最后,在多媒体平台上发布新闻资料的批判性阅读及应用方法的相关影像制品,并与媒体消费者建立双向沟通渠道,以提高国民的媒介素养。

(四) Hodoo Labs:教育元宇宙

Hodoo Labs 公司以消除教育差距为目标推出了 Hodoo English,将 300 多名角色和约 4 300 种情况嫁接到虚拟现实场景的英语会话中。使用者将在 5 个虚拟大陆和 30 多个虚拟村庄中游历,以提升英语能力,未来将进一步引进更多的内容,实现在虚拟世界里进行多种课程和 Hodoo Campus,可以参与在不同的村庄举行的读书节目、编程节目和美术节目①。

四、韩国数字素养教学设计与课程体系建设

(一) KERIS 相关教学项目

官网显示其在数字教育的政策支持、初等和中等教育、教育信息安全、教育和培训中心、教育财务任务和管理任务数字化以及学术研究中的信息通信技术支持等项目领域均有规划。项目包含以下范围:

1. 数字教育政策支持

KERIS 通过融合新技术和基于数据的研究来领导以学习者为中心的未来教育,并通过与国际组织和相关机构的合作,在国际发展和合作中发挥主导作用。

(1) 加强研发和全球发展合作,以应对数字化转型
①实施教育和研究以应对数字化转型
②实施教育标准和新技术研发,打造新的教育科技生态系统
③加强全球交流与发展合作,为教育科技海外拓展奠定基础
④国内外数字教育政策的激增和 Edu-Tech 研发成果
⑤智慧城市作为国家模范城市实施教育创新技术应用项目

---

① 《韩国元宇宙动态》,https: //mp.weixin.qq.com/s/VBYRn3v1opvzMkwEBTmjhw,访问日期:2022 年 2 月 25 日。

（2）建立基于大数据和人工智能的教育政策支持体系

①构建和运营教育领域媒体、社交媒体、社区投入等大数据分析教育政策支持服务

②通过运行教育数据系统（EDS）来支持循证教育政策并减少统计工作

③在领先的学校运营软件和人工智能教育，以加强软件教育

（3）通过促进教育与技术的融合，加强未来教育体系的建设

①开发和运营 SW 和 AI 教育培训课程，以提高教师的未来技能

②成功创办 Edu-Tech 公司，并通过支持中小型企业建立稳定的站点

③未来教育中心运营未来学校空间和 Edu-Tech 技术体验

2. 开办教育培训中心

通过 ICT 引领未来教育能力建设，为加强小学/初中/高中和大学的未来教育能力作出贡献。

（1）创新数字教育，提高学校利用教育技术的能力

①升级和振兴 Jisiksaemteo（交互式在线知识共享平台）

②开发和分发国家教育政策领域的远程培训内容

③通过开展教育信息化研究竞赛，发现和传播优秀的教学实践

④开发和分发课程，以加强教师的信息和人工智能教育能力

⑤制定和分发课程，以提升教师使用教育科技的能力

⑥开发和运营培训课程，为大学图书馆培养专业人员

（2）创造课堂环境和健全的学校文化，让受版权保护的内容可以自由使用

①支持改进学校教育版权相关法律和制度

②支持开展版权教育，如培养负责教育设施的版权专家

③支持版权咨询和法律响应，制订和分发字体检查程序

④为学校制订和传播网络暴力预防计划（Cyber Eoulim）

⑤培训和咨询，以加强教师预防网络暴力的能力

⑥促进和传播服务，以防止网络暴力，提高对信息和通信道德的认识

（3）运营公共平台并提高公众对教育的兴趣，以支持远程课程

①运营公共平台，为中小学提供视频课堂服务

②为每个科目开发电子学习系统（e-Hakseupteo）内容，并扩展与相关组织内容相关的服务

③通过运营全面的阅读教育支持系统，支持阅读和人文教育的激活

④通过诊断和纠正基本学术背景和韩语水平的系统，增加对教育弱势群体的支持

（4）制订 K-Edu 综合平台信息战略计划（ISP）并增加在线课程支持

①创建一个可以分发私人/公共教育技术和学习内容的环境

②使用最新技术分析学习活动，并构建提供定制内容的环境

③制定措施，改进法律和制度，以激活 Edu-tech

（二）《媒体探究生活》[①]

韩国教育部在 2021 年 2 月开通了媒介素养教育门户网站"MILINE"。该网站免费面向社会开放，使用者可以在网站上找到媒介素养教育的目标与范畴、合作机构、政策与活动、各学段的教学资料、研究报告、图书等信息。此外，教育部还通过 MILINE 发放学校媒介素养教育教学资料——《媒体探究生活》。该资料分为小学版、初中版和高中版三种，在"开始接触和理解媒体的小学低年级""需要重视批判性阅读的小学高年级""通过媒体主动沟通并参与社会生活的中学"三大阶段设置不同的媒介素养教育课程。该资料以中小学教育课程为基准，与韩语、道德、社会等 12 个科目相联系，每一科中都明确标出相应的媒介素养与内容要素、现行教育课程中相对应的学习目标、所需课时、活动流程、评价标准和方法、评价内容等，便于教师直接用于实际教学。例如，初中版的《媒体探究生活》包括现行教育课程中应进行的媒介素养内容：语文课上培养批判性阅读能力和利用媒体资料表达的能力；道德课讨论网络中的交往礼节与信息通信伦理；信息课讨论个人信息和版权的保护；美术课注重让学生体会视觉文化及可视媒体的特征等。

（三）国立中央图书馆媒体利用及创意教育

韩国国立中央图书馆馆长徐惠兰表示，于 2022 年 4 月 21 日开始运营 2022 年度"国立中央图书馆媒体利用及创意教育"项目。该培训面向普通公民（16 岁以上），旨在利用基于图书馆的媒体技术传播创意文化。"国立中央图书馆媒体利用与创意教育"主要分为"数字信息利用教育""一人媒体学院"课程。2022 年，该项目组织并规划了年度计划（36 门课程），以

[①] 姜英敏、李思洁：《韩国将媒介素养教育纳入学校教育体系》，《上海教育》2021 年第 20 期。

完善培训体系，从而有效地提高实现具体目标的能力。

表2 国立中央图书馆媒体利用及创意教育课程类型

课程名称	参与人群	涵盖项目	课程分类
数字信息利用教育	青年	数字素养	数字基础素养
			数字素养学院
	中老年	公民意识	媒体信息素养学院
			数据素养研讨会
	媒体创作者	媒体理解能力	订阅电子资源利用培训
			培训效果联系活动
	消费者	学术资源利用方法教育	数字媒体素养论坛

个人媒体学院是一个培训课程，旨在通过培训不同领域的单个媒体创作者来创作基于图书馆的新内容，并激活知识共享。作为正规课程，将举办包括图书导师培养课程、知识创造者培养课程、中老年创作者培养课程、教师创造者培养课程、实战能力强化课程在内的多种课程，并根据学员水平，分入门/基础/中级/深化阶段进行招聘，还有由著名创作者主持的专题讲座（图书管家/知识创造者/中老年创作者特别讲座）。部分为面对面授课，部分为线上授课。

表3 个人媒体学院培训课程

课程名称	学员水平	涵盖项目
个人媒体学院	入门	图书导师培养
	基础	知识创造者培养
	中级	中老年创作者培养
	深化	教师创造者培养
		实战能力强化

特别是2022年将与"青年图书年"合作，以准青年作家为对象，进行数字内容创作教育，并举办青年创作者担任讲师的"青年图书管家特别讲座"。"国立中央图书馆媒体利用及创意教育"申请可在国立中央图书馆"娄丽之家"进行。2022年的第一个课程是数字信息利用教育的"订阅电子资源利用教育"课程，从4月11日（星期一）开始，按先到先得的原则招收学员。其余教育的招生日程和详细内容可在国立中央图书馆找到。

(四) 梦想阁楼星期六文化学校

梦想阁楼星期六文化学校是韩国自 2012 年开始实施双休日政策后由文化体育观光部开设的校外艺术教育机构，与全国文化艺术教育支援中心、地区文化艺术机构、图书馆及艺术馆等机构开展合作，专门实施有偿文化艺术教育，其中就包括媒体文化体验项目、周末旅行计划项目、"小小作曲家"等与媒介素养教育相关的活动。

梦想阁楼星期六文化学校的教育项目有短期（4 周及以下）、中期（5—15 周）、长期（16 周以上）三类，大部分为中长期项目，可以为学生提供连续的校外媒介素养教育。例如，该学校已面向清州市小学生开展为期 3 个月的"云川洞故事"村庄记录活动，以村落的文化资产、水边环境、古老的小巷、文创商店等为素材，制作参与者眼中的村落影像故事。此外，还有面向世宗市小学高年级学生和初中生开展的融合创作活动，参与者可以与家人一起用作曲和 VR 艺术等方式制作任意主题的融合媒体作品。韩国文化观光部和广播通讯委员会自 2002 年起在各地建立"地区媒体中心"，主要职能是帮助各地居民和民间团体学习媒体相关知识、制作和分享媒体内容、邀请市民直接参与政策听证等。目前，全国共有 50 家"地区媒体中心"，成为各地媒介素养教育的重要场所。另外，文化体育观光部从 2012 年开始在全国陆续成立了 17 个"文化艺术教育支援中心"，而由中央和地方财政共同出资创办的梦想阁楼星期六文化学校就设在"文化艺术教育支援中心"，开展长期的校外文化艺术教育活动，其中就包括媒介素养教育相关内容。教育部在《计划》中强调，应通过定期开展活动构建媒介素养教育的可持续支援体系，并特别提出通过梦想阁楼星期六文化学校实施长期项目计划。

(五)《元宇宙基础公共教育服务 EBS-Metaverse 开发协议》[①]

Hanwha System 开发教育广播的 Metaverse 教育平台 Meta-Campus（校区），构建虚拟公共教育系统，于 2023 年初正式开通，提供中小学学习内容和服务。该 Meta-Campus（校区）将引进英语、数学、经济教育等课程相关学习项目、环境、地球科学实感型教育、职业体验服务，学习活动数据分析

[①]《韩国元宇宙动态》，https://mp.weixin.qq.com/s/VBYRn3v1opvzMkwEBTmjhw，访问日期：2022 年 2 月 25 日。

功能等课程。FBS 作为教育公营电视台发挥公共作用，特别是通过类似现实学校空间的虚拟教育空间，向上学困难的偏远地区学生、残疾学生等提供正规教育课程，可以扩大公共教育并在一定程度上缩小学生学历差距。

表 4　元宇宙基础公共教育服务 EBS-Metaverse 开发协议内容

课程名称	学员水平	涵盖课程
Meta-Campus	中小学生、残疾学生、偏远地区学生	英语
		数学
		经济教育
		环境
		地球科学实感型教育
		职业体验服务
		学习活动数据分析功能

小结

韩国公民数字素养培育处于发展深化阶段，2016 年以后，数字素养得到全球各国政府的重视，特别是在新冠肺炎疫情期间加速提升，但是不同地区不同人群的数字素养差距较大、城乡居民数字素养差距较大。在数字韩国发展战略背景下，韩国政府基于自身互联网高覆盖率、高连接率以及人工智能的基础建设领先，构建了符合其国情的数字素养发展框架规划，政府与社会共同推动发展，以加强数字素养软投入来弥合不同人群之间的数字鸿沟；数字素养教育全面融入现有教学体系，同时配备有各项政策支持，积极鼓励企业参与数字素养资源及平台建设等。

总的来说，韩国在互联网数字化发展的领域拥有相对超前的普及和基础设施建设条件，同时相应的政策制定和部署也相对完善。对各类人群的课程设置，在政府布局和各财团配合支持的总体计划下，分成从入门到深化阶段以适应数字化发展的规划，无论是数字社会公民学习工作生活应具备的数字获取、制作、使用、评价、交互、分享、创新、安全保障、伦理道德等一系列素质与能力的集合，还是数字意识、计算思维、数字化学习与创新、数字社会责任的展望与发展，目前处于全球发展行列前端，值得学习与借鉴。

泰国数字素养教育的发展与建设研究

泰国教育始于13世纪，可分为四个阶段：素可泰时期至拉达那哥欣早期、拉玛五世在位至1932年政府更迭时期、政府更迭后的1932年至1991年，以及现在的国家教育计划B.E.2535（1992）阶段①。在素可泰时期，素可泰的一位国王蓝甘亨大帝创造了第一个泰语字母，从此泰国的教育开始了一系列的发展。这个时期的泰国教育分为两种，一种是皇家提供的贵族教育，另一种是佛教僧侣为平民提供的教育。泰国素可泰时期至拉达那哥欣早期的教育主要是对男孩，在这个时期，对学术和艺术知识的研究通常是在寺庙、宫廷和高僧的家里，职业教育则是在家庭的内部进行教学。在泰国的大城府时期，西方国家的教育制度开始在泰国的教育中发挥作用。

随后教育发展到拉玛五世在位至1932年政府更迭时期。这一时期的教育性质开始形成一个系统的体系，但是并不完全是标准，这个时期的教育是最发达的时期。国家在1921年颁布初等教育条例，规定义务教育年限为4年，并在1928年开始对高中进行文理分科。朱拉隆功国王认识到教育是所有领域发展的基础，受过现代化教育的人能够把现代化的知识带到国家的发展中。随后开始了一系列的教育改革，例如建立学校对政府进行培训，为普通的公民设立学校，成立了第一所大学——朱拉隆功大学。

1932—1991年，泰国的教育发生的变化最大。1960年教育系统进行改革，根据教育平等原则和促进教育发展的方针，将四年义务教育延长到七年，在首都以外的边远地区建立大学。1977年，泰国宪法第一次提出"泰国人民平等享有接受12年免费、高质量基础教育的权利"。同时，在这一

---

① "History and Development of Thai Education", 2 November 2018, https://link.springer.com/chapter/10.1007/978-981-10-7857-6_1, 访问日期：2023年4月。

年里还推出将七三二制改为六三三制,普及六年免费义务教育,加强小学生的劳动课和中学生的职业课程。这一系列的改革使得普通教育得到开放并富有弹性,以适应经济和社会的发展。1990年,逐步实施九年义务教育,并对1977年的教育改革方案以及有关的法规进行了必要的修改。在这个时期,国家教育计划BE.2520的颁布让教育重点关注生命和社会教育。这个国家教育计划系统明确划分了两个系统:学校系统中的教育和校外教育。学校系统分为学前教育、小学教育、中学教育和高等教育四个层次。管理有特色、有分类,为的是实现教育平等①。

下一个阶段是实行国家教育计划BE.2535阶段的教育,这份纲要提出要确定四个重要原则:繁荣与平衡精神和物质与经济繁荣的原则;人与环境和谐、相互支持的原则;跟上现代科学进步的原则(与当地和泰国社会的智慧、语言和传统文化相结合);依赖与自力更生的平衡原则。这份教育计划在智力、心理、身体和社会方面设立了相应的目标。它允许个人终身学习,以便在4个领域以平衡的方式发展自己,积极为个人提供适合其年龄的自我机会。教育分为4个级别:小学前阶段;小学二级包括开始和结束;对不同类型的目标人群(例如:研究人民政府群体或者特殊职业教育的人群)提供教育;对僧侣、神父和宗教人员进行教育。有19条教育政策提出明确的指引,例如:让中等教育成为人民的基础教育;改革教师培训和固定教师的发展;鼓励学习有利于发展的外语等。

泰国在2016年结束了原来的教育战略计划,又重新规划了为期20年的《2017—2036年国家教育规划》,以作为各部门在国家教育规划实施期间开展工作的方针指引。

在2022年发布的"The Current Situation of Thai Education in the Global Arena 2021"报告中,泰国的教育在世界的排名是第56名,比2021年下降了1位。能够提升排名的衡量指标是大学指标和中小学师生比。泰国在综合指标中较弱的是中小学师生比、高中留学的入学率、教育总预算②。在隶属教育部的教育委员会发布的"Education in Thailand 2019—2021"报告中,

---

①黄宇:《泰国教育制度》,https://www.zgbk.com/ecph/words? SiteID=1&ID=148886&Type=bkzyb&SubID=104109,访问日期:2022年1月20日。
②Office of the Education Council, "The Current Situation of Thai Education in the Global Arena 2021", http://www.onec.go.th/th.php/book/BookGroup/13,访问日期:2022年3月2日。

自发布了《2017—2036年国家教育规划》后，泰国人民接受教育的程度逐年增加[①]。

根据泰国的IMD报告以及"The Current Situation of Thai Education in the Global Arena 2021"报告，泰国教学中的批判思维在世界排名第89，分数为37分，相较于往年来说已经有了提升[②]。

一、泰国数字素养发展回顾

（一）数字素养的开始

2016年，在马来西亚举办的蓝色海洋战略国际研讨会上，时任泰国总理巴育发表演讲，阐述了泰国在未来的20年将进入一个新的经济发展阶段，称其为"泰国4.0"。不久后，泰国政府出台了"泰国4.0"战略，成立了"数字经济和社会部"，旨在利用创新的数字技术完善基础设施、鼓励创新变革、优化数据存储、推动人才培养以及其他资源建设，共同推进国家经济社会稳定、繁荣和可持续发展。

泰国的经济发展大致经历了三个阶段：发展农业的"泰国1.0"，发展轻工业的"泰国2.0"，发展重工业的"泰国3.0"。从农业到工业化的过程，泰国的经济发展模型逐渐从内向转向外向。在20世纪60—90年代，泰国的平均增长率比较快，在1995年成为中等收入的国家。随后，与亚洲的其他国家一样，泰国也遭遇了亚洲和国际金融危机的冲击。泰国的经济发展开始放缓，在提出"泰国4.0"之前都在3%的增长率左右徘徊。所以，"泰国4.0"的提出是顺势而为，是泰国经济发展的必由之路。

"泰国4.0"发展需要六个阶段：第一阶段是数字基础设施的投入和建设；第二阶段是利用数字技术挖掘新的动能，提高企业的竞争力，推动经济发展；第三阶段是利用数字技术推动社会的公平公正，增强全社会的参与感和社会的包容性；第四阶段是数字政府的转型，打造开放包容的政府；第五阶段是培养数字领域的人才，提高数字人才的就业率；第六阶段是信任数字技术，制定数字技术的法律法规，确保数字技术的安全可靠。

---

① Office of the Education Council, "Education in Thailand 2019—2021", http://www.onec.go.th/th.php/book/BookView/1926，访问日期：2022年3月4日。

② Office of the education council, "IMD World Competitiveness Yearbook", http://www.onec.go.th/th.php/book/BookGroup/13，访问日期：2022年3月5日。

(二) 泰国数字媒介素养状况

1. 《2019年泰国媒体和信息素养状况调查结果》

2020年，泰国国家数字经济与社会委员会办公室（NHSO）数字经济与社会部发布了《2019年泰国媒体和信息素养状况调查结果》。该结果表明，泰国开展了一项基于国际标准的数据调查，收集了来自中部、北部、南部、东部和东北部各地区人口的统计数据。该调查的目的在于评估泰国的媒体和信息能力。在媒体和信息评估框架下，泰国政府根据调查数据进行进一步的政策改革和发展。2019年的调查显示，泰国有822万的互联网用户，53%的用户居住在城市，泰国互联网用得最多的搜索引擎是谷歌。MIL丨DL数值最高的是东部地区①。

2. 《2020年泰国媒体和信息素养状况调查结果》

2021年，泰国国家数字经济与社会委员会办公室（NHSO）数字经济与社会部又发布了《2020年泰国媒体和信息素养状况调查结果》。该报告主要介绍什么是数字素养、世界的媒体和信息、媒介素养的指标、泰国在世界上的数字能力状况、本报告的调查目的、泰国数字化理解状态和各地区的数字理解现状比较，在职业、年龄、教育程度、收入水平方面来比较泰国的数字素养情况。报告表明，为了实现"泰国4.0"战略目标，数字经济与社会部对媒介素养的提升分为九大板块，分别是 Digital Right; Digital Access; Digital Communication; Digital Safety; Media and Information Literacy; Digital Etiquette; Digital Health; Digital Commerce; Digital Law。该报告显示，泰国南部地区人民的媒介素养情况最好；政府对南部地区数字素养的评价是南部地区的部分民众在 Digital Law 方面的能力有待提升。2020年，泰国的媒介素养得分是68.6，与2019年的媒介素养信息报告相比提高了4.1分，证明泰国相关的数字化战略对提高民众的数字素养起到了一定的作用②。

---

① 泰国国家经济和社会委员会会办公室，"Media and Information Literacy Summary Survey Report Thailand 2019"，https：//www.onde.go.th/view/1/E-BOOK/EN-US#tab1-812，访问日期：2019年2月11日。

② 泰国国家经济和社会委员会会办公室，"Media and Information Literacy Summary Survey Report Thailand 2020"，https：//www.onde.go.th/view/1/E-BOOK/EN-US#tab1-812，访问日期：2020年2月11日。

二、泰国数字素养政策法规建设

（一）泰国相关教育法

国家 2002 年法案是泰国第一个教育法案，在泰国的法案中规定了教育分类、教育等级的评判标准以及教育机构所属组织。泰国的教育法使国家的教育有了明确的保障，对提高国家的知识文化水平以及社会的发展进步有着十分重要的作用。泰国非常重视教育，所以一直在不断进行教育改革，在隶属于教育部的教育委员会官网里有着关于泰国教育的信息，并且信息的更新十分频繁和迅速。除了让教育在形式上有了明确的界定和规制，泰国的教育法还规定了教育的预算，每年的预算都在增加，目的是保障教育的发展和提高国民素质以实现与"数字泰国"计划接轨。在 2016 年提出"数字泰国"后，教育部又重新推出了 2017—2035 年的教育计划，这一计划与"泰国 4.0"战略接轨，为的是进一步提升公民的数字素养。

（二）泰国数字媒介素养相关政策法律法规

1. 《Digitial Thailand》

在 2016 年提出了"泰国 4.0"战略后，泰国咨询及通信技术部发布了 *Digtial Thailand* 计划，该报告讲述了数字化时代泰国的背景：挑战与机遇；泰国经济和社会的数字化发展愿景和目标；经济和社会的数字化发展战略；战略目标的推进机制。报告指出，"泰国 4.0"是通过创新和应用新技术来提高产品附加值，从而促进泰国经济转型升级，最终实现"数字泰国"。"泰国 4.0"战略出台后，政府成立了"数字经济和社会部"，宗旨是充分利用创新的数字技术手段，建设基础设施，鼓励创新变革、优化数据存储、推动人才培养以及其他资源建设，共同推进国家经济社会稳定、繁荣和可持续发展[①]。

2. 《2018—2022 年数字经济政策和法律背景》

在 2017 年，泰国国家经济和社会委员会办公室发布了《2018—2022 年数字经济政策和法律背景》，主要内容是：促进数字经济的政策和法律背景；促进数字经济的愿景和目标；数字化经济的促进战略；向数字化时代发

---

①泰国咨询及通讯技术部，"Digital Thiland"，https://file.onde.go.th/assets/portals/1/ebookcategory/23_Digital_Thailand_pocket_book_EN/，访问日期：2019 年 2 月 11 日。

展人力；将经济领域提升到数字化；推动社区走向数字化社会；发展基础设施支持数字创新；推进母子计划、促进数字经济的机制。报告指出：在数字经济局和数字经济相关社会部门的指导下，主要致力于支持和促进数字产业的发展。这包括创新利用数字技术，通过有利于经济、社会、文化和国家稳定的媒体来创造或者传播。报告主要提到两个关键词，一个是"促进"、一个是"支持"。"促进"指的是注重数字发展中的学术、知识、技能、认识、教育、研究和技术的传承创新。这里指的是要对泰国的国民进行一系列的数字素养课程教育。"支持"指的是政府为了提升和建设数字产业，将对一些有利于数字经济发展的私人机构、政府机构、商业银行、教育机构、各类基金会进行不同程度的经济补贴。报告提出了20年"数字经济促进计划"的四项战略，所有的建设均按照四项战略进行——战略一，提高国家数字人力资源，提高国民的基本数字技能；促进人员和技术的创新，增强数字技能。战略二，将经济部门提升到数字化，调整企业数量；让更多的数字平台进入市场，提升数字产业的市值；用数字产业带动农业、工业和服务业发展。战略三，建立数字化社区；提高社区的生活质量，利用数字经济促进贫困地区脱贫，用数字化更好地为社会中的老年人和其他弱势群体提供服务；支持社会数字创新发展研究。战略四，完善基础设施，支撑数字创新，发展智慧城市，在国家重点经济区，提升数字产业投资额；推动互联网创新发展；创建安全的网络环境。所有的母子计划都由国家经济和社会委员会各小组来进行规划①。

3.《2020—2022年内政部数字行动计划》

2016年，泰国内政部发布了《2020—2022年内政部数字行动计划》。这份计划的推出主要是为了落实"泰国4.0"的战略要求，打造数字政府。该报告主要包括部门咨询的愿景、战略和计划，旨在应用咨询和科技，在组织内建立咨询科技服务标准，提升公务员的咨询科技标准，以回应电子政府的政策安排。通过加快开发信息，支持管理，提高服务质量，释放工作人员的潜力。为提高组织的有效性，可以向内部和外部机构以更透明、更快和更

---

① 泰国国家经济和社会委员会办公室：《2018—2022年数字经济政策和法律背景》，https：//www.onde.go.th/view/1/E-BOOK/EN-US#tab1-812，访问日期：2023年3月2日。

符合要求的方式提供信息和新闻服务，并提高行政管理和公务员的能力①。

4.《人工智能伦理指南》

为了进一步推进"泰国4.0"的数字泰国建设，内阁在2021年2月2日开会制定了关于泰国人工智能伦理的使用纲领，这份纲领的主要内容有：遵从人工智能的伦理原则和理由、人工智能的相关案例解读、人工智能伦理框架（包括核心和人工智能模型）。报告指出，由于人工智能技术在人类生活中的作用越来越大，所以要建立《人工智能伦理指南》（Thailand AI Ethics Guideline）让人工智能技术得以监管。这是一份监管人员、研究人员、设计人员、开发人员、人工智能服务提供者和人工智能技术用户的行动指南，希望与人工智能有关的各行各业人士能够了解使用人工智能服务的权利和风险。该指南涉及一些使用规范以及数字技术的战略要求，该战略要求提及要利用科学技术、信息和人工智能来提高工业和服务业的潜力和竞争力，为了泰国的经济和社会发展，泰国根据现有的人工智能发展和应用程度来制定一个高效的人工智能服务纲领，可以在各个维度上为社会各方面提供人工智能的可持续服务②。

5.《泰国适应和应对的数字政策建议——从2019年新冠肺炎疫情暴发的情况来看》

新冠肺炎疫情的暴发极大影响了泰国的经济发展。2020年泰国国家数字经济与社会委员办公室数字经济社会部发布了《泰国适应和应对的数字政策建议——从2019年新冠肺炎疫情暴发的情况来看》，包括政策建议和中短期政策。

（1）政策建议

①支持业务运营的连续性。开展政府和商业活动，例如制定措施、指导方针以及修改支持社交距离的数字法规，促进人们访问互联网和电子设备。

②管理政府部门的福利。支持数字企业家创造创新的服务产品。

（2）中短期政策

①数字基础设施：通过推动数字基础设施全面发展，在各个领域推动互

---

①泰国内政部：《2020—2022年内政部数字行动计划》，https：//moi.go.th/moi/，访问日期：2021年8月18日。

②"Thailand AI Ethics Guideline"，https：//www.onde.go.th/view/1H-TH，访问日期：2020年8月9日。

联网成为所有人群都可以以合理的价格访问的公共事业；整合人民数据库作为运行的主数据库以开展政府活动。

②促进商业和劳动力部门的调整：审查并夯实使用技术开展业务的基础，数字化是提升中小企业能力的基础，以数字技术为发展基础，为人们提供技能并创造就业新机会。

③促进和调整生活方式和环境：制定以适应所有人群、工作方式、新的教学方法和媒体素养的政策。

该文件总结了泰国在2019年新冠肺炎疫情暴发以来，泰国还未完全进行数字化改革的产业和经济活动受到的冲击，面对这样的难题，政府提出要求进一步深化经济数字化的改革，从最基本的国民素质素养培养和提升开始进行，并加强数字基础设施的建设，保证数字技术的可访问性[1]。

三、泰国数字素养教育发展与实施

（一）泰国媒介素养相关政府机构

1. 泰国教育部

泰国教育部原名佛法部，成立于朱拉隆功国王在位期间的1892年。最初，教育部负责管理宗教、教育、护理和博物馆，下设五个系，即中央教育系、教育系、护理系、博物馆系和僧伽部。泰国教育部的名称在财务部和教育部之间来回更改了四次[2]，主要管理教育、宗教和文化，职责是彻底和平等地促进人民的教育。教育部为了让社会的教育更加公平，鼓励机构参与到教育的角色中，允许私营的部门参与教育，让学生有机会在本地和开放机构接受高等教育。教育部重视公民的终身学习机会，提倡因材施教，让人们找到属于自己的学习模式和方式。

2. 隶属教育部的教育委员会

教育委员会秘书处办公室（NESDB）起源于全国大学理事会，该理事会成立于1956年，后来经过一系列的发展，该大学变为国力大学，随后成立国力大学理事会，该组织拥有管理大学事务的权利和义务。后来一位叫沙立他那叻的陆军元帅提出"教育委员会"的成立是为了确定管理的方向，

---

[1] https://www.onde.go.th/view/1/home/EN-S，访问日期：2022年5月6日。
[2] Ministy of Education，https://www.moe.go.th/history/，访问日期：2022年5月6日。

以实现最高效率,让人民接受全面教育,成为国家发展力量,与其他文明国家平等进步的观点。随后,在1959年颁布相关管理条例并确立组织架构。

目前的"教育委员会"是提出国家、国民教育方向和计划协调相关组织发展教育方面行动以及进行教育改革的重要机构。根据《教育部行政条例》(2003)规定,"教育委员会"负责提出将宗教、艺术、文化和体育与各级教育相结合的国家教育计划;考虑提出教育政策、计划和标准;考虑提出支持教育资源的政策和计划;进行教育管理评价,包括向教育部长或内阁提供意见或建议。该委员会共有五个战略:制订政策、计划、教育标准和人力资源开发,与相关机构一起起草实施框架;加强教育及人力资源研发;建立有效的教育管理评价体系;让网络伙伴参与教育和人力资源开发;发展系统化、持续性的组织管理体系。其秘书处架构详见图1①。

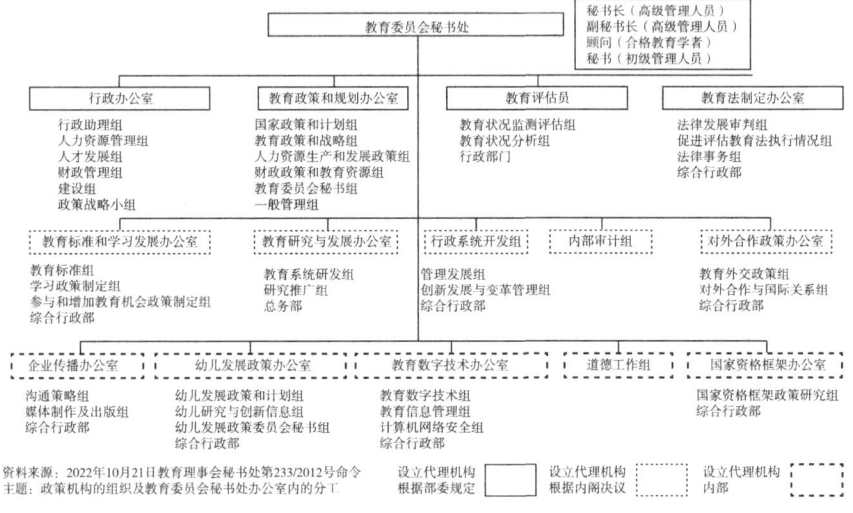

图1 泰国教育委员会秘书处架构

3. 泰国数字经济和社会委员会

泰国在2016年成立了国家数字经济和社会部(The National Digital Economy and Society Commission)②。该部门的职责是:

---

① "Office of the Education Council", http://www.onec.go.th/index.php,访问日期:2022年6月8日。
② 泰国国家经济和社会委员会,https://www.onde.go.th/view/1/home/EN-US,访问日期:2022年6月6日。

（1）根据国家数字经济和社会委员会的要求，专门起草并向委员会提出数字经济社会国家政策。

（2）根据专门委员会的指导，制定政策和特色方案。政策应与国家具体有关数字经济和社会的政策相关，然后将政策提交给委员会。

（3）研究分析提出财政方向、公共财政和投资政策的指导方针。此外，政策还包括数字经济和社会发展及其采购和采购方面的税收计量和优惠。建议的政策应该能够解决和减少数字经济和社会发展过程中的问题和障碍。

（4）按照国家数字经济社会发展政策规划以及其他政策规划，牵头协调和支持工作运行。

（5）根据国家数字经济和社会发展的政策和规划，特别是在数字经济促进方面，与数字经济促进机构协调配合，制订和促进数字经济及其运行计划的战略。

（6）开展各种调查，以收集与经济和社会数字化发展相关的信息。包括分析和研究与数字经济和社会有关的问题，这些问题将对国家发展产生影响。然后，将结果报告给专门委员会。

（7）监测和评价国家数字经济社会发展政策和规划的实施情况，制订行动计划和工作计划。然后，将结果提供给专门委员会。

（8）与依照法令规定从事行政管理和数字经济社会发展的政府机构和私人机构进行协调和合作。

（9）根据专门委员会的计划，研究分析并执行计划。

（10）特别担任全国数字经济和社会委员会及专委会秘书。

4. 泰国电子交易发展署（ETDA）

ETDA 是一个旨在促进和推动泰国经济和社会发展的组织，负责监管数字业务，并且与其他的一些组织和政府部门联合开展提高国民数字素养的课程，同时联合各行各业向着数字化的方向进行改革。ETDA 的愿景是建设强大的社会并帮助创建一个创造性地使用互联网的社会。它将成为内容收集和喜欢分享知识的人们的信息来源。无论是年轻人还是老年人，很多人都愿意一起学习，在数字时代跟上社交媒体的步伐[1]。

---

[1] 泰国电子交易发展署，https：//www.etda.or.th/th/pr-news/ETDA-Updates-Digital-Citizen-Courses.aspx，访问日期：2022年6月8日。

5. 泰国国家图书馆

泰国国家图书馆位于首都曼谷，成立于1905年10月12日，由拉玛五世国王和3所老皇室图书馆合并而成。泰国国家图书馆有14个分馆和7个专藏。收藏了专著2 210 000卷，手稿217 300卷，连续出版物2 100种，报纸400种，非书资料70 000件①。

在泰可素时期，兰甘亨大帝发明了泰文字母，用石板或者巨石记录了许多故事。后来，兰甘亨国王派使者到兰卡学习宗教，接受兰卡旺佛教进入素可泰。泰国僧侣们抄写了大藏经，称为书籍创作，这是泰国最早的书籍。后来建造了独立的房子存放佛教书籍，这是图书馆的雏形。在大城府时期，HorLuang在大皇宫建设存放政府书籍的地方，后因为战争被缅甸摧毁。在吞武里时期郑信国王建立佛经的藏殿。在拉达那哥欣时期，国王再次建设佛经的收藏馆。泰国国家图书馆的发展主要和宗教以及皇室的联系比较大，经历了很多变革，但总体而言是在不断进步的②。

6. 泰国的高等教育学校

截至2018年，泰国的高等教育学校共有310所，其中比较好的有：朱拉隆功大学，坐落于泰国曼谷，是泰国最古老的大学，被尊为"全国最有威望的大学"，它在泰国的地位就相当于中国的北京大学。该大学拥有19个学院、2个研究生学校、1个分校、11个研究所，是泰国最好的大学之一，所以通常吸引优等生；玛希隆大学，始建于1888年，在医学、公共医疗卫生和自然科学领域享有盛誉，学校设有3个附属医院、14个系、7个研究所、6个学院以及多个国际学术研究中心；国立法政大学，泰国历史上第二所大学，是泰国现代高等文科教育的奠基者，1933年创立。该大学可以说是泰国民主历史的丰碑，同时这所高等院校号称"泰国总理的摇篮"，泰国历史上的17任总理，有11位来自国立法政大学；清迈大学，泰国北部第一高等学府，是全市唯一一所国立大学，在本科阶段的科目涉及经济、工程、泰语。清迈大学是本科阶段唯一一个开设对外泰语的国立大学；国王科技大学，是泰国顶尖科技大学，位于曼谷，由三所科技学院合并而成，专注

---

① 泰国国家图书馆：《泰国图书馆历史》，https：//www.nlt.go.th/about/211，访问日期：2020年5月5日。

② 泰国国家图书馆：《泰国图书馆历史》，https：//www.nlt.go.th/about/211，访问日期：2020年5月5日。

于理工、科技研究，国际排名很高，连续3年进入《泰晤士报》排行榜前400位；孔敬大学，建于1964年，是泰国最著名的公立大学之一，同时，它还是泰国的第一大院校，校园占地面积超过1万亩，在校学生近4万人，是泰国东北部最大、最权威的教育和科研机构；宋卡王子大学，创建于1967年，位于泰国南部的宋卡省，五十多年来已成为泰国南部地区规模最大、声誉最好的重点高等院校，提供了各类专业教程和各种层次的学历教育；先皇理工大学，创立于1960年，是泰国重点科学与技术大学之一，学校名由拉玛九世国王所赐，取自拉玛四世国王。学校建成了以工为主，理、农、建、教为辅的教育体制；素罗娜丽科技大学，坐落于泰国东北的呵叻市。这所大学于1990年7月27日创立，并于1993年正式投入运营。该大学取名自呵叻市的历史巾帼英雄素罗娜丽。自2009年起成为泰国九大国立研究大学之一，也是泰国第一所自治大学①。

在2021年泰国和东盟国家大学的排名中，泰国有4所大学跻身前1 000名，其中朱拉隆功大学在比较中的数据比较好。一所学校的实力如何，主要看这个学校的科研能力水平。报告显示，泰国大学在研究指标上的得分是最高的，意味着泰国高等教育建设的加强是有效的②。

在泰国的教育中，政府组织和非政府组织之间的联系十分紧密，且政府也非常支持与其他非政府组织的合作，以提高国家的教育水平。在施行数字泰国战略计划时，能为公民提供比较有特色的数字课程以及活动的机构有：

1. C Click。C Click是一个收集有关媒体、信息和数字问题知识的网站，由"儿童和青年媒体研究所"和PG创建。儿童和青年发展的非政府组织随着发展来自儿童发展基金会的合作，自2006年至今，与健康促进基金会（ThaiHealth）办公室共同制订青少年健康媒体计划，已成长为致力于为儿童创造环境和学习之路的机构。C Click由"儿童和青年媒体基金会"下的"儿童和青年媒体研究所"（CYMI）运营，该基金会是一个致力于儿童和青年发展的非营利组织。该组织由儿童发展基金会和泰国健康促进基金会（Thai Health）合作发展而来，这两个基金会自2006年以来一直在合作开展媒体促进青少年健康发展计划。迄今为止，儿童和青少年媒体学院决心继续

---

① 《泰国大学列表》，https：//zh.wikipedia.org/zh-cn，访问日期：2022年5月5日。
② Office of the Education Council. "The Current Situation of Thai Education in the Global Arena 2021", https：//www.onec.go.th/th.php/book/BookGroup/13，访问日期：2022年5月6日。

走为儿童和青少年教育创造有利环境的道路。

2. 泰国互联网发展基金会（Internet Foundation for Development of Thailand）。它是非营利组织，成立于2003年6月，其主要目标是促进信息技术和互联网的使用，并成为社会和经济发展中介，侧重于农村地区和社区，以及弱势群体，旨在提高人们熟悉此类技术并将其用作生存工具的能力。泰国互联网发展基金会的愿景是发展"泰国社会进步的安全互联网"，其使命是"创造性地利用信息技术创造互联网使用的安全环境"。

四、泰国数字素养教学建设

（一）教育制度

泰国教育分普通教育、职业教育和成人教育三大类。普通教育又分学前幼儿教育、初等教育（分初小和高小）、中等教育（分初中和高中）、高等教育四个阶段。泰国人一般要接受12年的基本教育，其中5年是初级教育，3年是初中教育，4年是高中教育。泰国的初等教育是强制性的义务教育。政府希望适龄儿童都能接受初等教育，所有年满6岁的儿童都必须接受普通教育到11岁。小学毕业后，学生可以进入中学接受普通教育，也可以进入职业中学接受职业教育。泰国中等教育是非强制性的义务教育。泰国从事中等教育的学校有两类，一类是普通中学，另一类是职业技术学校。泰国中等教育课程分为3个部分：必修课、选修课和活动课。初中和高中的课程都采用学分制。泰国的高等教育学制为4年，在教育制度上比较接近美国的教育体制。泰国的主要大学都集中在曼谷，各个府也有自己的大学，但学生人数较少[1]。

（二）数字素养课程

1. 《媒介素养公民课程计划报告》

2019年，泰国国家数字经济社会委员会办公室数字经济与社会部发布了《媒介素养公民课程计划报告》。该报告介绍了公民数字素养课程的纲领。首先，报告讲述了什么是数字素养以及数字素养的重要性。其次，介绍了课程设计依据的原理和详细的安排。然后对比了从2016年开始到2019年

---

[1] 泰国留学云：《泰国教育制度》，https://www.xueth.com/education/，访问日期：2022年6月8日。

的数字素养课程差异。报告指出，该课程培训计划是依据 Bloom's Taxonomy 的学习原理设计的，从 2016 年到 2019 年的原理版本更新已到第 12 版，该版原理更能够进一步加深人们对数字知识、技能的理解和掌握。

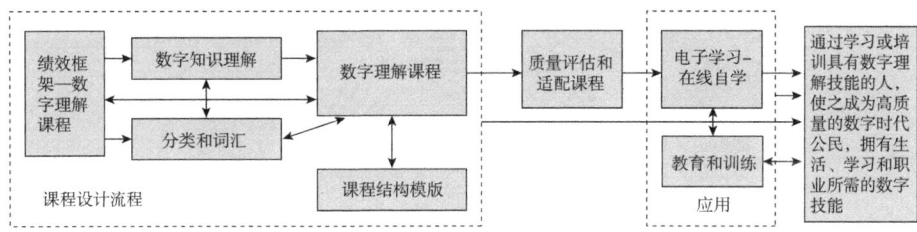

图 2 媒介素养能力培养设计过程

课程报告表示，数字化课程的设计可以分为三个阶段，首先是课程设计，其次找到一些群体进行实验和评估并通过这些评估的结果进一步优化数字教育课程，最后让人们在完善的数字课程教育下获得数字技能①。

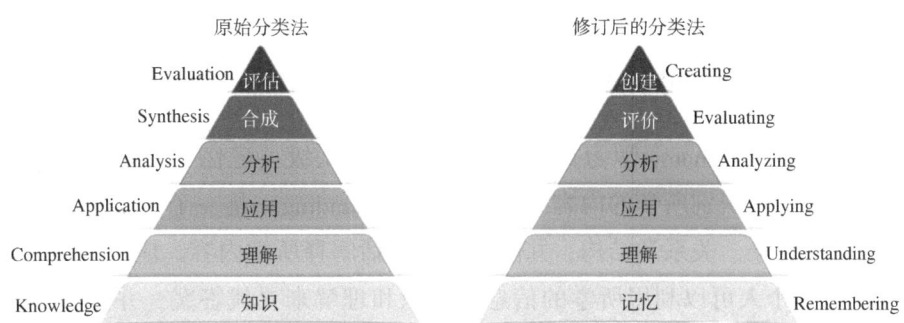

图 3 Bloom's Taxonomy 学习原理图

Bloom's Taxonomy 的学习原理表示，传统学习分类理论可以分为三个方面，即知识、认知和技能。在每个方面，熟练程度从最低到最高进行分类。课程设计从最初的布鲁姆分类学理论得到了进一步增强，使其更加现代。因此，该工具被用于确定动作动词（主动），通过将学习分为 6 个级别和将学习目标的特征分为 3 个方面来创建具有导致结果含义的句子②。

---

①泰国国家经济和社会委员会办公室：《媒介素养公民课程计划报告》，https：//www.onde.go.th/view/1/TH-TH，访问日期：2021 年 9 月 21 日。

②泰国国家经济和社会委员会办公室：《媒介素养公民课程计划报告》，https：//www.onde.go.th/view/1/TH-TH，访问日期：2019 年 9 月 21 日。

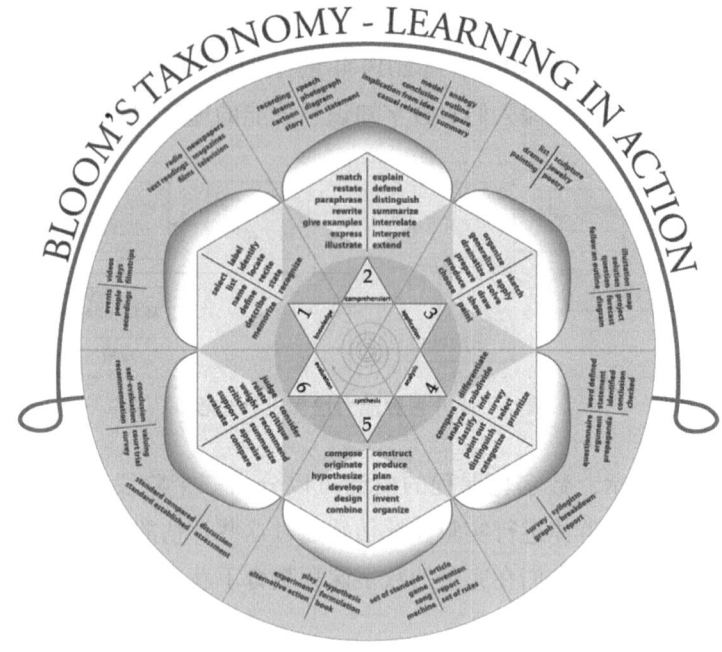

图4　BLOOM'S TAXONOMY-LEARNING IN ACTION

　　Bloom's Taxonomy 学习原理认为学习分为六级：记忆（Remembering）是一个人能够识别所学的内容。理解（Understanding）是一个人能够理解所学内容的意义、关系和结构，并能用自己的话解释所学内容。应用（Applying）是一个人可以利用所学的信息、知识和理解来寻找答案，并解决不同情况下的问题。分析（Analyzing）是一个人可以使用批判性思维。特定现象背后的原因或动机通常有两种类型的分析——分析现有数据以得出可应用于其他情况的结论/原则；分析结论、参考资料或原则，以找到可以支持或反驳这一现象的证据。评价（Evaluating）是一个人判断事物价值的能力，或任何一种可以设置评估或判断价值的标准和对主题的意见，例如数据、事实、行动、意见、有效性、准确性、标准、准则、原则、理论、质量、效率、信心、差异、偏见、方法、利益、价值观等。创造（Creating）是一个人可以思考和发明新事物的能力。这可能是发明、想法、对未来可能出现的情况的预测。

　　2.《数字素养慕课》

　　《数字素养慕课》是泰国朱拉隆功大学和泰国文化部合作的一个课程，

由朱拉隆功大学给泰国文化部提供上课场所。该课程在文化层面促进了媒体、信息和数字素养、监控和媒体的创造性使用。"信息通过媒体使用数字技术",这是对社会变革的影响和作用。因此,为了个人、社区和社会的利益,信息和数字媒体的素养是一个需要关注和学习的问题,是以创造性的方式选择、分析、处理和使用收到的信息并且可以自己制作媒体以创造性地推动社会进步。

在文化层面促进媒体、信息和数字素养、监控和创造性使用媒体的课程内容包括:

第一章在法律框架内使用社交媒体的原则和指南

第二章了解真相,用它来创造性地突出新社交媒体平台的好处

第三章了解媒体创作技巧——创意媒体

第四章了解如何像专业人士一样使用在线交易

3.《数字政府培训计划》

该计划由公务员委员会提出,旨在促进和支持公务员发展数字技能,使他们能够更加灵活地使用数字工具、设备,利用数字技术实现工作效率最大化。一旦政府部门工作人员能够熟练运用数字技能,就能在公共行政领域提高政府服务的灵活性、创造高价值的工作、让人们处理事情更加方便。在政府服务方面能够充分利用各种资源的价值,使政府服务更加方便快捷,最重要的是能够满足人民群众的需求①。

4.《互联网使用意识手册》

《互联网使用意识手册》由 ETDA 开发。ETDA 扩展了"互联网让生活更美好(IFBL)"项目,借鉴 DQ 研究所的 DQ 数字智能标准,制定了《数字公民意识手册》作为培训课程的教材②。

五、数字素养教育保障措施建设

泰国的教育分级很明确,在教学上因材施教,对不同的人群有着不同的教育培训机构。比如,教育部在 2022 年的教育计划中表示要培养各级教师掌

---

①Office of the civil service commission. "Digital Literracy Project",https://www.ocsc.go.th/DL-Project/process-dev,访问日期:2022 年 7 月 11 日。

②ETDA:《数字公民意识手册》,https://www.etda.or.th/th/newsevents/pr/Thailand-Digital-Citizenship-Framework.aspx,访问日期:2022 年 8 月 2 日。

握技能。通过人力资本卓越中心（HCEC）扩大发展成果——通过网站管理终身学习。通过允许私营部门进入并开发内容，为学习者、教师和教育管理者提供多种学习选择，并一直通过数字教育卓越平台（DEEP）、卓越个人发展计划（EIDP）为学习者、教师和教育管理者提供个人发展计划。主要的师资培训在"Education in Thailand 2019—2021"报告的第五章有重点讲述。报告指出，教师和教育人员必须按照提高国内教育质量的方向发展，并能够应对泰国和世界各地的挑战。内容有：新冠病毒（COVID-19）大流行下的教育管理；教育沙箱；促进编码教学；培养教师和教育人员（如四年制本科基础教育教师）、KruRakThin（社区教师）项目。为了高等教育人员的发展，高等教育、科学、研究和创新部制订了2021—2027年国家劳动力生产和发展的高等教育计划，并制定了人力资源能力建设战略。[①]

为了适应数字泰国战略的发展，《数字公民意识手册》的课程计划划分了年轻版和老年版两套教学体系。课程包含五项技能：数字身份的定义；如何适当地使用数字技术；数字管理安全教学；数字素养培训（例如：如何使用搜索引擎进行信息检索、如何识别在线骚扰以及相应的预防对策等）；数字传播（如何使用数字技术在数字世界中加强合作并创造收益）[②]。

小结

总体而言，在泰国的文字诞生后，泰国的领导人就对泰国的教育十分重视。尽管刚开始的教育主要是通过宗教以及皇家进行，同时受到西方国家教育制度的影响，但经过不断的改革后，泰国的教育变得越来越普及化，教育的制度也变得更加人性化。各种教育委员会以及和教育相关的非政府组织保持紧密的联系，尝试由内向外地提高国民的文化素养和思想水平。受到信息技术全球化浪潮的影响，泰国的教育制度也随之变革，国民的媒介素养教育开始进入数字化。

---

① Ministy of Education, https：//www.moe.go.th/history/，访问日期：2022年8月8日。
② 泰国电子交易发展署，https：//www.etda.or.th/th/pr-news/ETDA-Updates-Digital-Citizen-Courses.aspx，访问日期：2022年。

推进数字包容发展,孟加拉国数字素养发展研究

随着数字经济与数字技术的发展,国民数字素养正日益成为国家软实力的关键指标。因此,数字素养教育被作为了21世纪的重要教育目标。近年来,南亚地区数字化转型卓有成效。其中,孟加拉国的数字化发展势头迅猛,在过去的十几年中,该国在信息与通信技术(以下简称ICT)领域取得了惊人的增长。与其他发展中国家一样,孟加拉国正致力于数字化转型,其政府对数字化的愿景是该国在数字经济中蓬勃发展的驱动力。但是除了推进数字技术的提升与普及,政府还能够通过包括教育在内的其他领域的补充计划来加速数字化。提升国家的数字素养教育是时代的需要,培养加强年轻一代对数字技术的应用开发能力,加大信息技术的普及程度从而提高国家的整体水平,最终让数字素养成为国家强有力的竞争优势。

一、孟加拉国数字素养教育现状

进入数字化时代,全球化和技术革命深刻影响世界,国民数字素养逐步成为彰显国家软实力的标准之一。近年来,亚洲各国纷纷致力于数字化转型,重塑着整个亚洲环境。南亚与东南亚地区的数字化战略为其公民,尤其是年轻一代创造了许多前所未有的机会。其中,孟加拉国的数字化发展势头较猛。根据一项数字化发展指数显示,孟加拉国在90个国家中排名第23位[1]。此外,孟加拉国在数字化转型过程中通过向西方输出在线劳动力挖掘了许多新的机遇,其数字经济的发展也为许多边缘群体带来了就业机会[2]。尽管孟加拉国数字化发展势头增强,但由于其经济、体制等社会原因,孟加

---

[1] 中华人民共和国商务部:《孟加拉国数字化发展指数得分较低》,https://www.mofcom.gov.cn/article/i/jyjl/j/202012/20201203021700.shtml,访问日期:2020年12月8日。

[2] Azaz Zaman, "How digitalization is making South and Southeast Asia engines of growth", https://www.weforum.org/agenda/2022/02/digitalization-south-southeast-asia/,访问日期:2020年2月10日。

拉国的数字发展仍处于较落后状态，而数字素养也对孟加拉国国民来说是一个相对较为陌生的概念。

多年来，孟加拉国取得了较大的技术进步，但是，为了真正实现数字化国家的愿景，有必要确保社会各个领域的人们都能使用数字设施。因此，在数字化转型的过程中，孟加拉国十分关注贫困或社会地位低微的边缘性群体的数字素养教育，努力利用技术弥合"数字鸿沟"，保障所有孟加拉人能够平等地享受数字红利，促成建立具有包容性的数字社会。

二、孟加拉国数字素养政策与法规

数字技术是当今时代的发展趋势，正在改变世界各地人们的生活。随着数字技术的进步，全球正在通过 ICT 得以相连，这给世界的运行和通信方式带来了重大变化。为了跟上世界数字化发展的步伐，几乎所有发展中国家都在考虑将 ICT 融入教育系统。在孟加拉国，数字素养教育的发展主要依赖数字技术的发展与教育政策的支持。

（一）技术发展："数字孟加拉国"的建设

2008 年，"数字孟加拉国"的倡议在第九届全国议会选举前夕被提出，成为孟加拉国人民联盟的宣言，旨在将孟加拉国发展成为一个数字化国家。"数字孟加拉国"有四个广泛的目标，包括数字人力资源开发、连接公民、服务国民的数字政府和促进 ICT 产业。"数字孟加拉国"计划于 2009 年正式启动，它旨在率先实现孟加拉国总理谢赫·哈西娜的愿景，即到 2021 年将孟加拉国转变为数字经济国家，到 2041 年成为知识型经济国家。十多年来，在谢赫·哈西娜的领导下，政府采取了多种举措，在数字化方面取得了可喜的进步和发展[1]。如今，超过 120 家孟加拉国公司正在向 35 个国家出口价值近 10 亿美元的 ICT 产品[2]。截至 2021 年 5 月，孟加拉国电信监管委员会（BTRC）公布的该国互联网用户总数为 1.173 亿。然而，根据联合国贸易和发展会议（United Nations Conference on Trade and Development）报告显示，虽然目前孟加拉国的移动网络覆盖率已达 97%，但其中 4G 用户仍较

---

[1] Md. Saiful Islam, "Digital Bangladesh: New Dimension of National Politics." *Dept. of International Relations*, 2018, Roll No: BE-114.

[2] Zunaid Ahmed Palak, "Vision 2021—2041." https://palak.net.bd/vision-2021-2041, 访问日期：2022 年 6 月。

少，互联网的普及率也在亚太地区处于最低水平①。

此外，孟加拉国长期存在的社会问题产生了许多被边缘化的人群和发展中的不平等现象。孟加拉农村发展委员会（BRAC）治理与发展研究所（BIGD）最近的一项研究表明，孟加拉国在互联网接入方面存在显著的性别差距，男性访问互联网的次数比女性多18%。基于此，该国十分重视数字包容性政策，为缩小性别、地区等方面的数字鸿沟做了许多努力。孟加拉国政府在全国建立了5000多个数字中心，覆盖"最后一公里"，确保各种数字服务覆盖所有公民，以解决数字鸿沟问题。

（二）教育升级：现代化课堂强化技能培训

根据全球移动通信系统评估，如今孟加拉国是第九大移动市场，手机用户总数从2019年到2020年增加了580万②，手机使用量的增加推动了各种数字服务平台的发展。然而，孟加拉国仍有很大一部分人不知道如何利用互联网享受数字服务，因此整体数字素养水平较低。

教育是推动孟加拉国社会和经济转型的一个关键，建立数字国家的愿望促使孟加拉国采取现代教育政策。在"数字孟加拉国"的战略支持下，孟加拉国的教育系统实现现代化变革，通过以技术为基础的教学、学习工具和设施来改善传统的教学方法，实现理论与实践相结合，更好地开展数字素养教育。此外，孟加拉国政府近年来还通过了包括《2010年教育政策》《2015年ICT政策》《第七个五年计划》等政策与战略；ICT也已被纳入为中学的必修科目。

政府采取的举措确保了课堂教育的数字化。然而，教育数字化并没有延伸到课堂之外。这种限制是由于大多数家庭无法获得数字教育所需的资源，例如计算机、手机，以实现和互联网接入，也缺乏关于如何正确使用此类设备以进行数字教育的培训。孟加拉国的教育部门一直以来存在许多不足，缺乏优质的师资、内容和环境，并且这种情况在农村地区更为严重。因此，在政府号召下，许多非政府组织与机构纷纷响应，开发线上线下培训并提供资

---

①Hernandez, K. Barriers to Digital Services Adoption in Bangladesh. K4D Helpdesk Report 573. Institute of Development Studies, Brighton, UK, 2019.

②BTRC, "Mobile Phone Subscribers in Bangladesh June", accessed July 1, 2022. http：//www.btrc.gov.bd/content/mobile phone subscribers-bangladesh june-2020.

金、技术方面的支持，进一步提升全民数字素养。

三、孟加拉国数字素养教育组织考察

数字素养教育不单指应用数字技术的能力，更重要的是培养从技术中获益的能力，而这种能力应能使处境不利的人扭转局势，从而让社会更为平等①。由于孟加拉国"数字鸿沟"现象十分严峻，为达成"数字孟加拉国"的愿景，政府与许多数字素养教育组织都对数字边缘人群关注并扶持，促进孟加拉国成为包容性社会。这些组织与机构，按照归属主要分为学术界与民间非营利组织两股力量，对孟加拉国数字素养教育的发展起到了强有力的推动作用。

（一）学术界机构：学术研讨激发教育活力

学术界一直是推动数字素养教育发展的重要力量。在孟加拉国，许多高等学府纷纷利用自身学术资源，组织开展数字素养相关活动。布拉特（BRAC）大学设立的布拉特治理与发展研究所（BIGD）主要聚焦数字包容问题，从2019年开始对孟加拉国6 500个农村家庭进行了"数字素养和公共服务访问"调查，并通过研究制定了孟加拉国首个数字素养指数，即DLit_BIGD 1.0指数。该调查显示，孟加拉国农村地区的数字素养水平总体较低，大多数农村家庭根本没有为进入数字时代做好准备。基于此，布拉特治理与发展研究所还开展了一系列网络研讨会，针对孟加拉国"数字鸿沟"问题，集结学术界力量探讨现状与解决途径，其中多次强调改善经济状况和补贴弱势群体的互联网参与成本以缩小"数字鸿沟"的必要性。

此外，东西方大学（EWU）和孟加拉国文科大学（ULAB）均从培养青年学生的目标出发，开展相关的培训计划与活动，包括抵御虚假信息、可持续发展信息素养等主题的网络研讨会和设立培训课程等，促进青年学生媒体与信息素养（MIL）的提升。

（二）非营利组织：数字扶持弥合教育鸿沟

自"数字孟加拉国"战略被提出以来，除了政府持续性地提出相应政

---

① 卜卫、任娟：《超越"数字鸿沟"：发展具有社会包容性的数字素养教育》，《新闻与写作》2020年第10期。

策与行动,许多公益性的非营利组织成立,成为推进数字素养教育发展中不可或缺的一部分。孟加拉国现有的组织多以构建包容性社会为目标,重点关注妇女、儿童及农村地区人民的数字素养教育情况,如南亚媒体发展中心(SACMID)、迪奈特(Dnet)社会组织、弱势群体计算机素养计划(CLP)、孟加拉国信息素养和可持续发展研究所等。其中,南亚媒体发展中心主要关注孟加拉国的媒介性别素养与信息素养,出版了《促进孟加拉国的媒介素养》等刊物,还开展了传播媒介素养调查圆桌研讨会、媒介素养校际辩论赛等多类型的提升媒介素养相关活动,为孟加拉国女性争取在公共和媒体领域的发言权,促进孟加拉国国民媒介素养的提升。

弱势群体计算机素养计划(CLP)最初是孟加拉国志愿者协会的一部分,独立后逐步推出创新计划,通过计算机素养培训和技术辅助改进教学来赋予贫困青年权力,弥合贫困学生和富裕学生之间的"数字鸿沟"。该机构在2004年推出了计算机素养中心(CLC)计划,在全国多地搭建计算机素养中心,由专业教师为学生免费提供互联网使用培训,让弱势青年具备数字素养。此外,该机构借助计算机素养中心计划提供的强大数字素养基础,后续还推出了智能教室(SCR)、娱乐教育(EE)、连接世界各地的学生(CSAW)和志愿者远程教学(RTV)计划,提高贫困学生的教育质量。截至2022年4月,弱势群体计算机素养计划(CLP)已在孟加拉国55个区建立了290个计算机素养中心和188个智能教室[①],为推动孟加拉国发展具有包容性的数字素养教育作出了巨大贡献。

四、孟加拉国数字素养课程考察

尽管孟加拉国正努力完成其数字化转型的愿景,但目前在全球范围内数字化与数字素养教育水平仍处于较落后状态,关于数字素养培训的课程数量较少。同时,在课程内容设置上,多为ICT基础知识的培训,课程针对对象也多为弱势群体。因此,在孟加拉国,数字素养教育课程基本处于"扫盲"阶段。本书整理了部分相关课程,详见表1。

---

①Computer Literacy Program,https://clpweb.org/history,访问日期:2022年7月。

表1 孟加拉国数字素养相关课程

组织名称	课程名称	课程形式	针对人群	课程主要内容
迪奈特（Dnet）	数字素养	线上	弱势青年群体	提升弱势青年数字素养，主要包括互联网基础、虚假信息、在线隐私安全等主题的十节在线课程。
弱势群体计算机素养计划（CLP）	计算机素养中心（CLC）	线下	弱势青年群体	帮助弱势青年了解计算机的相关知识与使用操作，以提升其数字素养。该课程共40个课时，配套教材为"Esho Computer Shikhi"（让我们了解计算机）。
孟加拉国信息和通信技术部	孟加拉国数字技能	线上	毕业生和年轻专业人士	网站课程包括软技能、编码和各种ICT主题，帮助毕业生和年轻的专业人士学习行业需求的新技能、工具和技术，并评估他们的技能，使其获得认证，为工作做好准备。
ICT孟加拉国	计算机基础、网络安全培训	线上	所有人	学习包括计算机及其历史、互联网与应用程序、网络安全等多方面的计算机基础知识。
英特尔、孟加拉国ICT发展研究所（BIID）	EASY STEPS：数字素养计划	线下	弱势群体	向农村妇女、儿童等数字弱势群体教授实用和适用的计算机技能。

五、孟加拉国数字素养课程内容分析

"数字孟加拉"是孟加拉国"知识型社会"的另一个名称。正如孟加拉国国家信息通信技术政策所宣布的那样，为了建设一个知识型社会，并从新经济中获益，孟加拉国需要对年轻一代进行教育并使其熟悉最先进的ICT知识[1]。因此，在孟加拉国的数字素养教育课程中，绝大多数以指导ICT知识为核心内容。本书选取了其中的三门课程进行详细分析。

（一）计算机素养中心（CLC）课程

培养青年数字素养、计算机使用和互联网浏览能力对于其获取和提高知识、沟通和高效工作至关重要，弱势群体计算机素养计划（CLP）关注贫困

---

[1] AJOY K. BOSE, ASAD-UZ-ZAMAN ASAD, "Empowering Underprivileged Youths in Bangladesh through Computer Literacy: A thirst to build Digital Bangladesh." https://bdeduarticle.com/empowering-underprivileged-youths-in-bangladesh-through-computer-literacy-a-thirst-to-build-digital-bangladesh/，访问日期：2010年4月4日。

青年的数字素养,设立计算机素养中心与相关课程,为贫困学生提供实践培训。

1. 课程内容

课程主要为计算机的基础信息技术教育,同时包括部分高等教育与工作场所所需的基本理论和实践知识。该课程共40个课时,学生与教师根据配套孟加拉语的教材手册"Esho Computer Shikhi"(让我们了解计算机)进行学习。教材主要涉及计算机基础知识的介绍,包括计算机简介、计算机软件与安装、电脑文件管理、绘图工具、微软办公工具、互联网、电子邮件与计算机疑难解答等章节。

2. 课程教学情况

计算机素养中心(CLC)是一项三管齐下的项目,弱势群体计算机素养计划(CLP)提供经济援助,Dnet提供部分经济支持,以及一些课程准备和教师培训上的帮助,并建立和维护计算机实验室,学校当局提供实验室建设空间、家具与电力资源。根据计划方案,每个计算机素养中心都须配有至少四台电脑、四台不间断电源(UPS)和一台打印机。在计算机素养中心的每个教师都需接受由CLP在孟加拉国的实施合作伙伴Dnet的专业人员提供的强化培训,同时学生手册、教师手册和课程根据需要不断进行更新。2018年,"Esho Computer Shikhi"已更新至第三版。完成每门培训课程后,学生将获得相应证书,教师将获得1 200—1 500塔卡作为完成培训课程的奖励金。每个CLC预计每年完成7—8门培训课程。

从2005年开始,弱势群体计算机素养计划(CLP)与Dnet、当地学校管理部门、个人和机构捐助者和赞助商合作,截至2022年,已在孟加拉国55个地区建立了290个计算机素养中心,培养了大约134 000名数字素养毕业生(其中约50%是女性),并培训了617名教师。每年有40 000名学生使用CLP建立的数字素养实验室[①]。

(二)ICT孟加拉国课程

ICT孟加拉国是一个非营利组织,旨在通过技术教学帮助人们实现数字生活,从而推动"数字孟加拉国"的实现。

---

①Computer Literacy Program,"COMPUTER LITERACY CENTER(CLC)."https://clpweb.org/clc-teaching,访问日期:2022年7月。

1. 课程内容

ICT 孟加拉国在其官方网站和 Youtube 平台发布了计算机基础、办公程序、网络安全、编程等在线课程,本文选取部分课程内容整理如下表。

表 2 ICT 孟加拉国相关课程

课程板块	课程内容
计算机基础	1. 计算机世界历史介绍
	2. 各类型计算机详细信息介绍
	3. 计算机网络与应用软件详情
	4. 电子邮件、E-Meeting 和在线课程
	5. 了解网络安全
	6. 数字收益详情
	7. 了解未来技术
	8. 智能手机的使用与维护
	9. 远程访问详情
网络安全	1. 网络安全问题
	2. 使用防病毒软件
	3. 提高 Gmail 的安全性
	4. Gmail 账户恢复
	5. 如何在孟加拉国使用安全的互联网
	6. 谨防网络钓鱼
	7. 如何识别网络钓鱼电子邮件
	8. 使用防病毒软件的优缺点
	9. 如何保护办公电脑

2. 课程教学情况

每个版块课程时长均在 20 小时以上,目前官网课程总注册人数已超 900 人,同时官方 Youtube 账号拥有 1.03 万订阅量。ICT 孟加拉国以其专业的教师团队与精良优质的免费在线课程,吸引了诸多孟加拉国学习者,并根据自身需求,能够选择获取日常生活、工作或专业学习中所需的数字技能知识培训。

(三) Easy Steps 数字素养计划课程

该课程由英特尔公司主办,在亚洲部分发展中国家推广实施,旨在帮助农村社区的人们,尤其是其中的女性群体获得数字素养技能,推动这些弱势群体利用数字技术实现发展。其中，在孟加拉国，英特尔公司与孟加拉国ICT发展研究所（BIID）合作推行该课程。

1. 课程内容

该课程主要内容为基本的计算机技能培训，此外，还为优秀学习者提供创业模块的课程，以进一步提升学习者的数字素养水平。课程具体内容整理如下表。

表3 Easy Steps数字素养计划相关课程

基本数字素养技能	创业技能
介绍计算机和操作系统	创业概论
介绍互联网和电子邮件	资金管理与金融
介绍文字处理	营销计划
介绍电子表格	品牌
多媒体简介	营销
	在线营销
	创建反馈
	开发和产品组合
	展示您的投资组合

2. 课程教学情况

该课程由孟加拉国ICT发展研究所牵头，到孟加拉国各贫困农村进行教育，主要为农村地区失业妇女和失学女孩提供培训，通过学习必要的数字技能以增加其创业就业机会[①]。同时，该课程的设立也为孟加拉国政府培养了更具竞争力的劳动力，助推孟加拉国数字经济的发展与整体数字素养水平的提升。

小结

在全球化发展中，数字技术已被认为是社会经济发展的催化剂，数字素养不仅是公民的核心素养之一，还是提升国家核心竞争力不可或缺的一环，各国政府对数字素养教育的重视程度不断提高，许多国家在制定ICT政策

[①] "The Intel Easy Steps course-digital literacy for rural communities." https：//www.schoolnet.org.za/blog/the-intel-easy-steps-course-digital/，访问日期：2022年7月。

时，相应地对教育政策革新，将技术融入教育系统中。孟加拉国从2009年开始启动"数字孟加拉国"战略，而后接连通过《2010年教育政策》《2015年ICT政策》等政策，并将ICT纳入中学必修课程，其数字素养教育正在逐步实现全面技术扫盲。

在孟加拉国，迈向"知识型社会"和"数字化社会"的愿景对其经济与社会产生重大影响，然而，数字技术赋予公民权利，同时也在制造新的差距。在许多情况下，这种差异跨越社会各阶层，为低收入者、农村人口、老年人或弱势群体制造了新的就业障碍，并加剧了社会排斥[1]。因此，在孟加拉国的数字素养教育组织及其开发的课程中，能够看到对弱势群体的关照。该国政府也十分重视数字包容性政策，强调边缘弱势群体的数字技术获取与数字素养教育，确保社会中的每个人都能够平等地享受"数字红利"，并以数字包容推进社会包容目标的形成。

---

[1] Hilbert, M, "The end justifies the definition: The manifold outlooks on the digital divide and their practical usefulness for policy-making" [J]. *Telecommunications Policy*, 2011, 35 (8), 715-736.

智慧国家框架下新加坡的数字公民与数字素养教育实施

21世纪，互联网和信息技术变革创新了社会生活、人际交流、工作方式。为应对这些数字生产变化，媒体和数字素养始终是重要的研究课题，对公民个人数字素养和能力培养被提上日程。新加坡为应对数字未来变革建立的各项关于数字素养计划、数字化准备战略，使国家数字化水平位居世界前列。新加坡注重公民的数字技术在国家数字经济中的发展地位。

"数字素养"在公共政策和学术研究过程中被广泛应用，对其解释最早可以追溯到20世纪70年代。对文本实践的社会文化多元理解使数字素养被理解为社会实践由生产、接受的文本和意义建构的描述。它是人类社会数字化未来发展中应具备的生存技能。数字素养现阶段常被作为学校教育方向中强调数字技能拥有程度以及媒体思维能力的评估概念，包括技术知识、基本信息检索、多模式多媒体文本和消息。注重公民在数字化生活中所面临的信息获取、数字使用、文本创建等解决数字问题的能力以及适应在网络环境中用数字技术沟通的方式。其强调了现代社会从书籍印刷文本到数字化媒介主导地位的转变，这要求我们扩展模式，发展能够与之相适应的具体表达所需要的技能。数字素养不是传统识字的替代品，而是有益于现代社会方方面面的整体性技能延伸。

媒体和数字素养教育已被全球各国政府和教育机构视为政策优先事项，作为现阶段技能和能力议程之一。联合国教育、科学、文化组织欧盟ATS2020提倡将信息素养、协助沟通等确定为关键技能；美国教育机构2015年发布的21世纪学习伙伴关系中将信息、媒体和ICT素列为21世纪教育的重要组成部分。联合国教科文组织在此基础上用"数字素养"进行了技能概述，发布了全球数字素养框架。近些年，美国、欧盟等国家又将数字素养课程纳入公民教育体系。其中使用的数字素养框架源于欧盟数字素养框架体系，包括信息域、交流域、内容创建域、安全域、问题解决域五个素养领域。在全球数字发展迅速的大背景下，数字公民的培养势不可当。这要求在教育发展中创新教学模式，将数字技术融入教学模式、教学规范、教学框架以及教学内容当中，从学生到成年人、从个人到集体，涉及方方面面。增强数字素养，提升数字技术使用水平，增强数字安全，改善数字环境，使每一个公民都做好充足应对未来数字化发展的准备。新加坡对全球的教育政策进行了本土化发展，在传统教学中通过数字化方式革新，专注于提升国民媒体和数字素养，培养数字化准备，努力将新加坡发展成为智能智慧国家。

一、从数字公民到网络安全计划

数字技术不仅是人们生活中更快更有效完成事情的工具，更是变革了人们的交流方式，扩展了交流空间和网络连接。学者指出，在21世纪要求的数字媒体和技术教育中包括技术、社会生活、交流和公民技能，旨在实现个人赋权和积极应对社会变革。新加坡年轻人的互联网使用率非常高，这得益于国家对互联网接入率的高度重视，人们的上网年龄得以提前。早在21世纪初，新加坡就已经率先开始重视信息技术；2013年，公民就可以随时随地进行网上冲浪。过去数十年数字技术的进步使"数字素养""数字技能"逐步成为实现经济和社会进展的催化剂。可以看出，在新加坡，媒体和数字技能被作为国家提高国民和市场经济竞争力的未来蓝图工具。这离不开新加坡完善的数字基础设施建设，以及政府对发展数字经济强有力的政策和法律支持。新加坡通过在行业内发展人工智能、区块链和云计算加快数字新兴产业进程，利用数字技术为国家经济在全球竞争力中提供支持。

为了新加坡更好地走向数字化发展的未来，近年来，国家战略稳步推进，不断发展数字产业，提升公民的数字化准备工作。2014年12月，新加坡政府提出"智慧国家战略"（Smart Nation Singapore）[1]。该战略的目标是让每个新加坡人都能从作为数字社会一部分的技术中受益，实现数字化转型。在此基础上，新加坡政府实施了"数字政府"战略，对政府的所有公

---

[1]《新加坡智慧国家战略》，https://www.smartnation.gov.sg/initiatives/strategic-national-projects，访问日期：2022年。

职人员进行数字技能培训,提高政府的高效运作能力和灵活全面应对能力,提升"数字经济"。另外,致力于打造"数字社会",提高全民数字素养和数字化准备,来应对数字生活的发展需求,提升人民的数字使用率和便利生活的幸福感。2018年6月,新加坡通信和信息部发布《数字就绪蓝图》(Digital Readiness Blueprint,以下简称"蓝图")[1]。蓝图提出"战略推动力",包括扩展和增强数字访问的包容性;将数字素养融入国家意识,除数字专业技术外还涉及批判性地思考辨别信息的能力;促进数字包容性,使更多的新加坡人参与相关数字服务,旨在提升新加坡人民的数字参与、数字素养和数字获得感。蓝图提出,对数字素养、数字技能课程,需包括信息管理与交流、数字交易、数字访问以及网络安全。在此背景下,2019年新加坡通信和信息部发布了《数字媒体与信息素养框架》(Digital Media and Information Literacy Framework)[2],旨在建立一个综合性框架来协助国家的各项教育规划,提升新加坡人的信息素养和数字技能,并提出了信息技术的优点、风险和可能性;认识线上平台和数字技术的工作原理;明白如何有责任地使用信息;知道如何在互联网上保护自己;了解如何安全、负责任地使用数字技术在内的五个关键数字能力。

新加坡媒介素养委员会(Media Literacy Council)率先开展了有关媒介素养和网络健康的公共教育。通过向政府提供建议,制订网络健康相关的公民意识和教育计划,力求解决诸如网络安全、网络虚假信息甄别、网络欺凌和不文明的网络行为等问题,培养公民的批判性思维能力。2019年,国际智囊团社会企业DQ研究所(DQ Institute)发布了《2019年DQ全球标准报告》(2019 DQ Global Standards Report)[3],定义了数字素养、技能和准备的全球标准和通用框架。包含了知识、技能、态度和价值观组成的三个层次、八个关键领域——身份、使用、安全、安保、情商、识字、沟通和权利,及其所对应的24项能力。2021年,新加坡信息通信媒体发展局提出的数字生活(Digital for Life)[4]旨在激励社区帮助新加坡人将数字化作为终生追求,

---

[1] Janil Puthucheary 等:《数字就绪蓝图》,新加坡通信和信息部,2018,第7-44页。
[2] 新加坡通信和信息部:《媒体与信息素养框架》,https://www.mci.gov.sg/literacy/Library/programme-owner,访问日期:2019年9月8日。
[3] Yuhyun Park:《2019年DQ全球标准报告》,新加坡DQ研究所,2019,第11-52页。
[4] 新加坡信息通信媒体发展局:《数字生活》,https://www.imda.gov.sg/digitalforlife/About-Us,访问日期:2021年10月25日。

支持"数字技术和包容性"和"数字素养和健康",包括网络安全、媒介素养和在线风险等领域,促进新加坡建立一个数字包容的社会。

二、新加坡数字素养课程实践

长期以来,新加坡将媒体和数字素养作为推进国家发展的内在动力,在国家议程、国民教育体系中占据重要地位,通过各项政策纲领和社会机构的项目计划支持数字素养,并在各项总体规划中,落实学校教育,利用教育课程抓手,涵盖基础设施、技能培训等相关课程内容提升数字化学习。新加坡有丰富的多样态数字教学的使用,利用非线性教学强调引导式教学,促进学生提升自主性和团队合作能力,提高学生的感知和创造能力;运用数字叙述教学,以创建多媒体内容,进行数字素养培养。

数字化培养的重点不仅是在教学实践中丰富文本形式、运用多模式形态进行数字化教学,更是有责任让每一个学生都能够正确合理地使用数字技术设备,进一步强调网络健康教育在数字教学课程中的重要性。新加坡教育部表示,网络健康教育已被列为教学大纲,将进一步支持网络健康课程和相关活动的开展。《网络安全教学大纲》中明确要重视学生对信息通信技术的适应力;积极使用数字设备解决社会问题;参与并维护网络空间建设;成为一个优秀的网络技术用户。2021年,新加坡信息通信媒体发展局(IMDA)联合数字生命基金会(Digital for Life Fund)就制订网络王牌计划(Cyber A. C. E. S. Program),为新加坡的中小学开展网络意识和数字健康教育研讨会,将复杂的网络钓鱼、假新闻和网络欺凌等网络安全主题改编为有趣的文本和活动,提高学生的关注和参与度,使学生掌握成为优秀的数字公民所需的数字技能①。

(一) 英语教学中的数字素养

21世纪以来,新加坡对数字素养的培养体现在学校的各类学科当中。某种程度上,媒体素养和数字素养是国家课程中明确强调的一个学科领域。而语言是媒体素养发展的根本内在需求。对新加坡来说,英语是所有公立学校的教学语言和必修课程。新加坡教学大纲在2010年就提出"使用各种印

---

①新加坡信息通信媒体发展局、数字生命基金会:《网络王牌计划》,https://www.cyberlitebooks. com/post/cyberlitebooks-paloaltonetworks-cybersafety-education-singapore? fbclid = IwAR2jJybDeuOlrlGsaFrlehsZH8uWOJQel0zGB-7AZekuzR3ZJxYFNVpwIH4,访问日期:2021年8月23日。

刷和非印刷资源将信息、媒体、数字、视觉素养纳入语言课程的听力、阅读、口语、写作的教学中"①，来丰富学生的语言体验。此外，还要求学校要让学生有效地接触和参与多模式文本制作，并以各种媒体形式进行自发演示，还把以技术为媒介的表达形式和多媒体作品列入评课评估标准中。新加坡早前就认识到了通过批判性分析技能和媒体、数字素养融合来丰富语言体验的重要性。

在对新加坡中学关于数字素养在英语课堂中体现的调查结果显示，在教学课堂中数字素养的必要性主要体现在以下五个方面：学生需要具备批判性分析和评估信息的能力；社交和数字媒体无处不在，时刻会给青少年带来影响；论证参考课程形式教学；使用媒体需要具备相关责任；媒体素养提升能够吸引学生参与。在媒体文本类型使用中使用最高的是媒体中的说服力、观点和刻板印象，它与第二的媒体内容质量和可信度体现出了批判性分析的重要性，另外，网络健康以及在线安全也被涉及。通过教学内容的理论联系实际，提升学生在数字使用的批判性和洞察力、道德和情感成为现当代课程教育中的重要目标。

（二）个性化数字学习计划

2020年3月，新加坡教育部启动了国家数字素养计划（National Digital Literacy Program，以下简称NDLP），以帮助学生提高数字素养。NDLP的组成部分之一是为所有中学生引入个性化数字学习计划（Personalised Digital Learning Program），旨在培养学生的数字素养，从而使数字学习具有包容性。到2021年底，每位中学生都会拥有学校规定的计算设备或个人学习设备。时任新加坡总统哈莉玛表示，国家数字素养计划使学生能够在新冠肺炎疫情大流行期间使用数字设备、个人学习设备访问数字信息②。个性化学习环境的三个预期结果包括：支持数字素养的发展，数字技能培养，例如在线收集和评估信息、在线社区互动以及创建数字产品；支持学生自行访问数字资源，以自主和协作学习，获取他们感兴趣的主题课程；加强教与学，一对一的技术学习环境提高教师和学生的教学效率。

---

①新加坡教育部：《2021年英语教学大纲》，https://www.docin.com/p-1407882758.html，访问日期：2021年11月。
②新加坡教育部：《国家数字素养计划》，https://pasirrissec.moe.edu.sg/signature-programmes/national-digital-literacy-programme-ndlp，访问日期：2020年3月。

课程主要内容之一是及时对学生进行网络健康教育。学校采取措施,为学生提供安全和无缝的学习环境。新加坡教育部作出了重大改变,高度重视网络健康课程的重要地位。课程涵盖的主题包括:网络使用、网络身份、网络关系、网络公民、网络伦理。另外,在基础设施建设方面,将设备管理应用程序软件安装在孩子的设备上,为孩子提供安全的学习体验,并在孩子毕业/离开学校时从设备中进行软件卸载。

(三) 品格和公民教育

新加坡教育部启动"品格和公民教育"(Character and Citizenship Education,以下简称CCE)课程。其中包括:加强数字素养课程。在国家数字素养启动计划的基础上,在教育课程的不同阶段,使学生将能够通过"寻找、思考、应用、创造"四个组成部分获得数字技能,来应对当前快速变化的社会范式的复杂性。学生将通过基于视觉编程的课程学习计算思维和编码。在2020年,它被作为10小时的高年级强化课程提供给所有小学,培养和深化中学阶段的计算思维技能,通过电子教学法加强教学并优化学生个性化学习体验。从2020年起,逐步在所有中学推广使用个人学习设备。预计到2024年,新加坡所有中学生都拥有自己学校规定的笔记本电脑或平板电脑,并提高所有自治大学、理工学院和电信工程师学会(Institution of Telecommunication Engineers)学生的基本数字能力。

CCE一方面加强心理健康和网络健康课程、数字福祉和道德的教学,使学生更有能力确保他们的健康,了解心理健康问题并知道何时寻求支持。这旨在培养他们对精神疾病患者的同理心和关怀。对进入成熟行业(网络安全、物流、制造和金融)的学生,将加深他们对数字和人工智能能力的覆盖。提高CCE课程中讨论网络健康问题的时间,网络健康课程将通过互动视频讨论等真实场景进行教授。

另一方面重视小学道德价值观的教学。通过每种母语独有的文化故事、歌曲、成语和谚语加强道德价值观的教学,包括与国民教育和公民身份相关的主题。至少每两周在CCE课程中就当代问题进行一次讨论。这些讨论包括与学生生活相关的话题,例如欺凌、网络媒体等。

三、数字素养教育的探索与挑战

新加坡政府致力于增强国民的数字化准备,其中面临的挑战在于学校系统和教育工作者怎么提升数字素养能力的高效评估和运用，不仅在个人层面，更在整个社会环境对于互联网媒体的高度数字化。另外，明确学校教育对教育规划中重新教学的复杂性，以及相关学科知识和学术成果的关键意义。随着新媒体和互联网接入带来的机遇和挑战，新加坡注重数字基础设施的投资，但更加明确教育对数字媒体道德和责任培养的重要意义。"网络健康"在教育总体规划中占据重要地位。学校教育需要为学生提供可操作的环境和实践机会，发展具有创造意义的表达能力，不仅仅体现在语言学习中，更要覆盖学生生活的全方面。

（一）健全数字素养战略规划

建立健全具体、可持续的数字素养发展战略规划。保障基础的数字设备建设全面覆盖全国各地，依据地方状况灵活应变设备形式的搭建，确保数字设备的全面普及；完善政策、流程、操作、审核一体化战略，明确国家数字素养框架，保障数字素养教育有法可依、有迹可循；积极发挥地方机构圈层带头作用，积极推动支持对学生、工人、老年人等公民的数字素养培训计划发展，持续为学生提供数字素养发展机会和保障。

（二）提升以网络安全为中心的数字实践

数字素养教学需要以学生为中心，不能只将其建立在实现对媒体认知的目的上，而应立足于学生年龄段的发展和合适的教学需求，发展学生的信息甄别和批判能力，并进行网络健康教育。现代社会互联网的发展使孩子较早地接入互联网，其未完备的数字素养不利于健康发展。学校教育可以采用现实生活中真实的相关网络事件为素材切入点进行主题教学，通过让学生运用数字方式完成相关任务，让学生自主创建数字内容，亲身参与数字信息的生产与传播过程，将数字素养教学与现实生活强关联，提升学生的媒体表达和信息批判能力以应对复杂的社会问题，增强学生的网络安全意识和个人隐私信息的保护意识。

（三）提高教师数字素养

现阶段教育模式中教师的角色正在发生变化。对于教师而言，"传授基础知识"并不是其唯一的目的，教师的道德品质和能力在很大程度上影响了学生的成长。若要提升学生的数字素养能力，职前和在职教师的数字素养水平需要被重视。对于教师的培育应该增加对于数字技能的认识了解及使用，对于教师的资格认证应该明确要求考量数字素养的水平，使其成为数字化生存中优秀的先行者，进而引导和教育学生对数字设备的合理使用以及对网络信息的鉴别力。

（四）多模式文本教学与评估

丰富数字教学模式，融入音频、图像、视频、线上互动等数字形式。不仅仅依靠纸质印刷的文本教材，增强相关数字媒体的内容阅读和了解，根据课程内容让学生思想延伸在文本的基础上创作图像或视频，实现从单模到多模的转变，提升学生的创作思维和想象力。除课程教育外，还要创新数字实践活动形式，开展有关提升数字素养相关的研讨会、论坛和实践体验等活动，并将数字素养的教学评议从文本问卷测量扩展到作品制作、实践操作等多模式评估，通过自我评估、相互评估、学校评估、家长评估更加全面地了解和分析学生数字素养能力的掌握情况。

小结

新加坡是学生网络安全教育的先行者，学生网络健康教育的规划在学校教育中起着相当重要的作用。媒体、数字素养的课程计划很大程度上是个多元效益体，在提升个人综合能力的同时也立足在国家经济大局的发展意识规划中。一方面培养有道德责任意识的数字公民，另一方面为新加坡提供数字创新人才。新加坡政府发布的《2025年资讯通信媒体发展蓝图》的举措旨在对数字媒体行业进行创新实验以实现高质量经济增长。需要注意的是，这些数字技能被列为公民能够得到优质生活的条件，数字素养被用作政策工具，数字技能的使用被有效用来换取数字劳工。数字素养最首要的意义究竟是个人能力的提升还是经济利益，作为国家教育体系中的规划领域，需要对其合理地解释与安排。新加坡未来的可持续发展与公民技能提升息息相关，对数字素养的教育政策不仅要考虑到全球的政策流动，还要重视当地教育的纵向渗透。无论是个人素质提升或是社会意识培养还是经济实力推动，都必须牢牢坚守对数字素养的把握。

欧洲篇

法国数字素养教育的课程开发、教学设计与师资培训研究

20世纪20年代,巴黎就兴起了电影运动;此后十余年间,持续的运动及组织的成立使法国成为世界上最早开启媒介素养教育的国家。二战期间,国际秩序重组,法国并没有中断其对媒介素养的重视,仍然处于世界领先水平。但法国真正的媒介素养教育始于1979年,当时法国文化部、教育部、青年及体育部、社会活动部等政府部门和一些相关社会组织、电视媒介联合举办了"青年电视观察家"活动(Jeune Téléspectateur Actif,JTA),标志着法国媒介素养教育的形成。此活动一直持续到1982年,与国内外媒介素养教育领域的相关部门进行了一系列的交流合作,取得了丰硕的成果。虽然由于财政问题,这项活动在后期被迫终止,没有继续持续下去,但是此项活动不但提出了法国媒介素养教育方针的雏形——学习电子视听设备及其表达方法和理解大众传播脉络,更重要的是在全法国范围内首次将"媒介素养教育"的理念传播开来,并使之深入人心。

1983年媒介素养教育中心(Centre pour l'éducation aux médias et à l'information-CLEMI)的成立是法国数字素养中浓墨重彩的一笔,自此,媒介素养不仅在巴黎,而且几乎在所有法国省份和法语国家都进行了卓有成效的工作,在世界范围内也具有极大的借鉴意义。

因此,本书选取法国为研究对象,从其媒介素养教育发展历史、国家政策、重要机构、教师培训与教学设计几方面重点分析,以期对法国的媒介素养经验有更深刻的理解,对中国自身媒介素养教育的发展有所帮助。

一、法国数字素养教育发展回顾

(一)法国教育体系

法国的教育系统由国家教育部管理。自2019年的信托学校法(也称为

"Blanquer 改革"）以来，法国 3—15 岁为义务教育，16—18 岁变为强制性培训，即在公共或私人机构中继续接受教育、接受学徒培训、参加社会性和专业性整合课程、从事公民服务、甚至受雇等。该系统分为三个主要的连续阶段：小学教育（幼儿园和小学），中学教育（初中、高中和某些特定培训课程），高等教育（大学、大型学校、特定培训等）。

目前法国有超过 61 000 所学校，其中大部分是公立学校，可容纳超过 1 200 万学生。与国家签订合同的私立机构招收 15% 的小学生和 20% 的中学生；没有合同的私立教育和所谓的"家庭"教育仍然是边缘现象，学生人数达到 1 500 万。因此，四分之一的法国人口正在学习。2008 年，教育费用占法国 GDP 的 6.6%（1995 年为 7.6%），其中 54.1% 依赖于国家教育部（1980 年为 61%）。法国教育支出占 GDP 的 5.2%，高于经合组织国家的平均水平（4.9%）。

掌握法语和数学的第一要素是小学的首要目标，这是为了让学生能够获得基本的知识工具。从小学一年级（CP）开始，学生们学习一门活的语言（外语或地区语）。在第二周期，该方案提供世界问题教学、艺术教育（造型艺术和音乐教育）、体育和体育教育以及道德和公民教育。在第三周期（9—11 岁），学生巩固他们在这些领域的学习，提高科学技术、历史、地理和艺术知识。学校考虑到每个学生能力的多样化，除了智力推理和思维，还培养观察力、实验品味、敏感性、运动能力和创造性想象力等。

表 1　义务教育阶段法国的年级叫法

年龄	年级	叫法	阶段
3 个月—15 个月	Petite Section	小班	Cycle 1 周期一：初级学习周期
15 个月—2 岁	Moyenne Section	中班	
2—3 岁	Grande Section	大班	
6 岁	Cours Préparatoire（通常称为 CP）	一年级	Cycle 2 周期二：基础学习周期
7 岁	Cours Elémentaire niveau 1（CE1）	二年级	
8 岁	Cours Elémentaire niveau 2（CE2）	三年级	
9 岁	Cours Moyen 1（CM1）	四年级	Cycle 3 周期三：巩固周期
10 岁	Cours Moyen 2（CM2）	五年级	
11 岁	Sixième 第 16	六年级（中国的初一）	
12 岁	Cinquième 第 15	五年级（中国的初二）	Cycle 4 周期四：深化周期（法国的初中为四年制）
13 岁	Quatrième 第 16	四年级（中国的初三）	
14 岁	Troisième 第 13	三年级	

年龄	年级	叫法	阶段
15岁	Seconde	二年级（中国的高一）	Lycée 高中
16岁	Première	一年级（中国的高二）	
17岁	Terminale	结束年（中国的高三）	

（二）媒介素养发展历程

欧洲媒介素养教育运动的第一位领导者无疑是电影的摇篮国——法国。20世纪20年代，巴黎兴起了电影俱乐部运动，目的就是实现直接的媒介教育。早在1922年，法国就举行了第一届全国电影教育地区部门会议（Offices régionaux du cinéma éducation）。与此同时，许多教育机构正在积极推动青年记者运动。多亏了瑟勒斯坦·佛勒内（C. Freinet）的学校，高中和大学报纸才得以出版。1936年，法国教育联盟发起了"电影与青年"（Cine-Jeunes）运动，该运动将儿童团结在一起，参与电影讨论，培养他们的批判性思维和艺术品位以及创作技能[①]。在1945年之后，又出现了一种新型组织：法国电影俱乐部联合会。该组织崇尚"实用""审美"和"保护主义"，在当时的法国占据主导地位。

20世纪40—50年代，法国在当时的世界媒介教育进程中仍然保持着领先地位。自1952年以来，法国为教师开设了视听教育课程，并且伴随着广播电视的迅速发展，法国地区电影教育部联盟（Union francaise des offices du cinéma éducateur laïQue-U. F. O. C. E. L.）于1953年更名为法国视听教育联盟（Union Francaise des Oeuvre Laiques D'education par Lmage et par le Son-U. F. O. I. E. I. S.）。1966年，"新闻信息青年"协会（Association "Press-Information-Youth"）成立。

1963年，媒介教育美学理论的思想在教育部的文件中得到了体现。法国教育鼓励教师培养学生在电影上的素养，包括研究历史、语言、电影艺术类型、电影拍摄技术、欣赏电影的美学品质等。媒介教育创始人之一C. Freinet强调：电影和摄影不仅仅是娱乐和工具，也不仅仅是艺术，还是一种新的思维和自我表达形式。他相信必须以与之类似的方式向小学生教授视听媒介的语言并实际教授艺术基础知识。据他说，一个会画画的人能比不

---

① Chevallier J. *Cine-club et action educative*. Centre national de documentation pédagogique, 1980.

会画画的人更好地欣赏画家的艺术。

自 20 世纪 60 年代初以来，学校和大学的视听教育更上一层楼，尤其是法国还受到了"新浪潮"（La Nouvelle Vague）的影响。虽然几乎所有法国大学都开设了电影艺术和新闻课程，但媒介教育很长一段时间以来，在学校里都是选修课。直到 20 世纪 60 年代中期，法国才首次尝试将媒介研究引入，在学校开设课程。拉斯韦尔和麦克卢汉的研究对世界媒介教育产生了巨大的理论影响。麦克卢汉是最早支持在"地球村"中培养媒介素养重要性的人之一，他认为，在世界各地广泛传播和大量消费媒介文本之后，我们的星球将转变为"地球村"。

联合国教科文组织在其存在的各个阶段也大力推动了媒介和 ICT 教育的发展。20 世纪 70 年代中期，联合国教科文组织不仅宣布支持媒介和 ICT 教育，而且还将媒介教育列入其未来几十年的优先方向。

1972 年，媒介教育被纳入法国教育部的计划文件。1975 年，成立了电影文化发展培训学院（L'Institute de formation aux activités de la culture cinématographique-IFACC），复兴了大学媒介教育。1976 年，媒介教育正式成为国家中学课程的一部分，并建议学校将高达 10% 的时间用于实现这一目标。在 1978 年的教育部文件中，也可以找到媒介教育的美学和实践概念的综合。自 1979 年以来，法国的媒介教育一直由法国几个部委负责。例如，1983 年之前，教育部、娱乐部和体育部都在开展一个项目：活跃的年轻电视观众（Le Téléspectateur actif）①，它影响了广大人群——家长、教师、青少年俱乐部主管等。同时，研究人员也对电视对青少年观众的影响进行了研究。该项目诞生的组织被称为 APT（Audiovisuelle pour tous dans l'éducation），即全民教育中的视听媒介。

法国媒介教育中，最典型的项目就是自 1976 年以来每年一届的学校新闻周。值得注意的是，"新闻"一词不仅限于印刷媒体，还包括广播和电视（特别是区域电视网络）。新闻周旨在促进学生和专业记者的合作，通常，学生必须自己探究与媒体互动的方式。例如，在通过模仿不同类型的媒体文本创作过程的活动时，使用"边做边学"的方法。通常约有 7 000 所法国学

---

①Développement culturel, "Les jeunes téléspectateurs. (1982.1)" https://www.google.com.hk/search? q=Les+jeunes+t%C3%A9l%C3%A9spectateurs&newwindow，访问日期：2022 年 6 月 18 日。

校参加该活动。

1982年,法国著名媒介教育家兼研究员雅克·贡内(J. Gonnet)向法国教育部提出建议:成立国家媒介教育中心①,以帮助各教育机构的教师将大众媒介有效地融入教育过程,通过比较不同的信息来源来发展批判性思维,以培养更积极和负责任的公民;培养宽容、倾听他人观点的能力,理解思想的多元化及其相对性;整合各级教育机构的动态教学创新;为了克服学校与媒介的隔离,与生活现实建立紧密联系;利用社会中特定形式的印刷品和视听文化。

J. Gonnet的计划不仅获得了批准,而且在4月份得到了法国教育部的财政支持,巴黎教育与媒介联系中心,CLEMI信息与管理中心(Centre pour l'éducation aux médias et à l'information—CLEMI)已开放。J. Gonnet被任命为该中心主任。CLEMI成立以来,不仅在巴黎,而且在几乎所有法国省份和法语国家都进行了卓有成效的工作。CLEMI促进了媒介在教学和学习中整合教师定期课程,收集媒介文化和媒介及ICT教育资源档案。

CLEMI不仅与教师、学生合作,还包括俱乐部的教师、记者和图书馆员合作。CLEMI将信息工作视为优先事项,医学、公民教育都应该与学校的学科紧密结合,在1995年已经达到了国际水准。CLEMI的一个团队启动了"FAX"传真项目,让学生与来自不同国家的编辑们取得联系,通过传真或远程网络发送给中央编辑人员。因为CLEMI非常重视万维网的教育潜力,所以在2000年初开发了"Educa-net"。该项目的任务是培养与互联网信息相关的批判性、自主性思维。

尽管如此,J. Gonnet还是指出数字媒介教育的某一部分发展只是幻影。自20世纪90年代后,法国开始了一项新的ICT集成计划。例如,每个班级都应该可以访问互联网和自己的电子邮箱。该项目由地区管理局和教育部赞助。新的ICT集成计划促进了学校与农村偏远地区之间的联系,使他们能够交流信息和研究成果,在教学中交流和使用计算机。教师可以访问数据库

---

①CLE International / Français dans le monde, "Langue et pratiques numériques: nouveaux repères, nouvelles littératies en didactique des langues." [en ligne] (2021.2.12) https://hal-univ-paris3.archives-ouvertes.fr/hal-03205931, 访问日期:2022年6月18日。

(Institut National de Recherche Pédagogique,INRP),并从那里下载必要的材料①。

进入21世纪,法国教育部更是将媒介教育加入高等学习计划。在2013年的《教育基础法案》中,法国教育委员会首次将媒介素养教育教学融入各个专业学科的教学当中,并针对不同层级的学生制定了差异化的教育方针与目标。2020年,新冠肺炎疫情暴发后,为对教师和家庭的数字设备、教育内容和培训系统进行全方位部署,以适应当地需求和环境、促进教育体系的转型,法国制定了"教育数字领地"(Territoires Numériques éducatifs)②项目。该项目试图以一种协调、整合的方式激活数字化和通过数字化的教育方式,为相关人员与机构提供设备、培训和教育资源。在2021年,法国教育部正式授予媒介教育专业学士学位官方认证,并认可了该专业学生进入劳动力市场的价值。

如前所述,法国的媒介教育基本上已纳入学校必修课程(如法语、历史、地理),但也有关于媒介文化的选修课程——电影自主课程。许多专业学院和大学都提供电视新闻和媒介文化教育。在巴黎、莱尔、斯特拉斯堡等城市的高等教育机构,专门为职前教师开设研究课程。

在法国,媒介教育的关键概念是"辅助教育或监督媒体"以及发展批判性思维。显然,我们可以将其和英国L·马斯特曼(L. Masterman)的批判性思维的概念进行清楚的类比。这种观点认为,学生不仅应该批判性地观察和评价媒体文本,还应该意识到他们在周围现实中发挥了什么样的影响(媒体作为个性自我表达的工具,作为文化发展的手段等)。因此,法国媒介和ICT教育的显著特点是强调有意识地教育,主张培育民主社会负责任的公民。

二、法国媒介素养的政策法规

1982年,法国文化部(Ministère de la Culture)发布的《文化发展报

---

①Ministère de l'éducation nationale et de la jeunesse. "La loi pour une École de la confiance." [en ligne] (2019.7.28) https://www.education.gouv.fr/la-loi-pour-une-ecole-de-la-confiance-5474,访问日期:2022年6月18日。

②Fun Mooc, "France Université Numérique." [en ligne] (2005) https://www.fun-mooc.fr/fr/etablissements/fun/,访问日期:2022年6月18日。

告》(Développement culturel)中写到,现阶段,孩子们在电视机前的时间大约是两小时,与成年人几乎相同;在寒假期间甚至可以增加到三个半小时。因此,法国文化部旨在调查电视机的使用对孩子的影响,以及如何改变大众的态度,使用工具对学校教育做出改变。报告中提到六个重要的部分:首先,家长应该与学校一起,找到让孩子们少看电视的方法;第二,将磁带录音机作为教育的工具;第三,公布了之前问卷调查的结果,根据年龄的不同,接触媒介的时间也有所不同;第四,开始鼓励建立不同的教育模式,即运用生活中的工具,例如电视、录音机进行教育;最后,强调了最为重要的是培养大众的共识——改变对媒介的态度。

经过多年的发展,在 2013 年,法国教育委员会(La ministre de l'Éducation national de la Jeunesse et des sports)在《法国基础教育计划法案》中首次提到,要将媒介素养教育教学融入各个专业学科的教学当中,并针对不同层级的学生制定差异化的教育方针与目标①。与一些单一地按照媒介素养能力程度来划分媒介素养教育方针目标的国家不同,法国媒介素养教育的方针目标是相互交叉、相互融合的。教育方针的多维性和交融性充分体现了法国在复杂多变的媒介生态环境中表现出的逻辑严谨性。同年,法国高等教育与科研部部长热纳维耶芙·菲奥拉索(Geneviève Fioraso)还提出了未来 5 年高等教育的三大规划,即 18 项数字举措、一个旗舰培训项目、法国第一个在线教育开放平台或慕课平台(MOOCs)。该平台在 2013 年 10 月 28 日亮相,并且使用了著名的 edX 的开源系统。

为了进一步完善数字化教学设备和资源,2015 年,法国教育部启动了"数字化校园"教育战略规划,提出三年内投资 10 亿欧元,实现中小学校全景式的数字化转型,包括提高个人移动数字设备的普及率,解决农村地区学校互联网接入问题,建立国家级数字平台,为中小学师生提供丰富多样的多学科网络教育资源等。

法国高等教育与科研部的贝勒卡西姆女士指出,要想在学校、学生、家长和数字服务提供者之间建立互信关系,首先要确保数字技术服务的安全性和可靠性。为此,法国国民教育部、法国数字咨询与研究工会(Fédération

---

①Ministère de l'éducation nationale et de la jeunesse, "Le fonctionnement de l'école." [en ligne]. (2022.3) https://www.education.gouv.fr/l-ecole-elementaire-9668, 访问日期:2022 年 6 月 18 日。

Syntec)、法国数字教育工业协会（Les entreprises du numérique pour l'éducation et la formation）及法国出版业工会决定共同起草《数字教育服务信任宪章》，各类数字教育服务的提供者都将签署。该宪章可以确保个人隐私和数据得到保护，让教师、学生和家长都能放心地使用各类数字教育服务。目前，法国国民教育部已将媒介和信息教育纳入新"共同知识、能力和文化基础"的框架内。此外，法国全国信息技术与自由委员会也将数字教育列为重点优先行动。《推动负责任的、符合公民规范的数字技术使用协议》的签署使法国国民教育部和法国全国信息技术与自由委员会形成合力，共同为数字技术的健康发展保驾护航。

为对教师和家庭的数字设备、教育内容和培训系统进行全方位部署，以适应当地需求和环境、促进教育体系的转型，并应对21世纪的挑战，法国教育部制定了"教育数字领地"（Les territoires numériques éducatifs，TNE）项目。该项目试图以一种协调、整合的方式激活数字化并通过数字化的教育方式为相关人员与机构提供设备、培训和教育资源①。

在新冠肺炎疫情使面对面教学中断的情况下，为确保教育的连续性，需要数字工具及对其使用进行培训。同时，疫情还引发了数字技术领域的创新，必须巩固其势头。只要满足以下三个条件，教师与学生就能保持教育的持续性：双方使用高性能数字设备；通过适应和更新传播形式远距离追求教学关系；对教师、管理人员和学生进行数字工具使用培训。此外，疫情带来的隔离加剧了学生之间、家庭之间、教师之间的不平等现象，而这取决于他们使用数字技术的机会以及程度，数字鸿沟的概念从未如此强烈。

此外，在短期内，"教育数字领地"项目应使尚未熟悉的师生在教室和家庭中使用教育数字技术成为可能。丰富的教学实践需要尝试新的教学方法，以增强学生的自主性和参与性。从中长期来看，这将对学生、教师和家长的数字技能产生持久影响，并对整个教育界产生影响。

作为职业道路转型的一部分，法国教育部在2021年11月25日发布了

---

① Haïti Futur, "Le programme d'éducation numérique." ［en ligne］（2010）https：//haitifutur.com/le-programme-deducation-numerique/，访问日期：2022年6月18日。

第 2021-1524 号法令①，该法令认证了专业学士学位并认可了其进入劳动力市场的价值，强调了专业技能的重要性。为此，教育部重新修订了专业学士学位测试的方式并将专业学士学位与普通和技术学士学位区分开，使候选人和教师的评估方法和评分标准更清晰。这一系列举措都表明：媒介素养教育在法国的地位越来越重要了。

三、法国媒介素养教育组织介绍

在法国，所有教育计划都由国民教育部（正式名称为 Ministère de l'Enseignement supérieur et de la Recherche）进行管理。该部长官为国民教育部长，是内阁中品级最高的官员之一。教育部官方网站包含：机构教师资格证咨询网站（Devenir enseignant）、教育咨询网站（Éduscol）、留学信息查询网站（Onisep：L'information pour l'orientation）、远程教育网站（Cned）、教师培训讯息网站（Réseau Canopé）、媒介素养教育中心 CLEMI（Le centre pour l'education aux media et a l'information）、法国国际教育咨询（France éducation international）、法国高等教育培训机构（Institut des hautes études de l'éducation et de la formation），以及关注咨询、研究、创新的机构（Enseignement supérieur, Recherche et Innovation）这 9 个网站，其中 CLEMI 专门负责法国的教育系统和信息素养。

CLEMI 是教师培训系统的一部分，成立于 1983 年，其使命是培训教师更好地了解新闻媒体系统，并通过提供工具和促进他们对媒介和信息的批判性思维来培养儿童的公民技能。媒介素养是更好地了解世界的关键资产。CLEMI 的行动依赖于国家团队、当地学术协调员的强大网络以及几个媒体合作伙伴，为学校建立项目和行动。通过鼓励言论自由，培养批判性思维，为学生提供查找和评估信息的工具，CLEMI 希望培养儿童成为更聪明的公民。这是法国教育系统的核心任务，也是社会的主要问题。

2014 年，CLEMI 在自己的学习网站开设了 CLEMI TV，提供媒介素养教育教学和培训的最新资源，教师和学生可以直接在线上观看一些报告会、演

---

①Ministère de l'éducation nationale et de la jeunesse, "La loi pour une École de la confiance." [en ligne]（2019.7.28）。https：//www.education.gouv.fr/la-loi-pour-une-ecole-de-la-confiance-5474，访问日期：2022 年 6 月 18 日。

讲、访谈等内容。网站的内容更新快,同时还增设了教学模块,新增建立视频、音频文件信息、回看功能和 PDF 文件自由下载等功能,这些举措都让 CLEMI 网站的浏览量直线上升。CLEMI 还成立了自己的试听终端工作室,录制相关作品,并开设了在线广播,试图通过不同的媒介(平面纸质、视频音频、网络课堂)传播与媒介素养教育相关的文件和教学资源,以最大限度满足教师和学生的需求。

法国最典型的媒介素养活动——学校媒体新闻周也是由 CLEMI 创办,希望借此活动,学生们能够了解媒体世界的运作和信息建设的过程;能够阅读图像(超越感知、语言);发现科学信息的挑战、克服信息混乱;查明陈规定型和污名化的媒体代表、打击歧视。其特色项目还包括学校媒体赛、艺术报告文学赛、WIKI 百科高中比赛等。

所有机构结成联盟,为社区的学生提供一个从童年到融入劳动力市场的加强学习和发展的框架,即"教育城市"。自 2022 年 1 月以来,已经组建了 200 个教育城市。每个教育城市都由一名当地官员(例如市政厅长)、一名省长代表和一名国家教育工作人员共同领导,这些人通常是相关教育学院的校长。通过实地的不同项目,不同学校一起进行。多方利益相关方推动,建立联系并建立伙伴关系,推动当地的教育。

四、法国数字素养的教学培训与教学设计

(一)教学培训

作为媒体和信息教育培训专家,CLEMI 已启动实验工作,以识别和分析所有学科(第一和第二学位)的教师和培训师的技能。

CLEMI 培训师进入学校,并在第一个学段(6—11 岁)和第二个学段(12—17 岁)组织研讨会。这些讲习班旨在帮助学生解码媒体和信息。每个研讨会持续约 1 小时,让学生了解数字问题——信息输入、来源、事实检查、数据保护:学生如何以及何时面对这些主题?如何分辨真伪,识别网站,揭开隐藏广告的面纱?课堂上可以组织哪些活动,使学生获得检查反应?通过以上问题研讨来发展他们的批判性思维,这就是 CLEMI 研讨会的意义。

这些研讨会被拍摄下来,然后编辑成一段 5 分钟的视频,展示教师在媒体和信息素养方面的具体案例。这些视频模块在 CLEMI 的 YouTube 频道上

播放，并附有一套教学工具包，其中包括教师的先决条件、教学表（包括目标和技能）以及所使用的资源（视频、图像），以便教师在课堂上实施这项活动。

这个媒体和信息素养游戏由 Media Lab 工作组和 CLEMI 工作室开发。学生们处在沉浸式的新闻调查中，两人一组，必须将通过文本、音频和视频发现的证词和线索转录下来，以便制作新闻内容（印刷或数字格式）。比赛结束时，他们可以将自己的作品与专业记者玛蒂尔德·德希米的进行比较。因此，学生们会发现记者工作的限制，并了解信息是如何产生的。

（二）教学设计

媒体和信息素养从小就存在于学生的培训课程中。CLEMI 开展了确定"媒体和信息教育"领域的知识和技能的工作和一项综合工作，使教师能够参与和项目相关的 EMI。

1. 第一阶段（Cycle 1）

此阶段主要包括四个学习领域。

首先，调动语言的能力，即口头敢于沟通。目的是让每个人都能说，表达意见或需要，提问，宣布消息。通过这种方式，孩子学会了与他人沟通，并努力让他人理解他的意思。因此，学生开始通过语言自愿地对他人采取行动，并表现出语言可能产生的影响，他们要学会理解，为了让对话者理解，必须解构和重构语言，学校在这个阶段起引导作用。

其次，听、写的能力。进步主要表现在可以选择越来越长、越来越远离口语的文本；虽然青年文学占有重要地位，但文献文本也不容忽视。在幼儿园里，孩子们通过各种各样的媒介（书籍、海报、信件、电子邮件或电话信息、标签等）来发现这种情况，这些媒介与需要它们的情况或项目有关；当他们看到一篇有针对性的文章以及这些文章对那些收到它们的人的影响时，会有一个更精确的体验。

再次，培养独立能力。能够自己完成第一批独立作品。当孩子们意识到"写"是一个允许传递消息的代码时，就可以提示他们生成"写"的消息。在很大程度上，孩子们开始有写作的兴趣，是因为老师也鼓励他们这样做。通过艺术活动表演、表达和理解，孩子们逐渐学会了描述不同的图像，无论是静止的还是动态的，以及它们的功能，并将真实与表现区分开来，以便最终批判性地看待他们从小就面临的众多图像。

最后，探索世界的能力。在时间和空间上定位自己。在这种情况下，有机会提问，制作图像（数码相机是相关的辅助设备），通过专业人员的教授，在纪录片和网站上搜索信息。孩子们从小就接触到新技术。学校的作用是给他们一些线索，让他们了解它们的作用，并开始以适当的方式使用它们（如平板电脑、电脑、数码相机等）。教师通过互联网进行有针对性的研究并发表意见，与其他孩子建立关系的课堂或学校项目促进了远程交流体验。

2. 第二阶段（Cycle 2）

基础学习周期的特点，媒体和信息教育有助于准备判断和培养批判性思维。在所有的教学中，特别是在"质疑世界"领域，对信息和通信技术的熟悉有助于发展寻求、分享的能力。发展初步的解释和论证，并作出批判性判断。这种教育（道德和公民教育）的目的是了解规则制定的原因和方式，获得其含义，并了解校内外的法律。面对简单的道德困境、偏见的例子、对正义和不公正的反思，学生被灌输了一种道德判断的文化：通过辩论、理性提问，学生获得了表达个人观点、情感、获得批判性反思、制定和证明判断的能力。他学会了区分自己的特殊利益和一般利益。他对负责任地使用数字技术很敏感。

这些课程（法语、体育）培养品味和表达能力，规定个人或集体生产的规则和要求，教育交流和表达守则，帮助培养自尊和批判性思维。

3. 第三阶段（Cycle 3）

这部分的学习目标是：学生将获得科学语言的基础，使他们能够制定和解决问题，处理数据。它被训练使用各种各样的物体、经验、自然现象（图表、观察图、模型等），并使它能够生成和使用表格、图表。学生需要熟悉不同的文件来源，学习如何搜索信息和提问这些信息在数字世界中的起源和相关性。电子稳定控制系统的处理和所有权信息是特定学习的主题，发展写作和阅读的技能。

从第二阶段开始实施的媒体和信息教育使学生熟悉在不同的知识领域提出问题。他们被引导去培养观察力、好奇心、批判性思维，更广泛地说，思想的自主性。教师介绍了不同的信息组织方式（书的关键文件、数据库、网站树）和一种简单的信息检索方法。掌握数字工具的技术和规则科学技术教育，让学生了解环境的组织使用不同的外围设备和数字数据处理软件（图像、文本、声音……）。阅读来自各种媒体的文字、观看音视频和线上讲座。在各种不同情况下学习一首诗、一个心理学现象、一门语言技能；观看纪录片或知识性节目，锻炼查看、分析信息的能力。

在周期的三年内，在第二阶段和第三阶段，雄心勃勃的长期项目可以进行语言活动、艺术实践（特别是作为艺术和文化教育途径的一部分）和（或）其他教学；例如，有文本编辑的写作项目，用插图、法语和所学语言对文本进行口述和演唱。进行一个特别的研究，包括文献检索及溯源，在线出版项目等。

4. 第四阶段（Cycle 4）

在一个信息丰富的社会里，学生们正在学习如何成为媒体的用户，以及他们的互联网权利和义务，掌握他们的数字身份，识别和评估，证明通过对媒体世界的更深入了解，自身在不断地发展。

在所有学科领域用法语口头和书面理解和表达自己都有助于语言的掌握，尤其是历史与地理、科学与技术学习特定语言，能够更好地帮助学生了解世界。艺术则侧重培养对艺术语言的理解以及接受艺术语言时的沟通能力。道德和公民教育旨在促进学生道德情感的表达和辩论。媒体和信息教育有助于掌握信息和通信系统，以建立与他人的关系以及自我管理。

学生所掌握的信息量要求他们有能力明智地查找和使用这些信息。所有科目都提供媒体和信息教育正在学习的工具，以便更好地掌握数字工作环境。这些项目（艺术项目）提高了协作技能，例如与他人合作为接收者设计多媒体活动或建立尊重信息法律和道德的出版物。媒体和信息教育首先需要获取信息及其在不同学科中的应用，它提出了信息的可靠性和相关性以及根据媒介区分来源的问题，有助于开发工具、信息组织和可访问性资源中心建立。

为了更好地个人和公民的培训，学生们需要了解和理解公司现行的法律规则。通过具体的案例研究、历史、地理、伦理和公民教育，了解正义的主要原则和社会运作的规则，掌握区分客观和主观的能力。

此阶段的每个科目都有自己的方式来教授信息、批判性评估媒体对象来源，学习如何开发评估代码、体育活动、分析数字信息或通过培训后做出判断，它们的共同目标都是促进并扩展学生的推理和演示技能。

表2　CLEMI 不同阶段的主题数量

年级	数量
Culture pour lenseignement 教师文化培训	45
Lycée 高中	45
Collège 初中	38
Primaire 小学	29
Cycle 3 第三阶段	22
Tous niveaux 所有人	22
Cycle 2 第二阶段	17
Cycle 1 第一阶段	17
Ecole élémentaire 小学	11
Cllège-lycée 初升高	10
Cycle 4 第四阶段	6

（三）特色模块

数字素养正在成为法语作为外语教育活动发展中需要考虑的一个重要方面。在介绍了这一概念后，本节选取了 2018—2019 学年由培训教师设计的 24 张教学表，作为与出版商 Hachette FLE（Français Langue Étrangère）合作的数字技术与教育整合课程的一部分。

表3　数字素养教师培训内容

编号	标题	类型	描述	数字素养	Cosmopolite 2
1	"生态"：什么问题？什么解决方案？	（1）	观看环境视频（PADLET）+理解问题。PADLET 集思广益："贵国存在哪些生态问题"。	共同供资 Productions	档案7，p127
2	"体验不寻常的世界"	（1）	给出你对"世界各地不同寻常的经历"的看法（PADLET）。	技术方面	档案2，p28
3	我的烹饪食谱	（1）	学习者在 PADLET 上分享他们特别喜欢的菜肴的食谱。食谱必须简短，并以一个合理的句子结束（例如，"这是我童年的菜"）。	共同供资 Productions	档案6

续表

编号	标题	类型	描述	数字素养	Cosmopolite 2
4	垃圾标签挑战，互联网的网络	(2)	基于图像和视频的理解活动（Learning Apps）。分享想法：你对挑战有什么看法？你愿意接受这个挑战吗？你为什么要这么做？你觉得这是个好主意吗？你还有什么其他的想法来完成这个挑战吗？（另一个挑战，志愿服务，非政府组织，参与……）	·共同生产 ·支持社会实践（#Trash tag 挑战）	8号档案，p147，activite 8
5	在一个研究所护理	(2)	了解美容院演示视频的活动（Learning Apps），将学习者在思维导图（Mind Mapping 或 X Mind）中记录的生词组织起来。	—	档案6，p110-111
6	安静，我们转过去！	(3)	词汇（电影）和语法（副词）以测验（kahoot）的形式复习。	—	档案4，p66
7	你今天怎么样？今天的意义何在？	(3)	通过测验（Kahoot）修订情绪和感觉词汇表。	基于社会实践：表情符号（测验是关于表情符号的意义）	档案2，p34
8	我的雇员	(3)	修订求职词汇表（Kahoot）。	技术方面	档案3，p49
9	历史气泡	(3)	关联游戏形状和叶内含物（学习应用程序）。	多模态特征与体裁：对连环漫画中文字多模态的认识（非数字素养）	档案4，p74
10	民意测验啊，这些法国人！	(3)	对法国和法国国家的刻板印象调查（关系表）。	—	档案5，p85，activite 5
11	你有什么小测验吗？	(3)	情绪词汇表（Kahoot）。	—	档案2，p33-34，activite 5
12	测验：你知道什么？	(3)	语法复习（Kahoot）。	—	档案2，p30-35
13	这是一个吗？	(4)	观看法语系列选段，并投票选出最受欢迎的系列（PADLET）。在线共享 PADLET；演示文稿，积极和消极的观点，选择的理由等。	一个虔诚的社会	档案4，p 67，activite 11

续表

编号	标题	类型	描述	数字素养	Cosmopolite 2
14	演示文稿动态（PPT）他的旅程	(4)	以视频简历的方式创建胶囊。5个步骤：（1）列出你的学校或职业生活的6个步骤；（2）记录你的口语旅程；（3）收集照片来说明旅程；（4）编辑；（5）在PADLET上分享。	共同生产技术层面	档案3，p57，activite 9
15	在你附近的一次不寻常的停留！	(4)	宣传交通方式、住宿、餐饮类型和休闲活动，让你度过一段不寻常的时光。从一个为这个场合创建的账户，在Instagram上发帖。	·在互联网上发布：Instagram ·性别方面的特点：熟悉"操作和代码"来自Instagram	档案5，p39，activite 9
16	我是美食家	(4)	通过分组，学习者将文本和图像结合起来（PADET）。然后选择一个食谱并开发它。	在互联网上出版：重新烹饪的网站	档案6
17	分享我们最受欢迎的事件	(4)	在PADLET上创建记录，收集有关文化活动的主要信息（主题、日期、位置、艺术家、类型、照片）。然后以口头形式介绍这些活动。	公司不同生产方面的技术	档案4
18	创造你自己的模型！	(4)	在PADLET上共享模因。通过小组活动致力于模因的发现。	·支持一种社会实践：模因 ·多式联运和性别特点 ·技术方面：介绍油漆软件	档案4，p74
19	自己照顾自己！	(4)	在互联网上搜索有关健康实践的信息，然后在课堂上口头介绍这个实践。	信息检索	档案6
20	创建你的烹饪视频教程	(5)	创建一个烹饪视频并分享到YouTube上，或者当一个学习者不想在YouTube上分享他的作品时，在一个PADLET上分享。	·支持社会实践：分享烹饪视频 ·多式联运和性别特点 ·在因特网（YouTube）上分享制作或出版 ·技术方面	档案6，p116

续表

编号	标题	类型	描述	数字素养	Cosmopolite 2
21	你为大自然做了什么？	(5)	采访三个人（微型人行道）：你为环境做了什么？用口述录音机记录答案。录音连同译文一起张贴在PADLET上。	产品共享（设想与其他国家的学习者共享微型人行道的可能性）	档案7, p134
22	外国不寻常的活动	(5)	制作一张带评论的幻灯片，6张幻灯片，关于在外国的不寻常活动。	·信息搜索 ·技术方面	档案2, p44
23	创建网络播客	(5)	在播客里讲故事	·支持社会实践：播客 ·技术方面	档案2
24	我的漫画书在头版！坚持住！	(5)	出版版画书	·支持社会实践：Booktube ·多式联运和性别特点 ·产品共享（WhatsApp）	档案4

在Olivier（2018）① 提出的分类中，学生设计活动中数字素养的不同表现层面如下：

表4 数字素养的四个层面（Ollivier 2018）

层面	内容
技术素养	技术方面的培训
建筑识字	在互联网上搜索信息；依靠参考数字社会实践；引起注意。关于模态特性，多模态特性和互联网制作体裁
互动素养	在一个空间上分享产品或想法，并在社交网站上发表文章
伦理与批判框架	

小结

法国的媒介素养发展历史已经接近100年，且一直处于全球领先的地

---

①Ministère de l'éducation nationale et de la jeunesse, "L'Education à l'image, au cinéma et à l'audio-visuel." [en ligne] (2022.1) https://www.education.gouv.fr/l-education-l-image-au-cinema-et-l-audiovisuel-9587, 访问日期：2022年6月18日。

位。其根本原因离不开法国政府的重视，以及相关法律法规的支持。法国受益于其浪漫的文化氛围、快速发展的经济条件，造就了电影的神话，从而才有了媒介素养教育的雏形。多年来，法国一直精进并更新其教育体系，才使其获得国际上的一致好评。与一些单一地按照媒介素养能力程度来划分媒介素养教育方针目标的国家不同，法国媒介素养教育的方针目标是相互交叉、相互融合的，其教育方针的多维性和交融性充分体现了法国在复杂多变的媒介生态环境中表现出的逻辑严谨性。不过此模式也存在一些细节上的漏洞，比如涉及2—3岁儿童的课程较少、由于年龄限制无法接触电子媒介等问题，还值得进一步探讨。

通过对法国媒介素养教育的探讨和反思，不难发现中国媒介素养教育还任重而道远。比如，媒介素养课程尚未纳入基础教育课程体系中，这是限制中国媒介素养教育发展的根本原因。媒介素养教育课程没有统一明确的教育目标、课程大纲和评估标准，这又构成了中国媒介素养教育实施困难的外因。因此，只有将媒介素养教育纳入基础教育的课程体系中，建立起统一的教学目标、课程大纲，尤其是科学统一的教育评估体系，才能从根本上突破媒介素养教育的发展瓶颈，实现中国媒介素养教育新的发展。

英国媒介素养教育发展范式探讨与反思

随着科技的发展,媒介技术日新月异,媒介素养教育的发展也与时俱进。结合学术界现有研究,英国的媒介素养教育可以分为以下三个阶段。

20世纪30—50年代:防御大众媒介阶段。英国文学批评家利维斯首次对媒介素养教育进行了系统阐述,并提出了一套完整的建议。书中提出,应将媒介素养教育纳入学校课程,倡导学校通过课程开展来增强青少年的媒介批判意识,防范他们受到大众媒介的错误引导,帮助青少年抵御媒体的不当影响。利维斯一派的核心思想是文化保护,即保护本国的文化传统、文化语言、价值观和民族精神,带有很浓重的保护主义色彩,这被认为是英国媒介素养教育的起点[1]。

20世纪60年代至90年代:数字素养准备阶段。当时学校将计算机研究作为一个单独的领域。1978年,英国教育与科学部制订了第一个促进在学校教育中运用计算机等微电子技术的计划——微电子教育计划(Microelectronics Education Program),重点推进课程开发、教师培训、组织和计算机辅助教学等三大类活动[2]。1994年10月,国家课程修订本正式公布,信息技术的内容从"设计与技术"中分离出来作为一门独立的课程,设置了"信息技术"(IT)。数字素养崭露头角,英国政府逐渐意识到在学校开展教育课程的必要性,并开始了教师培训。

20世纪90年代,超越保护主义阶段。英国媒介素养教育家大卫·白金汉认为,媒介素养教育的目的并不是保护青少年不受媒介的影响,而是培养他们对媒介的理解能力和参与能力。1988年,英国开始实施国家课程计划,媒介素养教育被成功列入其中。计划规定,媒介素养教育是英语课程的一部

---

[1]郭铮:《英国青少年媒介素养教育的发展历程及启示》,《新闻爱好者》2013年第6期。
[2]宁小丽:《英格兰中小学教师数字素养培养研究》[D],南京师范大学,2021年。

分。这大大提高了媒介素养教育的地位和关注度,使其获得了充分的发展。之后,英国教育部将媒介教育纳入正式的教学体系中,规定学生在中小学阶段必须接受媒介素养教育。20世纪80年代末,英国教育部决定开展普通中等教育证书(GCSE)考试,这不仅给课堂教学提供了指导,也提升了媒介素养课程的地位。截至2000年,英国的大部分学校都开展了媒介教育课程,所有中学毕业生都被规定必须参加GCES考试。英国教育部门通过设置系统化的课程与考试,力求达到"在初中阶段,学生能够理解电视媒介中的说服意图;在高中阶段,学生能够管理自己的媒介接触行为"的教育目标①。

2020年,新冠肺炎疫情在全球暴发,学校纷纷开始线上教学。远程教育和线上教育要求学生拥有足够的媒介素养,以操作相应的软件。但是学生媒介素养较低、教师线上课程枯燥等问题,体现出英国在数字时代提升媒介素养之路依旧任重道远。

一、英国媒介素养教育案例

据新闻素养网络(News Literacy Network)研究显示,英国只有2%的儿童具备识别错误信息所需的技能;53.5%的教师认为,国家课程没有为儿童提供识别假新闻所需的识字技能;39%的父母从未在家与孩子一起看、听或读新闻。但在各方的努力下,英国的媒介素养教育开展如火如荼,进展迅速。通过对卫报基金会、国家扫盲信托基金会和PSHE(个人、社会和经济教育)协会于2018年制订的NewsWise计划的评估,参与该计划的小学生对新闻的兴趣从36.7%增加到75.5%,并在完成新闻素养研讨会后,他们会检查新闻是否来自所信任的个人或组织的可能性从29.0%增加到61.1%。以下将介绍英国开展的媒介素养课程案例。

(一)光明教育中心高中媒介素养课程计划

光明教育中心(Bright Hub Education)在2008年开始提供9—12年级的高中媒介素养课程教材。其中,第一课涉及学生的媒体消费并学习如何更好地理解。这是对媒介素养的介绍课程,旨在让学生熟悉媒介素养的定义及其重要性所在。学生将学习三种不同类型报纸的头版:每周城镇/社区报纸、每日当地报纸和每日国家报纸。教师通过讨论日报的主要新闻及其目标受

---

①郭铮:《英国青少年媒介素养教育的发展历程及启示》,《新闻爱好者》2013年第6期。

众,来指导全班同学。三个学生将找到其中某份报纸的出版信息,并与全班分享。课后,教师将布置研究相关出版商背景信息的作业,来培养学生的信息搜集能力。

此外,该课程将布置为期一周的任务,旨在提高学生对媒介素养的理解以及媒体在他们生活中的影响。学生通过描述自己观看电视、阅读书籍和使用互联网的习惯,来定位自己的媒体习惯。收集的信息将用于撰写3—5页的论文,主题为"谁制作和资助了这个特定的节目、电影、电子杂志、新闻报道?""是否有道德,社会或政治观点与你选择的媒介产品相关?如果是这样,它是什么,它是如何通过你的选择交付的?""你认为媒介产品的资助者与媒介产品所代表的观点之间有关系吗?"。

(二)"媒介素养工具包"课程

公共广播服务(Public Broadcasting Service)提供的"媒介素养工具包"课程,鼓励学生创建自己的生存工具包。该工具将解释和说明在浏览社交媒体和在线索赔时最重要的技能和想法。借助学生指南,学生能够在合作伙伴或小组中进行协作,或选择所适合层次的课程。

该课程的目标在于:(1)评估在线验证索赔的有效策略,并向他人解释;(2)应用有关错误和虚假信息的策略以防范;(3)创作原创作品(或负责地重新编辑/混音)。该课程涵盖媒介素养、社会研究、语言艺术、英语、新闻学等多门学科知识。学生可根据自身情况,选择一节或多节课程。

(三)中小学"研究生教育证书"(PGCE)课程项目

在伦敦大学学院教育学院,小学PGCE课程包括教与学模块(Teaching and Learning Module)、专业模块(Specialism Module)、专业实践模块(Professional Practice Module)三个模块。职前教师数字素养的培养主要在教与学模块,职前教师每学期必须从理论和实践两方面研究国家课程中的ICT学科。他们需要对中小学生ICT能力的广度有一个很好的了解,还需要知道ICT能力的哪些部分为自己的学科提供了重要的教学机会,以及如何将其纳入工作计划中。职前教师应知道ICT的使用不是偶然的、随意的,而是有目的的,要为该学科的教学和学习增加价值,要能引导学习者通过有目的地应用技术来解决问题、分析和交流信息、开发思想、创建模型和控制设备等。

中学PGCE课程包括学科研究模块(Subject Studies Module)、更广泛的教育研究模块（Wider Educational Studies Module）、专业实践模块（Professional Practice Module）三个模块。职前教师数字素养的培养主要体现在更广泛的教育研究模块，该模块让职前教师在更广阔的背景下学习主修学科。在此模块，导师通常会向职前教师布置探索技术与教育关系的主题作业。以 PGCE 地理学科（PGCE Geography）为例，其中一个作业主题是地理信息系统/技术，职前教师需要重点思考和回答以下问题：教育如何随着技术而变化？技术在教育中的作用是什么？它是结束还是达到目的的手段？地理信息系统在地理学中的作用是什么？学习地理信息系统对儿童的地理教育有什么帮助？你可能想尝试将地理信息系统融入教学中，看看这对孩子的学习有什么影响？此外，学院为学生们提供了丰富的书单，既有教育专业的读物，也有大量学科教学、学科知识和跨学科的读物。在 PGCE 地理学科中，《信息、通信、技术》就是推荐阅读书目之一[1]。

（四）国家课程

英国的教育课程分为四个关键阶段。在关键阶段 1 和 2（5—7 岁和 7—11 岁），"考虑和评估不同的观点"被列为英语课程的一部分。从关键阶段 3（11—14 岁）开始，学生们应该利用语言和"对文本进行批判性比较"来进行批判性阅读。此外，他们应该"用必要的事实细节来支持观点和论点"。除了传统课程，公民课程是关键阶段 3 和 4（14—16 岁）的必修课程，这为学生提供社会政治制度的知识，以培养"批判性思考和辩论政治问题的技能"，以及理解媒体的作用和责任。

在每个关键阶段，计算机课程都是必修课程。这门课教授学生如何实际使用数字技术和互联网。一方面，它要求学生应该学会"欣赏结果的选择和排名，在评估数字内容时要有洞察力"。另一方面，它特别致力于鼓励他们"有目的地使用技术来创建、组织、存储、操作和检索数字内容。"与公民身份和计算机不同，媒体研究是一门非必修科目，在英国普遍初中文凭考试（GCSE）和 A 级别（A-Level）考试中是可选的。这门课程教授学生媒体呈现技术，解决"媒体如何描绘事件、问题、个人和社会群体"等问题，而且还教授如何"批判性地分析媒体产品"，包括传统媒体和数字媒体。

此外，通过学习媒体研究课程，学生还能够"批判性地理解媒体及其

---

[1]闵晓：《英国"研究生教育证书"（PGCE）的课程设置研究》[D]，西南大学，2018 年。

在历史和当前政治、经济、文化和社会中的角色"。与媒体学一样，个人、社会、健康和经济教育（PSHE）也是一门非必修学科。该课程围绕三个核心主题：（1）健康与幸福；（2）人际关系；（3）生活在更广阔的世界。第二个主题（人际关系）教导学生网络安全，关注网络欺凌和网络挑衅，以及"如何回应和寻求帮助"。第三个主题（生活在更广阔的世界）鼓励他们"批评媒体呈现信息的方式"，并"理解社交媒体中包含的信息如何歪曲或误导"。自2020年起，人际关系成为必修主题。

二、英国媒介素养教育的特点

（一）多主体协同，教学资源丰富

英国的媒介素养教育研究得到了多方力量的支持。英国的教师需要独立设计课程计划，或者结合现有其他教学资源进行改编。这些教学资源主要来自英国议会、大英图书馆、媒体机构（例如BBC）、互联网公司（例如谷歌）、教育机构和慈善机构。涉及内容包括文本分析和评价、媒体呈现、错误信息、媒体和互联网相关的教学资源。

评估和资格认证联盟（AQA）为英语教师提供英国普通初中文凭考试（GCSE）和A级别（A-Level）的教学和评估资源，侧重于阅读理解和写作。它还为媒体研究提供了关于媒体表现、偏见和刻板印象的资源。公民教育协会为公民教育提供资源和教学计划，重点关注媒体的偏见和在民主、宗教和恐怖主义等背景下对争议问题的表述。英国广播公司（BBC）提供的教学资源并不针对特定科目或关键阶段，比如在阅读新闻时如何评估证据，以及如何识别假新闻（假新闻的定义是"出于政治或商业目的故意传播的虚假信息"）。英国电影学院（BFI）为GCSE的媒体研究教学提供资源。他们专注于教授电视和电影研究以及数字视频制作。"学校计算"在不同的关键阶段为计算机教学提供了可用的资源和课程计划。这些课程旨在使小学生熟悉基本的计算机科学术语，并教授中学生计算思维和编程。Childnet Trust Me提供的资源和课程计划旨在鼓励学生学习媒体宣传，并批判性地思考什么构成了真实和可信的网上信息，区分事实和观点。Eduqas为GCSE级别的英语教师提供的资源和课程计划是为学生设计的，目的是让他们学习如何综合和比较文章，比如记者写的博客。Eduqas还在网站和博客上提供英语写作和口语教学资源，邀请学生分析"网站的叙事结构"，并参与创造性写作。英语和媒体中心为英语和媒体研究教师提供资源和课程计划。他们的资源是专为学生在不同的关键阶段,成为批判性读者和评估偏见与负面刻板印象的英语文学。他们还鼓励媒体研究专业的学生了解媒体偏见、社交媒体和假新闻。

谷歌提供教学资源,鼓励学生学习人工智能和互联网安全,以及开发在线搜索和创新技能。信息专员办公室(ICO)提供了不针对特定主题的资源。这些课程旨在教导处于不同关键阶段的学生如何在数字时代保护隐私,如何管理在线个人信息,以及如何选择不与第三方共享这些信息。Media Smart 提供中学教学资源,以支持 PSHE 课程。这是传统媒体和数字广告,关注媒体偏见和表现。

国家识字信托基金已经为英语、历史、数学、科学、公民和 PSHE 等不同学科的中小学教师提供了文本分析和评估、媒体偏见和假新闻方面的资源和教学计划。他们的英语资源鼓励学生分析媒体偏见和假新闻,关注作者的意图和对读者的影响。他们的历史资源促进了基于评估证据的历史调查。他们的数学资源使学生能够批判性地反思媒体对数学和统计的不同表述。他们的科学资源是专为学生分析科学文章和数据,反映他们的准确性和可靠性。他们的公民资源要求学生审查媒体和社交媒体对当地抗议活动的报道。他们的 PSHE 资源旨在让学生了解记者的道德行为、事实核查、事实与观点之间的差异,以及事实如何在网上被扭曲。

由《卫报》基金会、新素养信托基金会和 PSHE 协会成立的 NewsWise 提供英语和 PSHE 资源,教学生如何理解和批判性地浏览新闻,鼓励他们评估新闻标题,区分事实、偏见和假新闻,并撰写新闻故事。

牛津、剑桥和 RSA 考试局(OCR)为 GCSE 和 A-Level 提供教学和评估资源。他们的英语资源鼓励学生分析和比较不同的文本,以提高他们的阅读理解能力。他们的公民资源旨在向学生传授公民的权利和责任,以及媒体在民主中的作用,重点是言论自由和媒体所有权。他们的计算资源鼓励学生参与计算机科学的基础,编程,系统软件,以及如何使用互联网。他们的媒体研究资源旨在教授学生关于不同创意产业及其受众的知识。

PSHE 提供了资源,在不同的关键阶段教授 PSHE 学生有关媒体偏见的知识,例如与极端主义和激进化有关的知识。它还拥有有关数字技术对年轻人影响的资源,并利用 NewsWise 提供的资源(见上文)向他们传授如何识别假新闻以及如何评估新闻报道。

泰晤士报教育副刊（TES）是一个由教师设计并上传教学资源和教学计划的论坛，包括针对英语、公民、媒体研究和 PSHE 教师的媒体偏见和假新闻资源。这些主要集中在传统媒体，错误信息对社会的影响，以及如何通过文本分析区分真实和虚假的新闻故事。一些机构鼓励学生反思社交媒体传播错误信息的风险，或者评估信息在网上是如何呈现的。

（二）广覆盖范围，课程种类多样

根据英国政府官方网站（GOV.UK）显示，数字文化与媒体体育部门提供了一系列线上媒介素养课程资源。其中，2021 年 5 月以教师为主要参与者的讨论安排如下。

表 1 英国政府 5 月媒介素养研讨会安排表①

事件	参与者	地点	时间
"成为互联网传奇"工作坊	KS2 教师、学生	在线国民议会	5 月 5 日（11:00）
	小学教师	在线网络研讨会	5 月 6 日（10:00）
	小学教师	在线网络研讨会	5 月 12 日（15:45）
	小学教师	谷歌办公室、彼得之家、牛津街、曼彻斯特、M1 5AN	5 月 13 日（10:30）
	小学教师	在线网络研讨会	5 月 17 日（10:30）

除了传统的媒介素养框架所涵盖的基本技能，英国的媒介素养教育还旨在通过媒介传达多主题的课程，以求更广泛、更多样地涵盖受众。主要有以下类目：

1. 避免令人不安或有害的内容

"项目发展（Project EVOLVE）"旨在将在线安全信息课程发展成更切实可行、具有价值、鼓励反思且积极的内容。"举报有害信息"由国家举报中心组织，以帮助所有人在线举报合法但有害的内容。"在线弹性工具"（Headstart Kernon Digital Resilience）为专业人士和父母提供了支持性资源，帮助他们对年轻人披露的在线危害和风险做出明智的判断。它为专业人士和家长提供了工具和交流平台，以讨论在线保护问题以及如何应对这些问题。

---

① Online media literacy resources，https：//www.gov.uk/guidance/online-media-literacy-resources，访问日期：2021 年 7 月 13 日。

"包容性数字安全"为父母和照顾者提供量身定制的建议，以帮助具有护理经验的儿童和年轻人保持在线安全。"互联学习中心"（CLC）支持学校和其他机构创造性地、批判性地使用数字技术。它旨在将技术使用嵌入课程的所有领域，其原则是每个年轻人都应该拥有数字技能和批判性思维，为他们的生活做好准备。"成为互联网传奇计划"旨在帮助7—11岁的孩子成为更安全、更自信的网络世界探索者。"LGBTQ+7—18岁年轻人的在线危害指数"为专业人士提供了建议，从"互联网世界教育框架"中总结出可能造成的伤害。英国电影分类委员会（BBFC）专注于帮助儿童和家庭做出更优的选择，为他们提供所需的指导，帮助他们选择适合自己的电影，避免不合适的。他们在关键阶段1—3的PSHE资源支持教师提供法定的RSE课程，并在年龄分级和使用沃达丰（VOD）平台的背景下促进数字弹性和在线安全技能提升。

2. 举报不当内容

Swiggle是一个儿童友好的搜索引擎，它使用最新的搜索技术来使搜索更有用。它不仅可以让人们更安全地访问在线内容，还可以鼓励负责任地举报行为。"360度安全"帮助学校审查其在线安全政策和实践。该评论将引导人们了解在线安全的各个方面，并帮助进行（协作，报告和进度）。

3. 防止在线性骚扰

"挺身而出，畅所欲言"是解决13—17岁年轻人在线性骚扰问题的实用工具包，该工具包包括一系列供年轻人和与他们合作的专业人员使用的资源。"只是一个笑话"是面向教育工作者的资源，旨在探索与9—12岁儿童有关的在线性行为问题。(该资源侧重于基于性别或性取向刻板印象、身体羞辱、裸体和露骨色情内容的在线性骚扰。)

4. 管理隐私

"社交媒体清单"是指导用户完成最受欢迎的社交媒体和在线平台的个人资料设置的小册子。"标签"是一款声誉管理工具，能够通过全网搜集用户的评价，并生成用户报告。

5. 识别错误信息和虚假信息

伯恩茅斯大学媒体实践卓越中心提供了一系列研究项目，内容涉及关键媒体素养在提高公民，特别是年轻人对错误信息和更广泛的在线伤害的适应力方面的效果。

经济学人教育基金会旨在使年轻人能够在课堂上和网上加入关于时事的高质量讨论，并养成习惯。BBC 青年记者则鼓励英国各地 11—18 岁年轻人发展媒体技能和新闻素养，并与 BBC 分享故事。

此外，假新闻和错误信息咨询中心帮助支持已成年的年轻人了解什么是新闻，如何保护儿童免受假新闻的侵害，以及如果他们受到假新闻的影响该如何应对。

6. 确保在线安全

"360 幼儿园"是一个简单易操作的工具，它审查幼儿园和学前教育环境，并改进他们的在线安全实践，以造福幼儿园本身以及儿童、工作人员/志愿者和家庭。

Chayn 这一资源公开组织使用媒介技术支持女性应对暴力和压迫，使她们能够过上更快乐、更健康的生活。Chayn 在在线滥用和安全方面拥有特别的专业知识，他们的 DIY 在线安全指南提供了有关保持在线安全的指导和提示。Digiduck 旨在帮助父母和老师教育 3—7 岁的儿童有关在线安全的知识。它包括电子书、PDF、海报和交互式应用程序。

7. 挑战极端主义和激进化

英国互联网安全委员会的数字弹性工作组（DRWG）负责制定和实施一项战略，使个人能够拥有数字技能和情感理解，以便在在线遇到问题时能够采取行动。DRWG 具有数字弹性框架，案例研究，博客和相关资源，以支持在不同环境和背景下发展数字包容性。"反对仇恨教育"也为教师、学校领导和家长提供指导、实用建议和资源，帮助他们应对年轻人的激进化。

8. 数字育儿技巧

"弹性家庭计划"是为学校和组织提供的一揽子完全远程学习课程和英国职业进修（CPD）培训，旨在为教师和其他面向家庭的专业人士提供对数字弹性的理解，以及支持父母发展数字育儿所需的技能和工具。乐高集团的"拼搭与对话系列"可帮助父母和看护人与 7—11 岁的儿童就具有挑战性但重要的数字安全话题进行有意义的对话。通过玩耍、构建或绘制代表危险在线行为的角色，使孩子们可以了解数字世界，并培养成为负责任的数字公民所需的技能。

9. 管理定向广告

"媒体智能"（Media Smart）支持年轻人浏览广告和媒体，为学校、家长和年轻人创造免费资源来识别、解释和批判性地评估所有形式的广告。

10. 防止网络欺凌

Cybersmile 基金会致力于数字健康，并解决各种形式的在线欺凌和虐待行为。它致力于通过建立一个更安全、更积极的数字社区来促进善良、多样性和包容性。"Talk It Over"是一个以研究为主导的资源机构，它旨在支持教育工作者培养关于在线仇恨的同理心，倡导诚实和基于证据的对话，以求与中学年龄的学生一起解决网络欺凌问题。

11. 在线改善健康和福祉

屏幕时间建议（Screen Time Advice）中心通过提早考虑并设定明确的界限来帮助成年人为他们的家庭找到适当的平衡。它包括一般和特定年龄的建议以了解和管理屏幕使用时间，以及处理可能出现的各种问题。

12. 在线了解法律框架和权利

"版权用户倡议"旨在使每个人都能访问英国版权法。该网站（CopyrightUser. org）帮助创作者、媒体专业人士、文化遗产从业者、教师和学生以及公众成员就版权问题做出明智的决定。

由此可见，英国的媒介素养教育除了面对青少年学生，还有针对家长、教育工作者、普通网络用户甚至少数群体（例如同性恋群体）的课程。涵盖的内容已超出普通的媒介使用、创造内容、传递信息的具象维度，而是更广泛地将与媒体相关的主题都纳入课程当中，有针对性地向利害相关群体提供帮助。

三、英国媒介素养教育的不足

虽然英国的媒介素养教育位于世界前列，但仍有不足与挑战。这一问题已引起了英国相关教育学者的高度重视。

（一）决策架构与实施情况脱节

政府部门制定国家课程之后，认为已足够满足日常教学需求。2013 年，国家课程进一步精简，教师需要依靠自身专业技能来设计媒介素养课程。教育部认为，此项改革能够保证学生学习重点学科的基本知识和技能。2018 年和 2019 年，政府回应了数字文化和媒体体育部门（DCMS）发布的关于虚假信息的报告。报告认为，数字素养应是课程的"第四支柱"，但政府部门驳回了该建议和观点，并认为数字素养已经在全国学校课程中教授。

然而，据国家扫盲信托基金会2018年的报告，只有2%的中小学生知道如何识别错误信息。与此相关，超过一半（即53.5%）的教师认为，课程需要修订，以使孩子们具备在数字时代评估信息所需的技能。国家课程未能向中小学生介绍更广泛的数字环境，或教授如何利用数字技能和知识来识别错误信息。公民教育课程鼓励学生批判性地思考社会政治体系和媒体，但并没有针对更广泛的数字环境进行教学。计算机课程很少强调评估在线内容，或理解互联网嵌入更广泛的社会政治和经济力量，并忽视了互联网如何促进政治参与和避免错误信息。它狭隘地关注如何与数字媒体进行实际接触，如何编码，以及算法如何发挥作用，而忽略了它们如何通过在线分享将流行内容的可见度最大化，从而助长错误信息的传播。此类情况制造的信息茧房会让用户只看到与他们原有信念一致的在线内容。

（二）教师培训依旧不足

由于媒介素养涉及各种知识和技能，从实用数字技能到评估在线内容的能力，从关于互联网所能提供的知识到了解媒体偏见和更广泛的数字环境，教师都需要得到充分的培训，以教授儿童这些知识和技能。

教师们需要接受超越自己学科的培训。尽管2013年只有7.7%的英国学校教师表示，他们对专业发展数字素养技能的教学有很高的需求，但国家扫盲信托基金2018年的证据调查显示，"教师培训是所有提高批判性扫盲计划成功的核心"[1]。因此，它建议"教育部应确保与数字时代相关的批判性读写能力教学纳入教师初步培训（ITT）和持续专业发展（CPD）计划，贯穿教师专业的不同学科"。此外，虽然缺乏证据表明学校教师是否知道如何识别错误信息，但英国皇家学会在2017年发现，英国中小学计算机教师最常见的要求是接受更多培训[2]。

（三）数字素养框架尚不明晰

关于如何提升数字素养，目前还没有明确和统一的框架。Ofcom（英国通信行业的监管机构和竞争主管机构）负责在传统媒体和数字媒体的背景下提升媒体素养。尽管它多年来提供了大量关于儿童和成人媒介素养水平的

---

[1]National Media Trust,"Fake news and critical literacy."https://literacytrust.org.uk/research-services/research-reports/fake-news-and-critical-literacy-final-report，访问日期：2018年6月11日。

[2]Royal Society,"After the Reboot-Computing Education in UK Schools."https://royalsociety.org/topics-policy/projects/computing-education/，访问日期：2022年5月24日。

报告，但"已经减少了推广媒介素养的努力"。关于网络危害的白皮书承诺开展一项确定如何促进数字素养的测绘工作，以及一项"网络媒体素养战略"。然而，它忽视了利文斯通和麦克杜格尔在2014年已经进行了类似的演习，这次演习是欧盟层面更广泛的测绘演习的一部分。此类演习和战略的组成部分和预期结果不明朗，而且也不确定教育部（DFE）是否会参与，以及以何种方式参与。

西班牙数字素养教育的机制建设与课程开发研究

在 20 世纪末,西班牙的数字素养体系建设处于相对滞后的阶段,缺少致力于数字素养提升的专门的政府机构。自 21 世纪以来,这一情况得到了显著的改善。西班牙政府在欧盟数字化议程框架下批准了多项计划,这些计划均涉及劳动力和居民数字化素养提升。西班牙将数字素养和媒介素养列入中小学义务教育课程体系,并在皇家法令中明确指出,使学生拥有使用信息资源的基本技能是中小学教育的基本任务之一,是第一批将核心素养写入教育法令的国家。

一、西班牙全民数字素养教育

在西班牙,教育主体具有多样性,涵盖了小学、初高中、大学、老年人等不同年龄段的群体,并针对不同人群制定了不同的教育目标和教学设计。针对小学,早有教育法将数字素养作为核心素养写入了法令,为其提供制度支持;针对初高中,一系列数字素养教学目标的确立及"Que no te la cuelen""TeleUNED"等教育项目频频推行;针对大学,格拉纳达大学在数字素养课程建设上走在全球前列。值得一提的是,著名医学杂志《柳叶刀》预测,2040 年,西班牙将取代日本,成为人均寿命最长的国家。因此,西班牙面临着严重的人口老龄化问题,西班牙政府也十分重视老年人的安置问题,其中就包括老年人的媒介素养问题。基于 IMSERSO 的研究,拉里奥哈政府开展了"i-Mayores(关爱老年人)"计划,萨拉戈萨市议会开展了"数字志愿者"项目等老年人数字包容活动,致力于弥合数字鸿沟。

从西班牙的"前进"和"前进 2"计划中也可以看出该国对全民数字教育、全纳数字教育的重视。从"前进"计划的财政预算来看,公民数字包容的占比是 11.9%,在各项支出中位列第三。"前进"计划提出了四大战略支柱,在提高生产力和竞争力、弥合数字鸿沟、增加 ICT 支出的高层目标下,划分了数字公民身份、数字经济、数字公共服务和数字内容四大行动领域。该计划还划分了三类受益对象:公民、企业和公共政府,并分别提出了具体目标。其中,公民方面重点考虑到了老年人、残疾人、妇女、农村地区居民等弱势群体,和 ICT 相关领域的大学生。值得一提的是,"前进 2"计划的目标升级为社会数字包容、提高公民数字生活质量等[1]。

二、西班牙数字素养教育法规建设

(一)《普通教育法》(LGE)[2]

20 世纪 70 年代的《普通教育法》(LGE)为学校提供了一个机会,使其能够按照十年前的做法,提高对媒体的认识。设立了教育科学研究所,在其机构设置中设立了教育技术、视听媒体和教师培训部门,这些部门促进了视听媒体在培训和研究两个层面的一体化。

(二)《教育系统总组织法》(LOGSE)[3]

1990 年实施的《教育系统总组织法》(LOGSE)带来了一系列方案:将报纸引入课堂(新闻学校方案)、新技术和信息技术的使用(雅典娜方案、阿罕布拉方案)、视听媒体的教学使用(水星方案)。这套方案涉及教育机构将媒体纳入教育的参与,但培训参数仍然非常工具化,缺乏对每一种媒体的综合看法。

(三)《教育组织法》(LOE)[4]

《教育组织法》(LOE 2/2006)将信息和数字素养视为"核心能力"。在小学阶段的教育目标中,《教育组织法》第 17 条第一款指出:"从使用信息和通信技术开始,以便学习,培养对所收到和产生的信息的批判精神。"此外,它指出了视听传播和信息和通信技术处理的一个贯穿各领域的观点:"在不影响其在舞台某些领域的具体处理的情况下,应在所有领域开展阅读理解、口头和书面表达、视听传播、信息和通信技术以及价值观教育"〔第

---

[1] OECD. "Plan Avanza: an important step forward for information society policy in Spain." *sourceoecd governance*, 2010, volume 2010 (41): 49-68 (20).

[2] José Antonio Gabelas Barroso, "Una perspectiva de la educación en medios para la comunicación en España A view of media education in Spain." *Comunicar*, 2007, XV (28).

[3] 同上。

[4] Lazo CM, "La competencia televisiva en el currículo escolar." *Zer: Revista de Estudios de Comunicacion*. 2008; 13 (25): 107-120

19（2）条]。

（四）《第 1513/06 号西班牙皇家法令》①

该法令规定了小学教育的最低标准，有助于确保核心能力的发展。这些"从综合和面向应用的方法中获得的知识被认为是必不可少的"。2006 年，西班牙教育部颁布了该法令，启动小学教育改革。法令参考了欧盟提出的八项核心技能并对其进行了本土化调整，从而提出了西班牙教育的八项核心素养，其中就包括信息处理和数字素养。

（五）《1631 号皇家法令》②

"1631 号皇家谕令"指出，初中阶段的自然科学和视觉艺术课程能够促进信息处理和数字素养。在自然科学课上，应大量使用图表或思维导图，多布置写作任务，要求学生使用信息通信技术收集信息、提出反馈、处理数据，这些手段都能强化相关知识和技能。在视觉艺术课上，强调运用视听技术和多媒体环境的教学活动，将技术资源当作增强数字素养的手段，而不仅仅是视觉设计的工具。

三、西班牙数字素养的机构发展情况

（一）组织机构

1. 加泰罗尼亚视听媒体管理局（CAC）

加泰罗尼亚视听媒体管理局（CAC）是一个独立的公共实体，权力在加泰罗尼亚视听部门之上，监督加泰罗尼亚视听媒体的质量，并对 CCMA（加泰罗尼亚广播电视公司）附属公司的电视、广播和互联网负责③。

该机构提出了旨在促进教育中心在线材料和课程的制作以及推广媒体教育平台的 EduCAC 倡议；资助了多项研究，例如从 2005 年到 2010 年，西班牙一直在进行一项由加泰罗尼亚视听协会（CAC）和教育部资助的研究，以评估公民的媒体能力水平，该研究促成了各种出版物的出版。

2. 传播与教育科学杂志（Comunicar）

Comunicar 为学术季刊，所有文章均为西班牙语和英语双语，且附有中

---

①刘敏、何泠樾：《西班牙核心素养课程及评价改革》，《教育测量与评价》2017 年第 7 期。
②尹小霞、徐继存：《西班牙基于学生核心素养的基础教育课程体系构建》，《比较教育研究》2016 年第 38 期。
③刘倩：《西班牙媒体责任体系探析》，《中央民族大学学报》2008 年第 24 期。

文、葡萄牙文和俄罗斯文摘要。到2024年，该期刊创办已36载，发表了1 910多篇文章，被收录于810多个国际研究数据库、期刊评鉴平台、学术网站、数据目录等。在RECYT中，该刊对稿件进行严格透明的盲审评估；由来自全球54个国家的1 059名研究人员组成了国际科学理事会和科学审稿人公共网络。

该杂志将其过程和质量建立在广泛的国际科学界的基础上，有一大批来自传播界和教育界的研究者、学者为其背书和支持，这有利于教育传播领域的创新和科学进步。它由总编辑、助理编辑、主任编辑和国际联合编辑组成的编辑委员会，以及一个广泛的科学委员会、国际审稿人委员会和最后的技术委员会组成。

该期刊是一份专注于教育传播的学术期刊，收录的主题有：传媒与教育、信息和通信技术、受众研究、新语言等。此外，期刊会针对最新热点问题推出特刊。

3. 广播教育网站

在西班牙众多教育网站中，那些得到公共机构支持的网站脱颖而出，例如：

（1）Media Radio

来自解散的国家教育交流与信息中心（CNICE，现为ISFTIC）的在线资源。

（2）Xtec-Radio

加泰罗尼亚教育部推广的平台，旨在促进和鼓励在学校使用广播技术。

（3）Publiradio.net

由加泰罗尼亚政府资助的在线教学创新应用程序。

（4）Mediascopio

由教育部和西班牙报纸出版商协会（AEDE）赞助的有关教师、学生和家庭的资源交流和指导的教育门户网站。

（二）西班牙格拉那达大学

格拉纳达大学（西班牙文：Universidad de Granada），简称"UGR"，由国王卡洛斯五世于1531年创办，坐落于西班牙王国安达卢西亚自治区格拉纳达省省会格拉纳达，是西班牙最古老的大学之一，在西班牙国内具有极高的声誉，并隶属于素有"欧洲常春藤联盟"之称的科英布拉集团、ARQUS

联盟。

格拉纳达大学于2018年世界大学学术排名中综合排名西班牙第二,世界排名第201位。其公共卫生、数学、信息技术、天文等专业位列ARWU世界前50,其语言、文学、人文及翻译等领域相关专业排名在QS世界大学排名51—100位,位列全国第一。

西班牙格拉纳达大学图书情报学学位课程包含的两门核心课程——《文献摘要抽取》和《索引与摘要的编写技术》,直接和世界信息素养能力标准中的两种核心能力——信息分析和信息合成有关。其中,《文献摘要抽取》主要强调的是把摘要作为一种产品,学习摘要抽取的不同过程和步骤,进一步学习文本组织。《索引和摘要的编写技术》强调信息的表达及其和新技术的联系[①]。

四、西班牙数字素养的教学设计

(一) 义务教育阶段教育目标

2006年西班牙教育部颁布的《普通教育法》(Ley Orgánica 2/2006) 和"1631号皇家法令"(Real Decreto 1631/2006) 确立了国家层面指导核心素养培养体系的政策,其中最关键的就是制定义务教育各学段的教育目标。其中,不同阶段的教育目标如下[②]。

1. 小学阶段教育目标

使用信息处理和沟通技术,发展批判精神,能够判断信息的真伪。

2. 初中阶段教育目标

发展利用信息源及批判性获取新信息的基本技能,为技术(尤其是信息沟通领域技术)的发展做基本准备。

(二) 小学阶段数字素养课程核心能力和目标

2006年,西班牙教育部启动的小学教育改革确立了小学阶段在不同科目的数字素养核心能力,以及具体的目标、内容和评价标准。具体目标如下[③]。

[①] 杜伟、王世慧:《通过摘要的抽取看学生信息素养能力的培养——西班牙格拉那达大学信息素养教育给我们的启示》,《图书馆理论与实践》2012年第5期。

[②] 尹小霞、徐继存:《西班牙基于学生核心素养的基础教育课程体系构建》,《比较教育研究》2016年第38期。

[③] Lazo CM, "La competencia televisiva en el currículo escolar." *Zer*: *Revista de Estudios de Comunicacion*. 2008; 13 (25): 107-120.

1. 自然、社会和文化环境知识

首先，信息是该地区学习的重要组成部分。这些信息以不同的代码、格式和语言呈现并因此需要不同的程序来理解。阅读地图、解释图表、观察现象或使用历史资料需要不同的搜索、选择、组织和解释程序，这是学习的优先对象。其次，该领域明确包括数字素养的内容，在该领域和其他领域的应用将有助于数字能力的发展。计算机的基本使用、文字处理器的使用和互联网引导的搜索，对这种能力的发展作出了决定性的贡献。

2. 艺术教育

通过使用技术作为工具来展示与音乐和视觉艺术相关的过程，并使学生更接近艺术作品的创作与图像和声音的分析以及他们传递的信息。在为他们的知识和享受寻找有关艺术表现形式的信息、选择和交换有关过去和现在、附近或其他民族的文化领域的信息方面的能力也得到了提升。

3. 体育

这个领域对来自信息和通信媒体的关于身体的信息和刻板印象进行批判性评估，这可能会损害一个人的身体形象。从这个角度来看，它在一定程度上促进了信息处理和数字能力的竞争。

4. 西班牙文学

为搜索、选择、处理信息和交流提供知识和技能，特别是为理解所述信息、其结构和文本组织，以及在口头和书面生产中的使用提供知识和技能。该领域的课程包括在文本撰写中使用电子支持，这不仅仅意味着支持的变化，因为它会影响干预写作过程的操作（计划、文本执行、修订……）构成本领域的基本内容之一。因此，就它们的使用而言，数字能力和信息处理正在同时得到改善。但是，不断涌现的新数字媒体意味着写作的社交和协作使用，这使得学习书面语言可以在真正的交际交流的框架内进行。

5. 外语

信息和通信技术提供了与世界任何地方进行实时通信的可能性，并且还提供了方便和即时访问每天都在增加的源源不断的信息流的可能性。外语知识提供了使用它进行交流的可能性。而且，更重要的是，它创造了真实和实用的交流环境。

6. 数学

以各种方式获得信息处理能力和数字能力。一方面，因为它们提供了与数字使用相关的技能，例如比较、近似或不同表达方式之间的关系，从而有助于理解包含数量或测量的信息。另一方面，它有助于使用图形和统计语言，这对于解释有关现实的信息至关重要。引入使用计算器和技术工具以促进对数学内容的理解也与数字能力的发展有关。

五、课程体系建设

（一）大学数字素养能力课程

大学数字素养能力课程由格拉纳达大学组织，课程名称为《文献摘要抽取》与《索引与摘要的编写技术》，其各个阶段的内容及目标如下①。

1. 一般阅读

（1）标注不熟悉的词。可揭示学生不熟悉的词语的类型，哪些是图书情报学专业术语，哪些是一般术语。

（2）识别原文主题和作者的意图。主要针对信息分析有经验的学生，看他们的主观表达能力。

（3）识别原文的一般结构。撰写摘要时，必须清楚原始文献的结构。学习者必须能认识到他们正在处理的文献的类型，因为这可以帮助他们进行一系列的选择、组织和建构。

2. 第二次阅读

（1）信息处理

1）归纳选择的句子。这个步骤是让学生用自己的语言归纳上个步骤中选择的句子，使句子连贯并且有意义。

2）把选择和归纳的句子分组。这个步骤的目的是让学生确定句子之间的关系。

3）准备轮廓大纲。通过这一步骤，考查学生利用的大纲的类型及他们组织信息的能力。

（2）信息表达

抽取关键词。通过关键词来表达原文从某种程度上来说可揭示文摘抽取人的理解能力和分析能力及综合、表达能力。要求选择自由语言而不是受控

---

① 杜伟、王世慧：《通过摘要的抽取看学生信息素养能力的培养——西班牙格拉那达大学信息素养教育给我们的启示》，《图书馆理论与实践》2012 年第 5 期。

语言。硕士研究生还要求提供关键词之间联系的概念图。

（3）形成产品

撰写摘要。这个步骤主要是考查学生的表达能力及综合能力。可从下面几个方面进行考察：摘要文字数量占原文的百分比，是否有拼写错误，是否有重复句子，是否复制原文内容，是否用了原文的例子等，摘要是否表达了原文的内容，摘要和原文是否相称，即摘要是否反映了原文每一部分的内容。

（二）初高中数字素养能力课程

课程名称为《不要被欺骗（Que no te la cuelen）》，课程内容及目标如下。

1. 内容

《不要被欺骗（Que no te la cuelen）》数字媒体素养课程针对初中生、高中生和高职生，提出了以互联网和社交媒体为重点的教育干预措施，以揭示构建和传播错误信息和虚假信息的机制。课程分为两个部分。

（1）由理论、辩论和小组动态组成的部分：学生应用在第一部分中获得的知识和工具解决不同的事实核查挑战。关于理论背景，教师解释诸如信息中毒、假新闻、假信息和错误信息等概念，学生讨论社交媒体如何改变了我们获取信息的方式。课程向学生展示如何通过应用一个检查表来验证互联网上流传的内容是否真实，该检查表基于七个步骤：怀疑、仔细阅读/听/看、检查来源、寻找其他可靠来源、检查数据/位置、自我意识到自己的偏见以及决定是否分享该信息。

（2）基于游戏的实践部分：实践部分在推特上展开，学生以五到六人的团队进行竞争，解决围绕主题案例设计的各种挑战。在此过程中，他们需要利用从课程的理论部分获得的资源，特别注意可靠的来源和反向图像搜索，以及其他检测虚假信息的机制。

2. 目标

（1）了解假新闻的含义以及它们对其个人和政治/社会后果的看法。

（2）在选择和评估信息的基础上，对数字事实核查进行培训，以建立合理的流程。

六、师资培训与保障

欧洲国家普遍注重教师数字教学能力的培养，从多个方面保障教师数字素养的提升。在多数欧洲国家，公民需要完成职前教师教育，才能获得进入教师行业的资格。虽然高等教育机构在开发职前教师教育内容时具有很大的自主权，但随着社会数字化程度的加深，近年来，欧洲国家开始积极尝试加大对职前教师教育的影响。西班牙教育部部长法令对职前教师教育就提出了要求，在数字素养方面要求教师能够①：（1）熟悉非纸质的信息来源、数字教材、学习工具、学习组织方法、教学策略等内容；（2）能够批判性地分析数字教材、学习材料以及学习资源，并根据教学目的做出适当选择；（3）能够有效并专业地使用传统工具、数字工具以及数字学习材料。

（一）《教师通用数字素养框架》

基于欧盟数字素养框架，西班牙开发了针对教师的数字素养框架，即《教师通用数字素养框架》（Common Digital Competence Framework For Teachers）。该框架于2017年1月发布，指出发展教育中的数字能力需要将信息和通信技术融入课堂，并要求教师具备适当的能力。该框架将教师的数字素养分为基础水平、中等水平、高级水平三大层级，其内容维度主要分为五个数字素养领域，并根据这五个领域细分为21个具体数字素养，具体如下表②。

表1 教师通用数字素养框架

领域	具体细分				
信息和数据素养	浏览和筛选数字化数据、信息与内容	评估数字化数据、信息与内容	检索和管理数字化数据、信息与内容	—	—
交流与协作	借助数字技术进行交互	分享数字化信息与内容	公民在线参与	应用数字技术进行合作	网络礼仪	管理数字身份
数字内容创造	开发数字内容	整合和重构数字内容	版权和许可证	编程	—
安全	保护设备	保护个人数据和隐私	保护健康	保护环境	—
问题解决	应对技术难题	制定技术对策	创新使用数字技术	发现数字素养差距	—

①金平、张菊：《欧洲中小学数字教育的经验与启示——基于欧盟〈欧洲中小学数字教育报告〉的分析》，《中小学数字化教学》2020年第12期。
②"Spain: common digital competence framework for teachers." https://www.cedefop.europa.eu/en/news/spain-common-digital-competence-framework-teachers，访问日期：2023年1月6日。

(二) 教师数字素养自我评估测试

自评工具能够帮助教师评估自我效能，发现薄弱领域，从而发现专业学习需求。西班牙的自治区巴斯克开发了教师数字素养工具包，其中包含的数字素养自评工具"教师数字素养自我评估测试"（Digital Competence Self-diagnosis Test），按五个素养域来测评教师的数字素养程度（在线测试地址：http：//ikanos.encuesta.euskadi.net/index.php/566697/lang-en），测试结束后会呈现测试者的数字素养分析图。这个在线工具使得教师可以通过不断自我评估更新在其职业生涯中获得的数字能力，直到达到更高的标准。

小结

西班牙在数字素养教育上的法规支持、课程设置和教学设计上的独到之处值得中国借鉴，分阶段、分年龄层设置不同的具体课程。此外，西班牙在数字素养中非常注重全纳教育，针对老龄化严重的国情，在老年人的数字包容上做了充分的工作。中国老龄化问题也日渐突出，西班牙在这方面的成功经验可以使我们有所启迪。

芬兰数字素养教育的实践与启示

21世纪以来,公民数字素养受到广泛关注。欧盟作为世界经济最发达的地区之一,在数字素养教育上开展了许多活动,来提高国民数字素养,提升社会发展水平。芬兰将媒介素养教育纳入政府政策,使之成为国家发展战略的重要组成部分,其媒介素养教育的发展在欧洲各国中处于领先地位。近年来,中国课改进行得如火如荼,实际上也参考了众多外国教育实践经验,芬兰的数字素养教育实践就包含其中。

一、芬兰数字素养教育概况

芬兰是全球数字素养教育水平名列前茅的国家,自二十世纪六七十年代起,芬兰就开始对学生、教师进行媒介素养教育。在数字媒体迅速更迭的新媒体时代,芬兰与时俱进,开展了多项数字素养教育项目。在数字时代来临之前,芬兰对媒介素养就已倾注了较多精力。芬兰国家视听中心将媒介素养定义为"分析、沟通、合作和创造媒体所需的一系列技能",该政府机构在促进和发展教育时,始终将媒介素养教育放在较高位置。数字时代开启后,数字素养进入芬兰教育系统,成为芬兰人自幼学习的课程之一,且贯彻终身。

新冠肺炎疫情暴发以来,"信息疫情"时刻威胁着人们的生活,日新月异的新兴媒体在带来信息便捷的同时,也带来了信息的杂糅,对公众辨别信息的能力提出了更高的要求。根据2021年媒介素养指数,芬兰被评为"最有潜力抵御新闻和错误信息的负面影响"的国家,其主要原因包括"教育质量、自由媒体和人们之间的高度信任"。在芬兰,媒体教育贯彻到基础教育之中,学生们长期学习广告、数据相关知识,了解网络信息是如何误导公众、影响生活的。

二、芬兰媒介素养教育实践

2012年,芬兰赫尔辛基大学CICERO学习研究共同体发起了两项有关数字故事的研究,并力图将数字故事应用于实际的教学过程中,以提高教学水平,促进学生核心素养的提升。将数字故事的七要素——观点、诘问、情绪、亲自讲故事、配乐的力量、精简、掌握步调运用至实际教学中,部分内容与联合国教科文组织所提出的媒介素养框架不谋而合,如对技能的运用、与他人的合作等。在本项目中,赫尔辛基大学在芬兰、美国和希腊的28所学校具体开展"移动视频STEM探究项目"与"无边界教室项目",时间长达一年,获得了良好的教学效果,同时也发现了数字故事教学法的部分问题,为全球的媒介素养教育提供借鉴意义。

2019年,《芬兰媒介素养》发布,该文件更新并拓展了2013年发布的媒介素养文化政策指导方针,提出每个人都有机会提高自己的媒介素养。这表明了芬兰建设全民媒介素养能力的决心以及实现这一目标的公平性。

2020年秋季,芬兰教育部门召集了媒介素养以及信息和通信技术项目小组,起草和制订了"新扫盲计划"。该计划旨在加强儿童和年轻人的媒介素养、信息和通信技术能力,以及幼儿教育和护理、学前教育、小学和初中教育中的编程技能。2021年春季,该计划发布了具体能力的描述和说明。这些对不同人群的说明文件促进了芬兰实现媒介素养教育的公平。

每年2月,芬兰都会举办"媒介素养周";每年该活动的主题与重点对象都随时代变化。芬兰人认为,终身学习至关重要,因为媒体处于不断地发展与进步中。2022年,芬兰的"媒介素养周"面向成年受众,参与的组织包括学校、图书馆、政府部门和各非政府组织等。芬兰的媒介素养教育活动是一项全民普及的活动。于芬兰而言,媒介素养教育涉及个人、家庭乃至社会发展的方方面面,因此人们接触、了解并学习媒介素养的方式也应多样化。

为适应数字时代发展,芬兰科技部、地方政府和相关基金会和企业组织自主设立了"FINNABLE 2020"项目。该项目的目标是实现无止境地学习,即人们能够不受空间、时间的限制,在项目搭建的数字平台上进行自由学习。"FINNABLE 2020"创建了一个新的学习论坛,分享知识与经验,促进人们发展能够适应数字时代的数字技能、创造力以及解决问题的能力。

近年来，文化遗产数字化一直是理事会议程上的首要问题，目标是通过欧洲数字图书馆提供和广泛使用数字化文化材料。在芬兰，国家数字图书馆负责落实数字化目标，并将相关信息传输到欧盟网站上。

三、芬兰数字素养教育的特点

（一）时间与空间的延伸

麦克卢汉曾说"媒介是人的延伸"，新兴媒介使现代人能够足不出户便知千里事，听到地球另一端的各种声音，看到地球之外的种种景象，因此"媒介是人的延伸"实际指媒介使人跨越时空的局限，通过媒介延伸加强了各种接收、传递信息的能力。

芬兰的数字素养教育，强调如何加强这种对时空的"延伸感"。如"无边界教室"项目打破了教室这一场所限制，让学生们在数字平台上利用音频记录学习、探索的过程。这一教学模式即便放在如今，也是具有开创性的。FINNABLE 2020项目鼓励公民在搭建的数字平台上自由学习与分享，项目旨在打破时空的限制，实现随时随地学习。

（二）强调终身学习

芬兰的数字素养教育并非只在学生中开展。2017年，欧洲委员会向成员国的青年工作发布建议指南。指南中明确了青年人对社会的重要性，青年人需要更多的机会、支持、资源和工具，因此如何支配政府所提供的资源、工具等需要他们有足够的数字或媒介素养。2022年，"新扫盲计划"明确了不同人群所需的媒介素养教育相关技能、要求等，体现了其媒介素养教育的公平性与全民性。"芬兰教育系统以保障每个个体的教育得以延续为原则"，人们可以不必受限于之前的教育选择，继续学习或者补充其已接受过的教育。

四、芬兰数字素养教育对中国的启示

（一）数字素养教育应是全民性的终身学习

进入21世纪，人们生活在被数字媒体包围的时代。从电视、台式电脑到无人机、平板电脑，从电话、电台到无时无刻"微信电话"，从刷卡乘车到移动支付，数字媒体已经覆盖了日常生活的方方面面。而人自呱呱坠地起，便已将自己的身份纳入人口大数据库中，年事已高的老年人也需要不时学习新兴媒体以适应社会的发展。因此，数字素养并非在校学生学习的特定内容，在数字媒体面前，人人都应是学习者。提高数字素养，于个人而言是便捷生活、与时俱进的必要途径，于社会而言是促进发展、提高生产生活效率的必备武器。

近年来，老年人数字鸿沟问题始终受到学术界的广泛关注。数字鸿沟即"ABCD"，A指基础设施、软硬件设备条件的差异，B指基本知识和技能的差异，C指互联网内容的特点、信息的服务对象、话语体系的去向差异，D指上网的意愿、动机、目的以及信息寻求模式的差异。发展数字素养教育、提高数字素养涵盖了对使用技能、知识的培育，对内容、信息感知的培养，这对缩小数字鸿沟有着重要意义。

（二）发展数字素养教育需各界握指成拳

芬兰的数字素养教育的全民性，一方面体现在全民都应积极学习、努力提升，另一方面也是对社会各方各界的热切动员。如"媒介素养周"，社会各界都积极参与并组织该活动，包括学校、图书馆、政府部门和各非政府组织等。发展媒介或数字素养教育并非学校或图书馆的独立事务，而应是社会各界握指成拳、合力实现的重要社会愿景。

于中国而言，各类组织可尝试设立专门的媒介素养教育机构，如大学、企业等，使受众定期、及时地与新媒体接触、了解或学习数字素养相关知识，以更好地更新自身数字素养储备，提升个人素质，促进全面发展。

小结

芬兰作为全球数字素养水平较高的国家，始终将数字素养或媒介素养教育贯彻至"一生教育"之中，且不仅仅局限于学校这一地点或机构，而是发展成全社会的公共事务。对中国而言，如何改变教学思路，将数字素养提高至全民必要学习内容的高度，使公民能够自觉、积极地参与数字素养教育活动与项目，是需要在芬兰的实践经验中参考借鉴的。

爱尔兰媒介素养课程建设研究

媒介素养可以帮助人们在技术丰富的环境中发展亟须的创造力和解决问题的能力，但与其他发达国家相比，爱尔兰在这方面的得分低于平均水平。近年来，随着联合国和欧盟对媒介素养、数字素养教育的深入关注，爱尔兰作为欧洲国家的一员，在媒介素养教育上一直紧跟国际趋势，成立了媒介素养协会等专业机构，开展教师初级周期项目、社会、个人和健康教育（SPHE）等媒介素养课程，多主体参与并涵盖尽可能多的主体范围，爱尔兰也进一步加大了对媒介素养教育的投入力度，以缩小与世界领先国家的差距。

一、爱尔兰媒介素养发展回顾

爱尔兰的媒体教育思潮起源于 20 世纪 60 年代的一种独特的天主教教育，这种教育在第二次梵蒂冈改革的背景下寻求积极地融入现代现实生活。正如麦克卢汉（1983）指出，媒体和艺术在这一点上一直被忽视。实际上，1961 年出现的电视技术给当代英美媒体文化带来了普遍恐惧。在早期的措施中，爱尔兰媒介教育得到了于 1968 年成立的天主教通讯中心的支持。除了公开出版书籍介绍大众传媒，设备齐全的工作室还为学生和教师提供专业的媒体制作技术培训。

媒介教育最早是在 20 世纪 70 年代末进入的学校。当时，教育系统无法满足过多的青年人口的需要。严重的压力急需改革。在经济危机背景下，爱尔兰面临着公共开支削减和许多毕业生就业前景不佳的问题。与此同时，爱尔兰的文化迅速发生变化，社会开始开放，充满活力的青年文化迅速超过了学校教授的变化。在没有任何明确政策的情况下，教师只能以孤立的力量开展媒体研究。1978 年，为早期毕业的学生设计的职业规划和培训方案将媒体列入其传播教学大纲。1984 年，该课程的修正版本旨在培养对当代社会交往的性质和功能的认识，并使学生获得更强的社会生活能力。这为许多教师将当代文化引入课程提供了动力。在此之后，政府制定了一系列职业方案。然而，这些项目往往是孤立开展的。几乎所有项目都纳入了应用通信研究的一些要素，但技能培训才是这些项目的重点。媒体素养教育虽然存在，但在国家层面上仍不完善。

1992年出版的《改变世界的绿皮书教育》着重分析了问题对策和批判性思维的重要性。它对爱尔兰现有的教育体系结构进行了广泛而有益的论述和辩论，从而给1993年的全国教育大会、1995年的政府白皮书《描绘我们的教育未来》、1998年的教育法案带来了初中和高中循环课程的改革，旨在促进爱尔兰更充分地迎合"快速变化的社会的有效参与"[①]。

1998年颁布的《学校信息技术，新世纪的政策框架》和2001年颁布的《一个爱尔兰教育的未来蓝图》强调了爱尔兰政府在信息时代改变教育的战略。教育和科学部需要重新评价学校信息和通信系统。这些政策成功创建了以技能为基础的媒体教育先决条件。

2008年颁布的《广播法案》为促进爱尔兰的媒介素养提供了一项类似的公众倡议。案例研究实例表明，爱尔兰在发展一种积极和渐进的方法方面处于有利地位[②]。该法案为爱尔兰公众的媒介素养政策打下基础——规定成立独家监管机构，即爱尔兰广播管理局。该机构将承担当时由爱尔兰广播委员会（BCI）和广播投诉委员会（BCC）负责的监督公共广播的职能。

2016年，爱尔兰检察院制定了《媒体素养政策》，并成立了媒介素养协会。该政策详细介绍了一套媒体素养能力，即被审计院认定为在当前和新兴的技术、媒体和社会环境中必不可少的媒体素养技能范围。这些能力是与有相关利益的各方共同开发的，包括视听内容提供者、公共当局、学术界、民间社会组织和参与在线活动的用户。

不断完善的法规和倡议、逐渐成熟的机构与协会、越发多元的参与主体……爱尔兰的媒介素养教育发展整体呈现出积极态势。

[①] Lucia Chisholm, "Critical Media Literacy Education in Ireland." *Critical Social Thinking*: Policy and Practice, 2013, 5: 210-228.

[②] Brian O'Neill, Cliona Barnes, "Media Literacy and the Public Sphere: A Contextual Study for Public Media Literacy Promotion in Ireland." *Dublin*: Dublin Institute of Technology, 2008: 16-18.

二、爱尔兰媒介素养教育实践案例

(一) 教师初级周期项目

教师初级周期（Junior Cycle for Teachers，JCT）是爱尔兰教育部的教师专业学习支持服务。在艺术学习模块，JCT 和媒体合作伙伴（包括媒体素养教育工作者）合作，共同设计学习计划，以提升教师的媒介素养。主要成果为两届教育研讨会①。

第一届研讨会向各个学科领域的教师开放，重点培养作为媒介素养重要板块的编辑能力，并讨论通过数字媒体讲故事、创造意义的多种方式。第二个研讨会是专门针对已经教授或有兴趣教授数字媒介素养短期课程的教育工作者。该研讨会着力于事实核查，重点分析数字媒体的图像和文本。

教师可以免费获得许多教学资源，但在大多数情况下，他们缺乏适当使用这些资源的必要知识和技能，这也是此类研讨会的意义所在。教师、教育工作者、图书馆员、学者和决策者对媒介素养教育的关注度愈发强烈，这表明爱尔兰媒介素养教育发展的正当其时。经验表明，许多教师都对提高与媒体素养相关的许多方面的知识有浓厚的兴趣。尽管研讨会是在线形式，但其组织方式是为了让学生能够进行团队协作并进行实践活动，让教师讨论、协作、创建和交付他们在团队中制作的内容。

(二) 儿童网络安全 (Cyber Safe Kids) 媒介素养课程

Cyber Safe Kids 与爱尔兰国家青少年委员会（NYCI）儿童保护计划合作，为青年工作领域的个人提供 4 节免费课程，以培养日常工作中的数字媒介素养技能。该课程每周一小时，为期四周。参与者不需要有数字媒介素养或在线安全方面的专业知识，仅需要基本的数字技能即可。

课程主要分为"了解数字媒介素养""数字足迹""网络欺凌""培养道德和负责的数字公民"。学习者能够更深入地了解数字媒介素养以及如何更好地遨游网络世界，并与工作同事就该主题进行讨论和信息共享，从而逐步提升学习能力。课程结束之后，参与者会被要求将所学技能与原机构同事进行分享，并提供相关工作指导，以进一步扩大媒介素养教育的涉及范围。

---

① Ricardo Castellini da Silva. "Media Literacy and Teacher Training in the Irish Context." https://media-and-learning.eu/type/featured-articles/media-literacy-and-teacher-training-in-the-irish-context/，访问日期：2022 年 3 月。

(三) 社会个人和健康教育 (SPHE) 课程计划

社会个人和健康教育 (Social, Personal and Health Education, SPHE) 项目针对5岁—12岁的儿童开展为期两年的课程。在"我自己和更广阔的世界"模块中，媒介素养教育位于其中，随着学习者年龄的增长，课程数量也在增加。

就像整个欧洲的情况一样，媒体素养教育在爱尔兰既没有被视为一个单独的必修科目，也不是一个必修科目的组成部分。SPHE计划的每一环节在每个学校和教室的安排由各个学校自行决定。将媒体素养的多个方面纳入小学课程，特别是在早期阶段，包括广告素养的媒体素养教育有可能让儿童了解媒体信息和营销吸引力。

目前，儿童通过接受SPHE小学教育完成了强制性的安全计划，但本计划的实质重点是使用互联网和社交媒体时的安全做法，例如网络安全、欺凌和虐待儿童，而非媒介素养。这是目前小学生接触到的媒体素养教育的最低限度。这些内容是数字媒体素养的一种独特形式，也是必不可少的。可见，爱尔兰媒介素养教学的范围还有待扩大。

(四) 沃特福德理工学院 (WIT)

沃特福德理工学院 (Waterford Institute of Technology) 开设的数字素养模块旨在让学生深入了解一些关键的数字技术 (包括电子学习)，以及它们在成人扫盲计划教学中的应用。特别是该模块旨在培养将数字技术和信息通信技术 (Information and Communication Technology, ICT) 有效整合到课程开发所需的技能中，并允许学生体验作为学习过程一部分对课程至关重要的数字技术。

该模块的主要教学方法为"混合学习""线上学习""在线协作和联网""自我管理学习""讨论""示范""实践"七大类。

(五) 中学生短期媒介素养课程

由爱尔兰全国课程与评估委员会 (National Council of Curriculum and Assessment, NCCA) 举办的中学生短期媒介素养课程为学生提供了探索和发现网上可获取的信息和知识的机会，使他们能够追求自己的兴趣、在网络中表达自己，并解决与生活有关的问题。在学习数字媒体的过程中，学生学习使用数字技术、通信工具和互联网进行自我导向的查询。随着学生发展他们的数字素养技能，他们的能力得到了提高，并能知道他们在寻找什么，忽略或丢弃什么信息，以及如何识别什么是有用的或重要的。他们学会了如何区分网络上的多种信息来源，并挑战他们在那里发现的观点。他们学习如何创造、协作和有效沟通，并了解如何以及何时使用数字技术来支持这些过程。

该课程通过四个相互关联的环节："我的数字世界""在网上关注自己的兴趣""事实核实""发表自己的观点"，让学生更深刻地认识到如何在数字环境中茁壮成长，并拓展和完善创造性地、批判性地和安全地使用数字技术、通信工具和互联网的能力，以支持学生的发展、学习和有效参与社会和社区生活的能力。

（六）愿景（FIS）计划

"愿景"计划是爱尔兰共和国教育和科学部的一项倡议，已成功在纵向和横向扩展应用，从少数学校参与，发展为全国性项目。起初，它只是一个试点项目，旨在引入电影媒介，作为对修订小学课程的支持。2000 年 3 月到 2003 年 3 月，该项目试行 3 年，后由 Dun Laoghaire 艺术设计与技术学院、国家电影学院管理和交付。

这项计划包括为教师开发一个全面的资源包（现在可以在网站的教学资源部分在线获得）。FIS 试点项目得到了爱尔兰联合银行集团通过其"更好的爱尔兰方案"和邓莱里文艺理工学院（IADT）的支持。该媒体项目是一个能够在不同环境中成功执行的明确例子。这些成功案例表明，校长和学校对活动的支持，以及个别教师同意承担责任（参加培训和提供学费），是成功实施一致的媒体教育的必要先决条件。

（七）小学课程设计

媒介素养在爱尔兰的新小学课程中有良好的基础。新课程于 2000 年 9 月推出，并于 2003—2004 学年完成第一阶段的检验。这一阶段评估了教师和学生对英语、视觉艺术和数学课程的实践。第二审查阶段正在进行，将涉及爱尔兰语言、科学、社会、个人和健康条例。SPHE 专门提供媒介素养教育，包括三个部分："我自己""我自己和他人"和"我自己和更广阔的世界"。其中，"我自己和更广阔的世界"包括"发展公民意识"和"媒体教育"两个主题，涵盖"媒介保护"和"媒介使用权力"两个层次。例如，教师指导方针规定，鼓励孩子们"检查媒体"，以批判的方式探索如何能够影响学生的行为和意见，同时给予检索信息的方式与机会。

目前，课程材料已经完善，全国课程与评估委员会（NCCA）的网站已收录详细信息。在课程框架内,相关机构已制定教师指导方针,提供在职培训,并实施小学课程支援计划提供支援。虽然评估指南是为教师提供的,但其既非强制性,也非国家层面。小学课程的第一审查阶段的建议是:媒介素养课程的重点是在课堂上提供信息和通信技术。作为审查过程的一部分,相关机构也为父母制作了 DVD《为什么和如何在小学指导媒介素养》。审查的第二阶段正在进行。这一阶段将提供关于 SPHE 的响应和经验的信息,其中包括专门的媒介素养教育主题。媒体技术作为一种工具的使用,也广泛贯穿于视觉艺术课程和社会环境与科学教育(SESE)中。

三、爱尔兰媒介素养教育的特点与不足

(一)多主体参与但合作欠佳

如上文所述,近年来政府部门、官方机构、民间机构、学校、社区等不同主体纷纷加入媒介素养教育的研究队伍,并进行了广泛的实践。例如,检察院制订年度媒介素养工作计划,为发展全国媒介扫盲网络提供支持;政府通过广播资助计划的核心活动,包括处理投诉程序、开展研究、部门发展活动和制作节目补助金,持续支持市民的媒介素养提升。

除学校课程外,社区部门也开展了较多创新的媒体素养教育。例如,某社区广播部门现有 21 座执照电台,三家社区电视台和社区视频团体,其中包括第五省电视台、巴利门媒体合作社和塔拉赫特社区广播合作社。此外,还有许多社区摄影团体、报纸和杂志,其中一些组织通过欧盟的项目获得了资助。爱尔兰社区广播论坛(CROL)已经成为一个正式的法律实体,代表所有 21 个有执照的电台和十多个其他电台。它是一个认证的爱尔兰高级教育培训证书颁发委员会(FETAC)培训中心,并能够设计自己的课程。由于社区教育本身的性质而产生的活力和创新性受到资金、资源以及官方认可等因素的阻碍,进一步的发展需要投资并获得支持,以建立交流网络。这些问题的主要原因在于社区领域的许多人缺乏媒体专业知识,所开展的许多工作是由等同于"教师爱好者"的社区指导和推动的,也就是说,个人和团体愿意在资源经常不足的环境中提供他们的时间和专业知识。

爱尔兰媒介素养协会发现,媒体教育并不是在所有学校都能得到支持,且束缚于其低下的社会地位,被认为是一门"自我"的学科。虽然媒介素养课程为教师自由发展创新实践方面提供了一些可能,但它破坏了媒体研究

作为一门学科的整体连贯性。此外,学校、社区和行业之间的合作率很低。以社区为基础的素养教育一般得不到认可,也缺乏针对爱尔兰背景的研究和资金[①]。虽然媒介素养教育的重要性与日俱增,但在课程已经很拥挤的情况下,期望教师提供灵活、可选择的媒体素养课程,在课表时间安排上是不现实的。要发生变化,则需修改教育政策,以确保媒介素养教育得到满足。

迫于完成期末考试教学大纲的压力,教师们几乎没有时间或意愿承担额外的任务。波特(2004)指出,媒介素养教学涉及大量工作,其中包括额外的教师培训。这仅是培养方案提出者设计的一个乌托邦[②]。教育行动研究被用作一种方法,强调了时间限制、资金限制、个人努力、合作共识和培训等关系,这些都需要一个真实清晰的批判性媒介素养教育项目。

(二)涵盖层次广泛但仍有局限

爱尔兰的媒介素养教育涵盖了小学、初中甚至大学课程,并为当地公民提供了免费的线上课程。此外,在针对中老年的媒介技能培训方面,年龄行动(Age Action)致力于增强老年人在网络发声、利用媒体便利生活上的能力。各主体致力于用多样的技术形式扩大媒介素养教育的受众面和有效性。例如,学校引入应用软件 Media Wise,从而减少教师培训环节和成本,而游戏化策略能够增加儿童对媒体素养教育内容的认知和情感参与,有机会进一步吸引儿童。

但是在爱尔兰教育中,目前关于媒介素养的课程规定是碎片化的,主要通过嵌入"非媒体"科目的形式体现。一些受访者表示,这是一个令人不满意的情况,他们中的许多人认为,媒体素养仍然是英语、ICT 或 SPHE 课程的一个子集,因此不会有任何进展。

2007 年 Radharc Trust 的报告回顾了爱尔兰媒介素养教育的提供情况,发现尽管在整个系统中存在着巨大的差距和不平衡的提供和发展,但媒体素养教育的课程基础已经完善[③]。媒体教育被认为是"软学科",在拥挤的课程中努力保持足够高的知名度,以适应其国际重要性。该报告建议,需修订

[①] O'Neill, B. "Media Literacy in Ireland: From Protectionism to Participation." https://arrow.tudublin.ie/cgi/viewcontent.cgi? article=1001&context=aaschmedoth, 访问日期:2011 年 1 月 8 日。

[②] Lucia Chisholm, "Critical Media Literacy Education in Ireland." *Critical Social Thinking: Policy and Practice*, 2013, 5: 210-228.

[③] Brian O'Neill, Cliona Barnes, "Media Literacy and the Public Sphere: A Contextual Study for Public Media Literacy Promotion in Ireland." *Dublin: Dublin Institute of Technology*, 2008: 16-18.

媒介素养教育的基本原理，在利益相关的各方之间建立一种新型伙伴关系，并将明确的责任分配给该学科的所有者。

在年龄层次方面，爱尔兰的媒介素养普及任重道远。据欧盟统计，截至2018年，约有25%的65岁—74岁人群从未使用过互联网。在爱尔兰，数字鸿沟等媒介素养问题依旧形势严峻，不仅反映在个别学校的设备上，还反映在使用质量和识字水平上。例如，FIS电影的项目和方法的多样性要求对每个单独的项目采取"非结构化"的方法。一套更明确的学习目标（即使对这样的项目来说是可能的）将严重削弱以创造性的方法来进行数字电影制作的优势。

（三）与头部国家仍有差距

媒介素养通常被认为是在信息、媒体和通信服务融合的快速变化环境中保持包容性的关键。媒介素养已经成为欧盟信息社会战略的一个重点。欧盟试图采取新的监管方法并利用数字通信技术的优势，以确保其快速发展。在国际上，媒体监管机构越来越多地将对媒介素养的承诺纳入其职权范围。爱尔兰是当前数字化程度最高的国家之一。在2021年欧盟委员会发布的《数字经济和社会指数报告》（Digital Economy and Society Index 2021）中，爱尔兰在欧盟国家中排名第五，仅次于芬兰、瑞典、丹麦和荷兰。与很多国家一样，爱尔兰的数字化转型仍在进行当中，需要做更多的努力来改善其数字环境，使其在全球范围内保持竞争力[1]。

媒介素养可以帮助人们在技术丰富的环境中发展亟须的创造力和解决问题的技能——与其他发达国家相比，爱尔兰在这方面的得分低于平均水平。在国际背景下，爱尔兰已经明显落后于其他国家，如北欧国家、英国、澳大利亚、新西兰和加拿大，这些国家多年来一直以媒介教育为教育系统的核心。爱尔兰学校的媒体教育在很大程度上是非正式的，往往依赖于个别教师和对该学科的爱好者。

小结

在爱尔兰教育中，目前关于媒介素养教育的课程规定是碎片化的，主要通过嵌入"非媒体"科目的形式体现。虽然爱尔兰政府已注意媒介素养教

---

[1] 赵文珺、董丽丽：《爱尔兰提升全民数字技能最新举措述评》，《世界教育信息》2022年第35期。

育的重要性，但地区间、年龄间，甚至学校之间的差异仍未消除。在追赶欧盟的纲领、缩小与其他发达国家差距的同时，爱尔兰政府应当意识到，全面融合和跨课程的方式才是媒介素养教育的未来发展方向。

媒介素养是一门跨课程的课程，而且应该是跨课程的，因为任何学科领域都会通过它建立媒介素养。媒介素养教育并非必须通过专门、特定的课程去实施，应融入其他课程，以耳濡目染的方式将媒介使用和理解的方法传授给学生。这种方法需要年轻人与媒体的高度互动，并将媒体分析和媒体选择视为日常生活的一部分。这种理解也反映在发展中的 NCCA 框架中，包括 ICT 和媒体研究，这些框架与发展公民意识的概念紧密相连。

这一点在小学课程中也很明显，特别是在 SPHE 中，将媒体教育和公民教育结合在一起。公民也表示，希望将媒体教育视为一个单独的学科，但也承认在可预见的未来可能会存在几乎无法克服的困难。目前，在修订后的毕业证书课程中引入短期课程和过渡单元的建议受到广泛欢迎。短期课程通过纳入国家考试结构和通过资格框架合法化后，也将媒介素养教育提到了一个更高的位置。此外，媒介素养教育应当是"自上而下"的，而非"自下而上"。学校校长应当推行传媒教育政策，教师需要成为政策的实施和促进者，管理委员会应当筹备所需的设备。

北美洲篇

加拿大数字素养教育理念、框架与课程建设研究

随着数字技术的不断发展,我们已经生活在了一个数字时代。同时,数字素养已经逐渐被认为是 21 世纪公民必备的一种基础性能力。数字素养指的是"个人在数字社会中生活、学习和工作所必需的能力"①。越来越多的国家都在提升对民众数字素养的重视程度,这些国家通过一系列的政策、课程等措施来提升民众数字素养。在这些国家中,加拿大的数字素养实践已经形成了较为完备的框架,并且通过多年的实践取得了一定效果。

加拿大在众多发展数字素养教育的国家中能够率先取得成效,与其重视媒介素养教育也有着很大的关系。在 20 世纪 60 年代,加拿大中学开展了屏幕教育,帮助学生正确地理解影视信息,这常被人们认为是加拿大媒介素养教育的初始阶段②。一方面,加拿大的媒介素养运动及其对于教育的贡献对当代数字素养教育有着重要的引领性;另一方面,数字素养和媒介素养两者在很多方面又能进行互补。例如,加拿大的媒介素养教育有着清晰的分级制度,在不同的省份也有着不同的政策,这为其开展数字素养教育并将其纳入正规教育体系奠定了基础。

一、加拿大数字素养教育理念

国外对"数字素养"这一概念的表述存在一些差异。欧盟更加倾向于使用"Digital Competence",而美国和加拿大则主要使用"Digital Literacy"。③

---

① Jisc, "Developing digital literacies." https://www.jisc.ac.uk/guides/developing-digital-literacies, 访问日期:2019 年 7 月 1 日。
② 赵冬娜:《加拿大安大略省中学媒介素养教育课程分析》,《世界教育信息》2013 年第 26 期。
③ 张静、回雁雁:《国外高校数字素养教育实践及其启示》,《图书情报工作》2016 年第 60 期。

数字素养（Digital Literacy）最早由以色列学者 Y. Eshet-Alkalai 于 1994 年提出①。1997 年，P. Gilster 将数字素养定义为：理解及使用通过电脑显示的各种数字资源及信息，能够理解并读懂这些信息的真正含义的能力②。在加拿大，一些学者对数字素养所包含的技能有着更为具体的阐释，加拿大媒介素养协会（Association for Media Literacy）认为，数字素养主要是指通过数字创建和分布的媒体（如互联网、智能手机、社交媒体和电子游戏）的关键使用与消费，数字素养或者被称为数字媒介的批判性思维其实是属于媒介素养技能范畴内的③。加拿大的媒体智慧（MediaSmarts）机构对数字素养的划分更为清晰，它认为数字素养能力分为使用、理解和创建这三种能力。使用能力指的是与计算机和互联网互动所需的技术流畅性；理解能力指的是帮助我们理解上下文和批判性地评估数字媒体的一套技能；创建能力指的是通过各种数字媒体工具制作内容和有效沟通的能力④。当然，数字素养的概念也并非一成不变，正如道格拉斯·贝尔肖所说，"数字素养是短暂的：它们会随着时间的推移而变化，可能涉及使用不同的工具或养成不同的思维习惯，并且几乎总是取决于个人所处的环境。"⑤ 媒介和数字技术的发展注定了数字素养的技能和思维也需要不断转变，以此来适应它的发展。

对数字素养教育来说，它更是一条需要不断更新迭代的发展之路。在加拿大的数字素养教育理念中，教师不再是传统课堂模式中的专家，他们也被视为学习者，这种愿意与学生共同学习的老师可以在如今网络化的课堂上令人感到舒适。在这种模式下，年轻人被认为是社会变革的决策者、合作伙伴的推动者、成年人与青年一起扮演值得信赖的向导和终身学习者的角色⑥。

---

①肖俊洪：《数字素养》，《中国远程教育》2006 年第 5 期。
②GILSTER, "A primer on digital literacy, adapted from the book-DIGITAL LITERACY." https://www.ibiblio.org/cisco/noc/primer.html，访问日期：2016 年 1 月 30 日。
③媒介素养协会：《关于什么是媒介素养协会》，https://aml.ca/about/，访问日期：2022 年 4 月 20 日。
④媒体智慧：《数字素养基础知识，什么是数字素养?》，https://mediasmarts.ca/digital-media-literacy/general-information/digital-media-literacy-fundamentals/digital-literacy-fundamentals.访问日期：2022 年 4 月 15 日。
⑤Belshaw D A J.：《什么是数字素养：一个实用的调查》，Durham University，2012 年。
⑥注入青年：《"变化的连续性"》，https://www.youthinfusion.com/，访问日期：2022 年 4 月 18 日。

在加拿大，数字素养教育这一概念是随着数字时代教与学的话语发生转变的。在数字素养教育的早期，加拿大的省和地区文件的语言中大多数使用的是 ICT（信息和通信技术）素养这一术语，这一充满技术性的术语在之后的发展中也转变为"更具包容性的数字素养"这一概念①。这一概念的转变，也正体现出了数字素养教育的进程并非只是简单的技术性变革，而技术背后所产生的生活、工作、学习等各个方面的重构，更应该被我们重视。也正是因为加拿大的数字素养这一概念从 ICT 素养发生转变，所以在对于各省份政策框架的分析中，这一陈述是可以互换使用的。

由于加拿大的各个省份都有独自建立的政策，所以加拿大的数字素养教育框架在各个省份之间也存在着不同。不列颠哥伦比亚省的教育和儿童保育部将数字素养定义为"个人适当通过数字技术和通信工具访问、管理、集成、分析和评估信息、构建新知识、创新和与他人沟通的兴趣、态度和能力"②。它基于国际教育技术学会（ISTE）的国家学生教育技术标准（NETS·S），制定了数字素养框架，在此框架中包含了学习者在 21 世纪取得成功所需的六个知识和技能类型特征。

表1 加拿大数字素养教育框架

特征	内容
研究和收集信息	学生使用数字工具来收集、评估和使用信息。
批判性思维、问题解决和决策	学生使用批判性思维技能来规划和开展研究、管理项目、解决问题，并使用适当的数字工具和资源做出明智的决定。
创造力和创新能力	学生展示创造性思维，构建知识，并使用技术开发创新产品和流程。
数字公民	学生了解与技术相关的人类、文化和社会问题，并实践法律和道德行为。
沟通与协作	学生使用数字媒体和环境进行沟通和协作，包括远程沟通和工作，以支持个人学习并为他人的学习作出贡献。
技术运营和概念	学生对技术概念、系统和操作有良好的理解。

---

①媒体智慧：《加拿大教育领域中的数字素养政策和实践地图》，https：//www2.gov.bc.ca/gov/content/education-training/k-12/teach/resources-for-teachers/digital-literacy，访问日期：2022年4月11日。
②不列颠哥伦比亚省政府：《数字素养》，https：//www2.gov.bc.ca/gov/content/education-training/k-12/teach/resources-for-teachers/digital-literacy，访问日期：2022年4月11日。

此框架清晰地介绍了数字素养教育对学生在各个发展阶段应该理解和能够做什么。其目的是帮助教育工作者将技术和数字素养相关活动纳入课堂实践,并为开发数字素养能力的评估工具提供一些基础。同时,它根据不同的年级和年龄,将框架分成四个部分,并且列出了可能参与学习的例子。以下为框架内容。

表2 加拿大不同年级学生数字素养学习内容

划分范围	期间可能参与的学习活动的例子
K-2年级 (5岁—8岁)	1. 使用数字工具和丰富的媒体资源来说明和交流原创想法和故事。(C、T、CC、CI) 2. 使用数字资源识别、研究和收集有关环境问题的数据,并提出适合开发的解决方案。(C、T、RI、CPD) 3. 通过电子邮件和其他电子方式与来自多种文化的学习者一起参与学习活动。(C、CC、TOC) 4. 在协作工作组中,使用各种技术在课程领域制作数字演示文稿或产品。(C、T、CC、RI、CI、TOC) 5. 使用数字资源查找和评估与当前、历史人物或事件相关的信息。(C、T、RI、CPD) 6. 使用模拟和图形组织者来探索和描绘生长模式,如动植物的生命周期。(C、T、RI、CI) 7. 展示安全合作的使用技术。(PS、DC) 8. 独立应用数字工具和资源来解决各种任务和问题。(T、CPD、TOC) 9. 使用发展上合适和准确的术语来沟通技术。(C、CC、TOC) 10. 展示在电子书、模拟软件和网站等虚拟环境中导航的能力。(TOC)
3—5年级 (8岁—11岁)	1. 根据第一人称采访相关人员,并制作一个关于当地重大事件的数字故事。(C、T、RI、CI) 2. 使用数字成像技术修改或创建用于数字演示的艺术品。(C、T、CC、CI、TOC) 3. 在教师的指导下研究环境问题,识别数字资源中的偏见。(C、T、RI、CPD) 4. 选择并应用数字工具来收集、组织和分析数据,以评估理论或测试假设。(T、RI、CPD、TOC) 5. 识别和调查全球问题,并使用数字工具和资源生成可能的解决方案。(C、T、RI、CPD) 6. 使用数字仪器和测量设备进行科学实验。(T、CPD、TOC) 7. 在教师的支持下,使用数字规划工具构思、指导和管理个人或团体学习项目。(T、CPD、TOC) 8. 在使用技术时,通过应用各种人体工程学策略来预防伤害。(PS、DC、TOC) 9. 辩论现有和新兴技术对个人、社会和全球社会的影响。(T、PS、RI、CPD、DC、TOC) 10. 应用先前的数字技术操作知识来分析和解决当前的硬件和软件问题。(T、CPD、TOC)

续表

划分范围	期间可能参与的学习活动的例子
6—9年级 （11岁—15岁）	1. 使用模型、模拟或概念映射软件描述和说明与内容相关的概念或过程。（C、T、RI、CPD） 2. 创建记录学校、社区或当地事件的原始动画或视频。（C、T、RI、CPD、TOC） 3. 收集数据，检查模式，并使用数字工具和资源将信息应用于决策。（T、RI、CPD） 4. 参与在线学习社区的合作学习项目。（C、CC） 5. 评估数字资源，以确定作者和出版商的可信度以及内容的及时性和准确性。（C、T、RI、CPD） 6. 使用探针、手持设备和地理映射系统等技术来收集、查看、分析和报告内容相关问题的结果。（C、T、RI、CPD、TOC） 7. 选择并使用适当的工具和数字资源来完成各种任务并解决问题。（C、T、RI、TOC） 8. 使用协作电子创作工具，与其他学习者一起从多元文化的角度探索共同的课程内容。（C、T、PS、CC、DC） 9. 集成各种文件类型，以创建和说明文档或演示文稿。（T、CPD、CI、TOC） 10. 独立制定和应用识别和解决常规硬件和软件问题的策略。（T、CPD、TOC）
10—12年级 （15岁—18岁）	1. 设计、开发和测试数字学习游戏，以展示与课程内容相关的知识和技能。（T、RI、CPD、CI） 2. 创建并发布一个在线艺术画廊，其中包含示例和评论，以展示对不同历史时期、文化和国家的理解。（C、T、CC、RI、CPD、CI） 3. 选择用于现实世界任务的数字工具或资源，并根据它们的效率和有效性证明选择是合理的。（C、T、RI、CPD、TOC） 4. 使用特定于课程的模拟来练习批判性思维过程。（T、CPD） 5. 确定一个复杂的全球问题；制订系统的调查计划，并提出创新的可持续解决方案。（C、T、CC、RI、CPD） 6. 分析当前和新兴技术资源的能力和局限性，并评估其解决个人和社会问题的潜力。（T、PS、RI、CPD、DC、TOC） 7. 设计一个满足辅助功能要求的网站。（T、PS、RI、CPD、CI、DC） 8. 通过正确选择、获取和引用资源，在使用信息和技术时模拟法律和道德行为。（C、T、PS、RI、CPD、DC） 9. 为其他学生创建媒体丰富的演示文稿，介绍数字工具和资源的适当和道德使用。（T、PS、CC、RI、CPD、CI、DC） 10. 配置硬件、软件和网络系统并对其进行故障排除，以优化其学习和生产力。（T、CPD、TOC）

表3 加拿大不列颠哥伦比亚省媒介素养跨课程能力

不列颠哥伦比亚省的3项跨课程能力	匹配数字素养特征	解释
通信（C）	沟通与合作（CC） 研究和信息流利度（RI）	每个项目后面括号中的字母标识了与所述活动最密切相关的跨课程特征（C、T、PS）和数字素养特征（CC、RI、CPD、CI、DC、TOC）。每项活动可能涉及一项能力或多项特征。
思考（T）	研究和信息流利度（RI） 批判性思维、解决问题和决策（CPD） 创意与创新（CI）	
个人和社交（PS）	数字公民（DC）	
	技术运营和概念（TOC）	

除了不列颠哥伦比亚省的数字素养框架，加拿大的媒体智慧（MediaSmarts）机构的框架也是非常清晰和详细的，并且它所定制的数字素养框架在加拿大被广泛认同。该机构所建立的加拿大学校数字素养框架借鉴了数字素养的七个关键方面（详见表4），将加拿大各个省份和地区的课程进行了资源链接，对学校的数字素养教学有很大的借鉴意义。

表4 加拿大学校数字素养的七要素

技能	内容
道德和同理心	旨在解决学生在处理网络欺凌、分享他人内容以及访问音乐和视频等问题时的社交情感技能和对他人的同理心，以及他们在数字环境中做出道德决策的能力。
隐私和安全	包括管理学生在线隐私、声誉和安全的基本技能，例如，在共享自己的内容、了解数据收集技术、保护自己免受恶意软件和其他软件威胁以及了解他们在数字路径中所做出的正确决定。
社会参与	此类别中的资源向学生传授他们作为公民和消费者的权利，并使他们能够影响在线空间中的积极社会规范，并作为积极参与的公民传播出自己的声音。
数字健康	包括管理屏幕时间和平衡学生的在线和离线生活；管理在线身份问题；处理与数字媒体、身份形象和性有关的问题；了解健康和不健康的在线关系之间的区别。
消费者意识	使学生能够驾驭高度商业化的在线环境，包括识别和解释广告、品牌和消费主义；阅读和理解网站服务条款和隐私政策的含义；成为合格的在线消费者。
查找和验证	学生需要有效地在Internet上搜索个人和学校所需信息的技能，然后评估和验证他们找到的来源和信息。
制作和混合	使学生能够在尊重法律和道德的前提下，创建数字内容并将内容用于自己的目的，并使用数字平台与他人进行合作。

加拿大阿尔伯塔省把数字素养定义为"一种使用、理解和创建数字文本的能力"。它包括诸如知道如何在网上寻找可靠信息；知道如何驾驭数字环境；了解在线活动的潜在危害以及如何保护好自己；认识到优秀数字公民的特征[①]。阿尔伯塔省也将媒体智慧（MediaSmarts）所发布的数字素养框架作为本省数字素养教育的框架。

加拿大各省份在数字素养方面的教育都已经有了一定的发展，各个省份对数字素养的概念都有自己的定义，但整体上是相同的，对数字素养的框架大多数都借鉴媒体智慧（MediaSmarts）所发布的《使用、理解和创造：加拿大的数字素养框架》。

表5 不同省对数字素养概念的界定

省份	内容	来源
不列颠哥伦比亚省	数字素养是"个人适当地使用数字技术和通信工具来访问、管理、整合、分析和评估信息、构建新知识以及创造和他人交流的兴趣、态度和能力"。	数字素养框架（草案）
	信息和通信技术的研究在我们的社会中变得越来越重要。学生需要能够获取和分析信息、进行推理和交流、做出明智的决定以及了解和使用信息和通信技术并将其应用于各种目的。这些技能的发展对学生的教育、未来的职业生涯和日常生活都很重要。	英语语言艺术8-12、15
阿尔伯塔省	"数字和技术流利"需要"学生完全能够在各种数字环境和媒介中使用信息和通信技术作为工具，能够独立地学习或与他人一起学习、交流达成新的理解、为解决问题提供信息并支持决策制定。他们了解当前和新兴的信息通信技术，并能自信地选择适合的技术作为明确的目标。学生可以创造性并且有效地访问、理解和操作数字信息，来进行学习、交流、共享和创造。他们以一种负责任的方式、批判性地和安全地使用技术。"	学生学习框架
萨斯喀彻温省	"数字流畅度"被定义为"轻松、有策略地使用数字技术来学习、工作和娱乐的能力"（教学框架中的技术，1）。"技术素养"是一个术语，用于描述与数字素养相关的能力，包括"学生理解技术、他们自己和整个社会之间的联系所需的智力过程、能力和性格"。	了解CEL：教师手册

①阿尔伯塔省区域专业发展联盟：《综合素养指南K-6年级》，https：//arpdcresources. ca/wp-content/uploads/2017/03/Digital-Lit-2017. pdf，访问日期：2022年4月11日。

续表

省份	内容	来源
曼尼托巴省	曼尼托巴省的ICT素养连续模型强调了学生"以负责任和合乎道德的方式选择和使用ICT，以支持对信息和沟通的批判性和创造性思维"。	跨课程的ICT扫盲连续模型
	数字素养表现为ICT素养："作为全球社区的公民，在以负责任和合乎道德的方式使用ICT的同时，批判性和创造性地思考信息和通信。"21世纪的学生需要多种读写能力才能在学校和后来的工作中取得成功。这些新的素养要求学生"识别适当的探究性问题，浏览多个信息网络以查找相关信息，运用批判思维技能来评估信息源和内容，综合来自多个来源和网络的信息和想法，以及信息和知识的信用和参考来源内容，与他人交流新的理解，无论是面对面还是远距离的"。	
安大略省	数字素养涉及以安全、合法和道德负责的方式使用技术解决问题的能力。随着数字化和大数据在现代世界中的作用不断扩大，数字素养还意味着拥有强大的数据素养技能和参与新兴技术的能力。数字素养的学生认识到在相互关联的数字世界中生活、学习和工作带来的权力和责任以及机会。 "信息和通信技术提供了一个可以扩展和丰富教师教学策略并支持学生学习工具的范围。ICT工具包括多媒体资源、数据库、互联网网站、数码相机和文字处理程序。诸如此类的工具可以帮助学生收集、组织和整理他们收集的数据，并就他们的发现编写、编辑和呈现报告。信息和通信技术还可以用于将学生与国外其他学校联系起来，并将全球社区带入当地课堂。"	—
魁北克省	"使用信息和通信技术"是贯穿整个教育周期教授的九项跨学科技能之一。工具的创造和富有想象力的使用是人类思维的基本特征。从铅笔的发明到计算机的发明，这种创造工具的非凡能力是所有人类活动的特征。在这些人类独创性的产品中，信息和通信技术是魁北克教育计划中跨学科能力的重点。	—
	魁北克省在2019年提出数字能力框架，该参考框架旨在培养数字能力，定义为一系列与自信、批判和创造性地使用数字技术相关的技能，以实现与学习、工作、休闲、融入或参与社会相关的目标。它所呈现的维度及其各自的元素经过设计，以便个人在教育或专业环境甚至日常生活中使用数字技术时可以发展他的自主权。例如，这种自主性使他能够在必须完成特定任务时明智地选择要使用的数字工具。	

续表

省份	内容	来源
大西洋地区（纽芬兰岛爱德华王子岛、新斯科舍省和新不伦瑞克省）	大西洋省份已经制定了一些描述技能和素养的共同政策文件。技术素养被定义为"使用技术系统、管理技术活动和就技术问题做出明智决策的能力",包括以下能力:了解技术的作用和性质;了解技术系统是如何设计、使用和控制的;批判性地检查技术、理性应对技术带来的伦理困境。	加拿大大西洋技术教育课程基金会
西北地区和努纳武特	西北地区用信息和通信技术引导数字素养（LwICT）使用"ICT 素养"一词来描述"学习和选择 ICT 以批判性、创造性和合乎道德的使用和传达意义"。努纳武特也遵循信息和通信技术素养。	信息和通信技术素养输入指南
育空地区	育空教育部将 21 世纪的读写能力描述为"识别、理解和交流口头和书面语言的能力,并且越来越多地通过使用媒体技术实现"。	教育部 2011—2016 年战略规划:我们对新视野的承诺

二、加拿大各省的数字素养政策

（一）阿尔伯塔省

课程概况：阿尔伯塔省是加拿大西部和北部教育合作协议（WNCP）的一部分，因此其研究计划以 1996 年完成的 WNCP 英语语言艺术共同课程框架为基础。英语语言艺术课程集阅读、写作、听力、口语、观看和表示于一体。该计划鼓励研究和创建各种文本类型和形式，包括口头、印刷、视觉和多媒体格式。该计划强调背景的重要性，还纳入了信息/通信/技术成果。这对媒体教育来说，意味着创建媒体"文本"、研究"文本"与受众之间的关系，以及对广播、电视、电影、网站内容和多种形式广告的分析已被该省合法化，作为英语语言艺术计划的一个组成部分。

（二）大西洋省份

课程概况：每个大西洋省份都密切关注大西洋省份教育基金会在英语语言艺术、社会研究、技术教育和其他学科方面的框架。几个省份还开发了地方课程，可以在各个省份的页面上找到。

（三）不列颠哥伦比亚省

课程概况：不列颠哥伦比亚省是加拿大西部和北部教育合作协议（WNCP）

的成员，该议定书还包括曼尼托巴省、萨斯喀彻温省、阿尔伯塔省、育空地区、努纳武特和西北地区。

英语语言艺术和社会研究的课程框架包含强大的媒体教育部分。

不列颠哥伦比亚省的英语语言艺术课程和配套的综合资源包（IRP）于2006年完成。该课程的目的是"通过口语、听力、阅读、观看、写作和代表为学生提供个人和智力成长的机会，以赋予世界意义，并为他们有效参与社会的各个方面做好准备"。社会研究课程和随附的IRP于2006年完成，并计划于2008年全面实施。在不列颠哥伦比亚省，媒体教育也是跨课程的，并入K-12年级的所有IRP，特别是在视觉艺术、健康职业教育、戏剧和信息技术等科目中。

媒体教育跨课程规划指南：

1994年，不列颠哥伦比亚省媒体教育协会与教育和培训部签订合同，以制定一个框架，为K-12年级IRP的媒体教育内容的发展提供信息。

（四）曼尼托巴省

课程概览：曼尼托巴省是加拿大西部和北部教育合作协议（WNCP）的一部分，该协议是西部四个省和三个地区的课程开发联盟。曼尼托巴省是开发WNCP英语语言艺术共同课程框架的牵头省份。在曼尼托巴省，媒体研究整合到每个年级的5个一般学习成果和56个特定学习成果中。媒体教育领域很强大，特别是在查看和代表文本方面。最初的K-Senior 1（幼儿园至9年级）英语语言艺术课程于1996年到2000年间分发给曼尼托巴省的学校。最近，该部门完成了一系列实施基础文件，以配合新课程。这些文件为教师提供了教学、评估和学习资源的建议，以支持课程成果和标准的实施。除了每个年级的56个具体的学生学习成果外，没有任何额外规定；学习/教学方法和学习资源的选择留给各个学校。1998/1999年度，高级2（10年级）语言艺术课程授权在全系统使用。高级3（11年级）于1999/2000年实施，高级4（12年级）于2000/2001年实施。曼尼托巴省没有规定的独立媒体教育课程，但个别学校可以自由提交自己的媒体研究课程，在有关部门批准后开设。

（五）新不伦瑞克省

课程概览：在20世纪90年代，新不伦瑞克省继续在中小学一级制定和实施综合课程。媒体教育部分可以在几个学科领域找到，但它们在英语语言艺术和社会研究课程中最重要。新不伦瑞克遵循在大西洋省份教育基金会（APEF）赞助下开发的英语语言艺术框架，APEF是一个成立于1995年的课程联盟。加拿大大西洋省份英语语言艺术课程基金会于1996年成立。

媒体素养在APEF的英语语言艺术课程中占据突出位置。课程基于这样一种概念，即媒介素养意味着超越书面文字的能力，转向使用和理解视觉和技术沟通手段的能力。其目标是培养能够并且将会为他们使用媒体带来批判性分析的关键媒体消费者。在APEF英语语言艺术课程指南中，"媒体素养的作用"与戏剧、文学、批判性素养、视觉素养和信息素养的角色分开描述。

（六）纽芬兰和拉布拉多省

课程概览：纽芬兰和拉布拉多教育部遵循大西洋省份教育基金会（APEF）开发的英语语言艺术框架。从幼儿园到12年级，该省都实施了新的英语语言艺术课程。纽芬兰和拉布拉多省没有专门的中学媒体课程，只有个别学校提供了一些类似课程。媒体素养在APEF英语语言艺术课程中占据突出位置。

（七）西北地区

课程概览：西北地区是加拿大西部和北部教育合作协议（WNCP）的成员，该议定书成立于1995年，由四个西部省份和两个地区开发课程。努纳武特于2000年加入WNCP。

西北地区教育、文化和就业部遵守WNCP的英语语言艺术框架，该框架包含强大的媒体教育部分。目前，该部门正在幼儿园到9年级实施WNCP框架。对于10—12年级，该系遵循阿尔伯塔省英语语言艺术课程。

（八）新斯科舍省

课程概览：新斯科舍省教育和文化部是开发大西洋加拿大英语语言艺术课程的领导者，该课程在大西洋省份教育基金会（APEF）的主持下进行，并于1996年发布。媒体素养在APEF英语语言艺术课程中占据突出地位。在新斯科舍省，媒体素养还通过APEF社会研究课程和新的加拿大历史课程来发展。媒体素养在新斯科舍省小学和中学的整个课程中都得到了整合，特别是反映在六种基本毕业学习中——美学表达、公民身份、沟通、个人发展、解决问题和技术能力。虽然媒体教育在英语语言艺术和社会研究课程中最为突出，但该系还开发了12年级电影和视频制作课程，其中包括制作、理论和媒体分析。在六年级，省级评估包含了两项基于媒体的测试。适合媒体研究的其他主题领域包括非裔加拿大人研究、家庭研究、米克马克研究、健康、个人发展以及科学和技术。

（九）努纳武特省

课程概况：2016年，努纳武特推出了全面的K-12课程，其中包括当地开发的课程和改编自其他省份和地区的课程。努纳武特课程分为四部分：

1. 与沟通、语言、创意和艺术表达以及反思和批判性思维相关的技能；
2. 数学、创新和技术技能、分析和批判性思维以及寻求解决方案；
3. 涉及遗产和文化、历史、地理、环境科学、公民和经济；
4. 健康与安全有关的技能；身体、社会、情感和文化健康；目标设定；志愿服务；生存。

（十）安大略省

课程概览：1987年，安大略省是加拿大第一个强制进行媒体教育的省份。新课程规定，它占7—8年级英语课程的十分之一，占9—12年级英语课程的三分之一。1995年，媒体教育被引入安大略省的共同课程：1—8年级的政策和结果。2006年，安大略省为1—8年级推出了新的语言课程。新课程包括一个新的期望部分：媒体素养。媒体素养部分为媒体教育提供了与课程中包含的传统部分相同的重点：口头沟通、阅读和写作。2006年，安大略省课程希望教师"计划混合四方面期望的活动，以便为学生提供促进有意义学习的体验，并帮助学生认识到四个领域的识字技能如何相互加强和增强。"9年级和10年级的中学英语课程于1999年3月发布，并于1999年9月实施。11年级和12年级的英语课程分别于2001年9月和2002年实施。中学英语课程有四个部分：文学研究和阅读、写作、语言和媒体研究。媒体教育部分包括批判性思维部分，占学习预期的四分之一。媒体组件也集成在其他三部分中。11年级和12年级的英语课程还包括可选的媒体研究课程，该课程围绕媒体文本、媒体受众和媒体制作的研究而构建。加拿大文学、作家工艺和媒介素养的其他选修课程也包括与媒体相关的期望。

（十一）爱德华王子岛

课程概览：爱德华王子岛的媒体素养融入小学和中学课程中，特别是在英语语言艺术课程中。爱德华王子岛教育部遵循在大西洋省份教育基金会（APEF）主持下开发的英语语言艺术框架。

(十二) 魁北克省

课程概览：自 2000 年以来，魁北克教育在过去二十余年中进行了最广泛的改革。这项改革的核心是取消等级，这些等级已被周期所取代。根据魁北克省的新教育计划，前六年的学业分为三个周期，每个周期两年：第一周期包括一年级和二年级，第二周期包括三年级和四年级，第三周期包括五年级和六年级。在中学阶段，第一周期包括中学一、二、三年级（7 年级、8 年级和 9 年级），第二周期包括中学四年级和五年级（10 年级和 11 年级）。魁北克的教育改革强调以下方法：跨课程能力和学习、跨学科教学策略、以学生为中心的协作教学战略、基于项目的学习和终身学习。在这些方法中，可以找到与媒体相关的元素，特别是在中小学英语语言艺术的跨课程能力方面，例如：代表他/她在不同媒体中的素养；遵循制作过程，为特定目的和受众创建媒体文本；解构媒体文本以理解其含义和信息；探索制作人、文本和受众之间的关系。魁北克教育计划还包括广泛的学习领域，这些领域涉及年轻人在生活的不同领域必须单独和集体面对的当代重大问题。这五个广泛领域融入了各个学科领域，是根据它们对社会的重要性及其对学生教育的相关性来选择的。它们包括：健康和福祉、职业规划和创业、环境意识和消费者权利和责任、公民身份和社区生活以及媒体素养。

(十三) 萨斯喀彻温省

课程概览：萨斯喀彻温省是加拿大西部和北部教育合作协议（WNCP）的成员，该协议成立于 1993 年，由西部四个省以及育空和西北地区开发课程。1997 年完成的 WNCP 英语语言艺术共同课程框架包含强大的媒体教育部分。萨斯喀彻温省教育部为 6—9 年级英语语言艺术（1997 年 7 月）和 10—12 年级英语语言艺术（1999 年 4 月）制定了课程指南。每门课程都以语言哲学为中心，作为沟通、学习和思考的基础。这些指南以 WCP 的结果为框架，确定了每个年级的具体听力、口语、阅读、写作、代表和观看目标，并建议主题和基于问题的单位作为整合和相互关联六部分的手段。在这些指南中，所有六部分，包括代表和观看，都被视为学生交流和学习的重要方式。除了中学（10—12 年级）的五门必修英语语言艺术课程，学生还可以参加包括媒体相关模块的选修课程。学生可以选择参加媒体研究、新闻研究、传播研究和创意写作。10—12 年级的通信制作技术还包括广泛的媒体相关学习目标。小学（K-5 年级）英语语言艺术课程指南（2002 年 1 月）

已经修订，以反映 WNCP 框架，并补充新的初中和高中课程。

（十四）育空地区

课程概览：育空地区是加拿大西部和北部教育合作协议（WNCP）的成员。

育空地区遵循不列颠哥伦比亚省（BC）K-12 年级英语语言艺术课程，该课程基于 WNCP 框架。育空地区正在实施 BC 综合资源包（IRP）。在本课程中，与媒体相关的成果被纳入了理解和响应、交流思想和信息以及自我与社会这三个领域。与不列颠哥伦比亚省一样，育空地区还提供 K-8 年级个人规划和 9—12 年级职业和个人规划课程，其中包括许多整合媒体研究的机会。另一个相关的主题领域是社会研究，特别是在与偏见、代表性和陈规定型观念有关的结果方面。育空地区教育部正在提供在职培训，包括英语语言艺术课程的媒体教育部分。

三、加拿大数字素养教育组织和机构

（一）PAFEME

PAFEME 是一家位于魁北克省蒙特利尔的非营利组织。其使命是告知、培训、建议和支持父母及其子女应对学习环境和娱乐中存在的对媒体和其他调节技术的批判性和负责任消费/使用的挑战，防止儿童过度接触屏幕。PAFEME 的服务致力于为民间社会参与者、政府机构、协会、当地和国际社区提供服务。其目标是培训屏幕和数字技术在年轻人生活中的重要性、年轻人对数字和媒体内容的批判性判断以及培养关键的育儿技能以保持健康。

（二）Agence Science-Presse

Agence Science-Presse 是一家独立的非营利媒体机构，于 1978 年在蒙特利尔成立。该机构是加拿大唯一的科学新闻机构，也是整个法语世界唯一一家以主流媒体而非企业为目标的科学新闻机构。它向魁北克媒体提供科学新闻并主持事实核查部分：谣言探测器。

通过媒体和信息素养组件，该机构希望在网络和社交网络上传播的大量虚假、错误或误导性信息面前提示读者并提高他们的批判性思维。

自 2017 年以来，谣言探测器一直在与魁北克社区会面，解释假新闻现象并提供避免传播的提示和技巧。他们的培训工作坊面向中小学、图书馆和组织，以及普通大众和任何想要了解更多信息的人。

(三) MediaSmarts

MediaSmarts 是一家总部位于加拿大安大略省渥太华的非营利组织，专注于数字和媒体素养计划和资源。特别是该组织通过教育资源提升批判性思维，并分析各种类型的大众媒体内容。它进行的调查和研究探讨了青年媒体消费，如电视和互联网的使用，以及媒体问题。近年来，该组织的重点已更多地转移到数字素养上。其目标是帮助儿童、青年和值得信赖的成年人具备批判性思维，让他们作为活跃和知情的数字公民与媒体互动。

四、加拿大数字素养课程教学方法和框架

在加拿大的各省份和地区都有不同的数字素养教育方法和框架，根据 MediaSmarts 的划分，在其中有着四种主要的方法：注入、跨学科能力、整合、分散。

(一) 注入

曼尼托巴省和西北地区已经将数字素养的概念作为一项离散的技能，在探究数字素养学习课程的过程中，人们发现在不使用数字工具的情况下，学生不能有效地收集信息，生产、交流或进行反思。ICT 素养（LwICT）是一种以教学法为重点的整体方法，目的是将数字素养课程整合到课程中。该课程承认数字素养课程在传统课程上发生的根本性转变：使用数字素养工具进行交流与学习，但是传统媒介素养和数字素养的实践还是存在明显的联系。"媒介素养的意义与时俱进。读写能力不仅仅是阅读、写作、听力、口语、观看和表演。它还涉及利用信息和通信技术（ICT）培养媒介素养的能力，这意味着作为全球社区中的公民，同时要以负责任和合乎道德的方式使用 ICT，并批判性和创造性地思考信息和通信。"[1]

(二) 跨学科能力

在魁北克省、不列颠哥伦比亚省和萨斯喀彻温省提议的新课程中，数字素养教育属于跨课程能力。这种方法与"注入"类似，因为它将整个数字素养定位为思考和学习过程的基础，但是在实施过程中需要奉献精神和严谨性，来避免跨课程能力在大量的课程中落伍。

魁克北教育计划（Quebec Education Program，QEP）中包含了九种跨学

---

[1] Literacy with ICT Across the Curriculum: Definition and Purpose.

科能力：1. 使用信息；2. 解决问题；3. 批判性判断；4. 使用创造力；5. 采用有效的工作方法；6. 使用信息和通信技术；7. 发挥他/她的潜力；8. 与他人合作；9. 适当的沟通。

跨学科能力之一是"使用ICT"，但其他能力显然适用于数字读写能力，尤其是"使用信息"和"适当的沟通"。跨学科能力会影响学科领域的教学法，并且在传统意义上进行评估但不分级。QEP取消了年级水平的分级，用五个周期代替（小学三个、中学两个），所以有一定的差异化学习空间，尤其是跨学科能力。

（三）整合

新不伦克省和爱德华王子岛通过创建ICT课程将数字素养整合到他们的课程中，通用课程和特定课程的成果支撑ICT的教学，学生必须在年级结束时掌握这些成果。艾伯塔省和新斯科舍省走的是类似的路线。但是它们的结果必须在一个级别结束前完成，而不是逐年。在这种方法中，可以而且应该在任何时候使用ICT来促进学习，因为往往很难单独来教授ICT，让它与另一个学科领域结合使用时效果最好。作业通常既包含ICT成果，也包含来自其他学科领域的成果，并以单独的标准评估单独的技能。结果在学年/学年结束时通过评估学生是否达到期望的具体准则。

（四）分散

安大略省和育空地区采用了更加分散的数字素养教育方法。例如，在安大略省，数字素养是在商业研究中教授的，必须满足特定的课程成果，但因此，它也是在商业问题和应用的狭隘视角内教授的。在语言艺术中，"文本"的定义已更改为包括数字文本和媒体，因此数字素养的各个方面都包含在语言和媒体素养课程中。在安大略省和育空地区，建议在其他学科领域使用ICT的一般性陈述为教师提供了最低限度的具体指导，并且不保证数字素养教育的任何一致性。在育空地区，为学生和教师提供指导和资源的技术辅助学习单元在一定程度上缓和了这一点。安大略省在其最新的社会研究课程中，通过强调ICT在探究过程中的有用性，开始采用融合方法的元素。

五、加拿大数字素养课程展示

（一）网络选择（Cyber Choices）

该课程由MediaSmarts制作，它是一款互动游戏，旨在帮助3—5年级的学生培养在线做出安全和负责任选择所需的技能和习惯。Cyber Choices 以引人入胜的在线漫画书形式（附带音频支持读者），让学生探索四个不同的故事，这些故事涵盖了关键问题，例如对自己和他人的个人信息做出正确的选择，处理网络欺凌（作为目标和证人）和管理在线冲突。

在关键时刻，学生通过整理角色在决定故事走向之前可能做出一种选择而不是另一种选择的原因来练习他们的决策技能。一旦学生根据不同的可能结论之一玩了游戏中的每个故事，游戏就会促使学生在数字环境中感受到同理心，要求他们反思故事中的不同人对故事结果的感受。在教室环境中，每个故事的多个结局可以在播放后进行有意义的课堂讨论。

课程费用：在适用税之前，所有费用均以加元报价。

- 个人学校执照——325 加元
- 地区许可证——当该地区所有提供 3—5 年级的学校都包括在内时，每所学校 65 加元（否则最低费用 325 加元）
- 教育学院执照——410 加元
- 全大学或学院许可证——600 加元

（二）乔斯生命中的一天

课程概览：在教育游戏《A Day in the Life of the Jos》中，适合 6—8 年级的学生使用。由 Jo 和 Josie 解决他们在网上遇到的问题为主线，构成若干个模块，这些模块涵盖了青少年日常很重要的主题：

- 化解戏剧（网络欺凌）
- 数据隐私
- 隐私和声誉
- 隐私伦理
- 验证在线信息

乔斯生命中的一天包括：

- 互动游戏
- 教师指南，包括有关如何玩游戏的详细说明，有关场景所涵盖问题的研究和资源的链接，以及每个场景所附问题的答案
- 活动后互动测验
- 跟踪每个学生进度和评估其表现的能力

该游戏是与卡尔顿大学 CHORUS 实验室合作创建的，在玩完游戏后立

即和一周后的测试后评估中,对 6—8 年级学生进行了评估,结果显示,它提高了他们的数字素养知识和行为意图。

课程费用:在适用税之前,所有费用均以加元报价。

- 个人学校执照——325 加元
- 地区许可证——当该地区所有提供 6—8 年级的学校都包括在内时,每所学校 65 加元(否则最低费用 325 加元)
- 教育学院执照——410 加元
- 全大学或学院许可证——600 加元

小结

加拿大数字素养课程有着自己的鲜明特点,从各省和地区的媒介素养或 ICT 素养课程发展而来,一方面各省和地区的政府有明确的政策支持,另一方面在政府力量主导之外还有着不少组织和机构在背后提供落地支持。在政府政策层面,除了本书所给出的各省政策,还有 WNCP,主要以其中的英语语言艺术和社会研究的课程框架。这种省份与省份之间的教育合作,这让这些省份中的数字素养教育框架可以共享,成为省份间的教育合作桥梁。在组织和机构部分,MediaSmarts 作为加拿大数字素养研究的一个非官方机构,一直在致力于服务加拿大的媒介素养和数字素养建设。不仅进行调研编写课程框架、制作数字素养课程活动,还自行出版相关的数字素养课程和分析报告,然后出售给学校和教育部门。除了获得一些政府部门和资本公司资助,还通过这种类型的盈利方式,来支持整个机构的运营与发展。在非官方的方面,还有和大西洋省份教育基金会(APEF)等类似的基金会组织,它们通过主持开展与数字素养相关的项目,比如课程联盟,来提供给各个省份课程。

总的来说,加拿大数字素养课程的发展,得到了从政府到地方机构很高的重视,无论是课程框架的设置还是线上课程的内容都符合阶段化这一理念,让不同年龄层的孩子或者青少年可以得到适合的教育课程。加拿大的数字素养课程更加注重对于教授者的培养,更多的课程内容是针对给不同年级上课的老师所提供的课程大纲或课程安排。可以看出,课程的输入在加拿大的数字素养教育中是尤为重要的。而且由于加拿大数字素养课程大部分经历过了媒介素养和 ICT 素养的发展阶段,课程内容的转变相对较为平缓,很适合学生们逐步地接受这样的数字素养教育。

美国数字素养教育的现状及特征研究

数字素养这一术语最初是由以色列学者 Yoram Eshet-Alkalai 于 1994 年提出,他长期致力于数字素养的研究,认为数字素养是个体在数字化条件下的基本生存技能,并为数字素养提出了一个新的概念框架,形成了"五框架概念说":图片与视觉素养(Photo-Visual Literacy),指学会理解视觉图形信息的能力;再创造素养(Reproduction Literacy),指创造性复制的能力;分支素养(Branching Literacy),指超媒体和非线性思维的能力;信息素养(Information Literacy),指辨别信息适用性的能力;社会与情感素养(Socio-emotional Literacy),指共享知识、以数字化形式进行情感交流、识别虚拟空间里各式各样的人,避免掉进互联网陷阱的能力[1]。五框架概念说是数字素养概念的雏形。而数字素养概念的正式提出是在 1997 年 Paul Gilster 的著作 *Digital Literacy* 中,他并没有明确指出数字素养包括什么技能、能力以及态度,而是一个十分广泛的定义:在数字时代一种能够从种类繁多的数据来源中理解和利用信息的能力。数字素养包括以下四个技能:互联网搜索,超级文本导航、知识组装和内容评估[2]。

数字素养起源于信息和计算机素养。计算机素养 20 世纪 80 年代在美国流行,指有效操作常用软件包。而信息素养的概念外延却逐渐扩大,得到了学术图书馆的推广,不仅仅是以技能为基础的操作,还开始涵盖信息评估的各个方面以及对信息资源本质的认识。可以看到,数字素养并不独立于其他素养体系之外,而是在其他素养基础之上为适应数字时代发展出来的更加全面的概念。计算机素养更加强调对计算机、平板电脑等技能的掌握,信息素养的重点则在于用户能够收集信息并加以利用,强调信息的质量、真实性、

---

[1] Yoram Eshet-Alkalai, "Digital Literacy: A Conceptual Framework for Survival Skills in the Digital Era." *Journal of Educational Multimedia and Hypermedia*, 2004, 13(1): 93-106.
[2] Gilster P, "Digital Lliteracy." *New York: John Wiley&Sons*, 1997. p276.

可靠性①。

媒介素养相关学者则注重对媒介的批判性分析。美国全国媒体素养协会（National Association for Media Literacy Education，NAMLE）将媒介素养定义为使用所有形式的交流来访问、分析、评估、创建和行动的能力②。简而言之，媒体素养建立在传统素养的基础之上，并提供了新的阅读和写作形式。数字素养是传承与发展了信息素养、媒介素养、计算机素养、科学数据素养内涵而形成的综合性概念，信息素养和媒介素养的相关能力评价标准在数字环境下包含在数字素养概念内③。

美国图书馆协会（American Library Assocaition，ALA）将数字素养定义为"定位和使用批判性思维的技能，利用信息和通信技术来查找、评估、创建和交流信息的能力"④。除此之外，数字素养还包括了解信息工具并通过社会参与以沟通、协作的方式使用它们。在数字化的今天，数字素养教育的重要性不言而喻，这种能力是掌握未来所有行业技能的基石。数字素养是一个内涵丰富的概念，包含了信息素养、媒介素养、计算机素养的要求，是公民在数字化时代必须掌握的素质，是数字时代的基本生存技能。

一、美国数字素养教育起源

早在20世纪60年代之前，媒介素养的概念就陆续被学者提出；在20世纪60至70年代期间，美国学校开始尝试利用电视这种新的媒介来授课。艾奥瓦州在教育领域一直处于领先地位，在新兴的媒体教育领域开辟了道路，推出了一种独特的、以模块为基础的自主课程，称为艾奥瓦州教育家先锋媒体现在课程（Iowa Educators Pioneer Media Now Curriculum）。

接下来的十年时间里，由于美国地理位置，国内种族、宗教的多样性所导致的高度人口异质，对联邦政府制定中央教育或广播政策的抵制，美国出

---

①Koltay T, "The media and the literacies: media literacy, information literacy, digital literacy." *Media, Culture & Society*. 2011; 33 (2): 211-221. doi: 10.1177/0163443710393382.

②NAMLE, "Media Literacy Defined." https://namle.net/resources/media-literacy-defined/，访问日期：2022年4月28日。

③杨文建：《英美数字素养教育研究》，《图书馆建设》2018年第3期。

④American Library Assocaition. "Digital-Literacy." https://literacy.ala.org/digital-literacy/，访问日期：2022年4月28日。

口的媒体产品远远多于进口，以及长期以来一直不愿认真对待大众艺术等原因，美国媒介素养教育发展遇到了阻碍①。

20世纪80年代至90年代初，媒介素养教育主要围绕电视进行。20世纪70年代末80年代初，美国政府投入数百万美元在学前班、小学、初中、高中和大学试行"批判性观看"课程。1990—1995年，美国对媒介素养的研究越发深入。1991年，全国英语教师委员会推荐媒体教育；1992年，第一届阿斯彭研究所举办媒体素养领导力会议报告，此次会议被认为是美国媒介素养研究的开始；1995年，第一届全国媒体素养会议在北卡罗来纳州布恩举办。

在21世纪初，政府相关部门和专业组织开始着力于媒介素养，并开始布局媒介素养教育实践。除了媒介技术，科技应用已经融入了我们日常生活中的方方面面，数字素养的重要性开始凸显。2010年以后，美国开始强调数字素养教育。

美国国家远程通信和信息管理局（National Telecommunications and Information Administration，NTIA）和联邦通讯委员会（Federal Communications Commission，FCC）是推动美国数字素养教育发展的基础力量。2010年，美国联邦通讯委员会发布国家宽带计划（National Broadband Plan，NBP），明确了数字素养教育在公民素养教育中的重要性，将数字素养工程纳入国家宽带计划，由此带动了美国数字素养教育的发展②。

2012年7月23日，联邦通讯委员会指出：6 600万美国人没有基本的数字素养技能，即使用计算机和互联网所需的技能。2 800个美国就业中心和Connect2Compete建立全国性数字素养合作伙伴关系，将数字素养培训联盟扩展到全国数千个社区③。从此，以就业为导向的数字素养技能培训在美国开展。在现在的美国，数字素养是公民应当具备的基本素养。

---

① Robert Kubey，"Obstacles to the Development of Media Education in the United States," *Journal of Communication*，Volume 48，Issue 1，March 1998，Pages 58-69，https：//doi.org/10.1111/j.1460-2466.1998.tb02737.x.

② 杨文建：《英美数字素养教育研究》，《图书馆建设》2018年第3期。

③ Jordan Usdan and Kevin Almasy．"FCC Chairman Announces Jobs-Focused Digital Literacy Partnership Between Connect2Compete and the 2 800 American Job Centers." https：//www.fcc.gov/news-events/blog/2012/07/23/fcc-chairman-announces-jobs-focused-digital-literacy-partnership-between，访问日期：2012年7月23日。

二、美国数字素养教育理念

(一) 建立数字素养框架，指导实施工作

数字素养框架不仅可以对公民数字素养能力进行更为细致的评估，也为政府部门和相关机构、学校在数字素养教育方面的工作提供了指导性意见或作为参考依据，以帮助用户有效评估新技术，从而在需要时获得相应的技能。北极星（Northstar）的数字素养在线测试平台就从基本计算机技能、基本软件技能、日常生活中的技术使用三个维度来测试用户的数字素养。

媒介素养中心（Center For Media Literacy）研发的 CML MediaLit Kit™ 是媒体时代的教学框架，被认为是媒介素养教育的基础，在世界范围内被公认为是教学和学习的"入口"。它提供了一种系统的方式来构建模块化、灵活、可复制、可衡量和可扩展的课程，提供了可访问的、集成的、基于研究的教学策略，以帮助学校和学区使用媒体素养组织和构建教学活动①。2007 年，CML 引入了 Questions/TIPS（Q/TIPS），这是一种用于分析、解构和构建媒体信息的新框架，它具有媒介信息解构和建构的五个核心概念和五个关键问题，将这五个核心概念和五个关键问题应用于各类媒体信息是 21 世纪生活的核心技能。

美国教育部制定的 21 世纪技能框架将数字素养分为信息素养、媒体素养和信息和通信技术素养。2015 年，美国图书馆协会下属的大学图书馆研究协会（Association of College and Research Libraries）提出了高等教育的信息素养框架，作为学校规划课程时的指导文件。各校应该因地制宜、根据自身情况来贯彻框架，进行效果评估②。2016 年，美国新媒体联盟（New Media Consortium）在《数字素养：NMC 地平线项目战略简报》中提出了数字素养的三维模型，数字素养包括：通识素养、创新素养、跨学科素养。通识素养是在不同类型和不同行业基础上建立起来的一套工作实践中必备的基

---

① Media Literacy Center, "CML MediaLit Kit." https://www.medialit.org/cml-medialit-kit, 访问日期：2022 年 3 月 2 日。

② Advancing Learning Transforming Scholarship, "Framework for Information Literacy for Higher Education." https://www.ala.org/acrl/standards/ilframework, 访问日期：2015 年 2 月 9 日。

本能力,是面向未来的数字世界所应具备的基本技能。创新素养在通识素养的基础上增加了更具挑战性的技术技能,强调用户作为创作者的能力。跨学科素养强调将数字素养融入不同的课程,来培养不同的数字素养能力。例如,美国北卡罗来纳州立大学为学生、教师及员工提供的创意云服务,将数字素养教育成功嵌入教学计划和课程设计中①。

(二)缩小数字鸿沟,实现数字公平

数字鸿沟的概念来源于"知沟",1999 年《在网络中落伍:定义数字鸿沟》报告指出,数字鸿沟(Digital Divide)是指那些拥有信息时代的工具的人以及那些未曾拥有者之间存在的鸿沟。在数字时代,社会弱势群体之间的差距日益扩大,特别是无法使用计算机或互联网的贫困人口、农村人口、老年人和残疾人和生活在城市和郊区的富裕、中产阶级和年轻的美国人之间的差距②。教育公平意味着增加所有学生获得教育的机会,重点是缩小成绩差距并消除学生因种族、民族或国籍、性别、性取向或性别认同或表达、残疾、英语能力、宗教、社会经济状况或地理位置而面临的障碍。即使是在美国,数字鸿沟的问题也依然存在,并亟待解决。

在农村地区,图书馆往往是当地居民获得接入互联网的唯一免费的机会,在提供数字素养培训方面至关重要。但是美国许多小型和乡村图书馆(超过三分之一或 6 400 座美国公共图书馆建筑被认为是"乡村")受到人员和设施有限的挑战,平均全职员工人数为 1.9 人,约合 2 500 人每平方英尺。由于成本、时间和地理位置,这些图书馆面临着为其员工提供继续教育培训的挑战,比其他图书馆拥有更少的技术服务人员③。

美国皮尤研究中心发现有色人种、老年人以及教育和收入水平较低的人在家中使用宽带服务的可能性较小,数字鸿沟的差距仍然基于年龄、收

---

①Alexander B, Adams Becker, Cummins M:《数字素养:NMC 地平线项目战略简板》,得克萨斯州奥斯汀新媒体联盟,2016,第 7-8 页。
②Stanford University, "The Digital Divide." https://cs.stanford.edu/people/eroberts/cs181/projects/digital-divide/start.html,访问日期:2022 年 3 月 2 日。
③Public Library Association, "DigitalLead: Rural Libraries Creating New Possibilities." https://www.ala.org/pla/initiatives/digitallead,访问日期:2022 年 2 月 28 日。

入、教育等因素①，而技术接入是提高公民数字素养的第一步。根据美国社区的调查数据，共有3 600万户家庭没有有线互联网接入（有线意味着光纤、DSL和电缆），其中2 600万户家庭在城市地区，剩余1 000万户为农村家庭。家里没有电脑或平板电脑的美国家庭占没有任何类型设备的家庭的一半以上。这说明数字排斥既是城市问题，也是农村问题，互联网接入的主要障碍是成本②。因此，联邦政府颁布了诸多政策以降低数字技术接入的成本。

1996年，联邦通讯委员会颁布E-Rate计划，为符合条件的学校和图书馆的电信、互联网接入和内部连接提供资金支持，使学校和图书馆能够负担得起电信和信息服务③。美国图书馆协会DigitalLead计划扩大了农村社区获得技术和数字培训的机会，通过微软慈善事业（Microsoft Philanthropies）捐赠的40万美元，为农村图书馆提供硬件和数字技能资源及培训，帮助农村人口从宽带互联网连接中获益。2021年，《人人可访问和费用可负担的互联网法案》（*Accessible and Affordable Internet for All Act*，AAIA）提出将投资800亿美元在全国范围内部署宽带基础设施，重点关注服务不足的农村、郊区和城市地区④。

美国为缩小数字鸿沟、实现数字公平做了很多努力。2000年初只有一半的美国人上网，而截至2021年4月，已经有93%的美国成年人使用互联网。2000年到2010年间，美国成年人在家中拥有高速宽带服务的比例迅速增加⑤。截至2021年12月，美国宽带已经覆盖了40个州⑥。每个人都在线

---

①Pew Research Center. https：//www.pewresearch.org/internet/fact-sheet/internet-broadband/？menu-Item=2ab2b0be-6364-4d3a-8db7-ae134dbc05cd，访问日期：2021年4月7日。

②National Digital Inclusion Alliance，"The Challenge."https：//www.digitalinclusion.org/digital-inclusion-101/，访问日期：2022年3月18日。

③Fcc，"E-Rate：Universal Service Program for Schools and Libraries."https：//www.fcc.gov/consumers/guides/universal-service-program-schools-and-libraries-e-rate，访问日期：2021年9月15日。

④Kvammen C：《国会推出可访问、负担得起的人人享有互联网法案》，https：//www.digitalinclusion.org/blog/2021/03/11/congress-introduces-accessible-affordable-internet-for-all-act/，访问日期：2021年3月11日。

⑤Pew Rresearch Center，"Internet/Broadband Fact Sheet."https：//www.pewresearch.org/internet/fact-sheet/i，访问日期：2021年4月7日。

⑥NTIA，"National Broadband Availability Map Reaches 40 State，U.S.Territory Participants."https：//www.ntia.doc.gov/blog/2021/national-broadband-availability-map-reaches-40-state-us-territory-participants，访问日期：2021年12月27日。

(EveryoneOn)为有需要的低收入个人提供低成本的互联网和电脑,还在圣迭戈提供免费的数字素养培训。

美国是联邦制国家,各州的教育水平参差不齐,有色人种的数字素养能力普遍低于白色人种,南北方的经济差异也映射到了数字素养技能的层面。基于上述特点针对各州颁布不同的政策,有针对性地提高公民数字素养至关重要。2015年,联邦政府颁布了《让每个学生成功法案》(Every Student Succeeds Act, ESSA),废除了《不让一个孩子掉队法案》中对各州的各种统一要求、统一标准,给予了各州广泛的自主权和灵活度。

面对数字化社会的高速发展,因为不适应代际鸿沟,社会弱势群体很容易被排除在外。为了能让这一类群体更好地融入社会,对其进行数字素养教育也是题中之义。2013年,美国博物馆与图书馆服务局(Institute of Museum and Library Services, IMLS)与美国图书馆协会成立了 Digital Learn.org 门户网站,供老年人自主学习。在线下,约有83%的美国公共图书馆同时为老年人提供数字素养教育,老年人遇到问题可以及时求助图书馆工作人员,相关企业以低成本向低收入者提供上网所需的设备,对老年群体进行的数字素养培训都是免费的[①]。

(三)提供技术支持,以就业为导向

美国教育部(U.S. Department of Education)致力于用技术的力量重新思考教育并以新的方式对待学生的学习。2017年发布了国家教育科技计划(National Education Technology Program, NETP),促进有效利用技术来支持学习和教学,以提供更大的公平性和访问性[②],来缩小积极利用技术的学生和被动消费内容的学生之间的数字鸿沟。

在教育领导者、教师、图书馆员和学生组成的数字素养教育系统中,技术是底层支撑,在学习、教学和评估中都需要强大的基础设施,教育领导者有效设计共同愿景,教育工作者利用技术加速、扩大有效教学实践的影响,帮助学生体验新型学习方式。而对学习者自身而言,积极利用技术会减少差距,有利于实现数字公平。

[①]罗艺杰:《中美老年人数字素养教育对比研究》,《四川图书馆学报》2018年第6期。
[②]Office of Educational Technology, "Introduction." https://tech.ed.gov/netp/introduction/,访问日期:2022年3月8日。

无论是在学习还是在未来职业中，技术都能为学习者提供重要的支持。21世纪技能是当今学生在信息时代取得职业成功所需的12项能力之一，高等教育课程需要将21世纪技能纳入策略，以确保学生毕业时具备这些技能。美国数字素养教育通过支持每所学校的教学技术人员侧重技术教学，以促进所有儿童和所有教师和工作人员的数字和媒体素养。EveryoneOn致力于通过与技术行业、内容创作者、图书馆和其他组织的合作来弥合数字鸿沟，为所有美国人提供免费或负担得起的技术和培训。

麦肯锡全球研究所确定了数字平台和其他三种将会影响未来工作的创新方式：（1）资产数字化。包括基础设施、互联网机器、数据和数据平台。（2）运营数字化。包括流程、支付和商业模式，以及客户和供应链互动。（3）劳动力的数字化。包括工人使用数字工具、数字技术工人，以及新的数字工作和角色①。在未来以数字为主的时代中，随着技术的发展和新用途的普及，数字素养的意义将继续深化。新的工具和实践需要我们学会更多新的技能。

美国数字素养侧重于技术教学内容知识（TPACK）。TPACK框架用于理解和描述教师在教学中有效集成技术所需的各种知识，包括技术教学知识、教学内容知识、技术内容知识，通过与教育工作者合作，对教师进行培训，将技术整合到课程中去。

三、政府大力支持数字素养教育

（一）资金保障

美国各类图书馆的经费支持主要来自联邦政府、美国联邦博物馆与图书馆服务总署用于劳动、健康、公共服务和教育的相关拨款。2015—2017年，为《图书馆服务与技术法案》（*Library Services and Technology Act*，*LSTA*）提供的经费分别为1.809亿美元、1.829亿美元、1.866亿美元②。

在新冠肺炎疫情的影响之下，世界各国的经济都受到了不同程度的影响。2020年3月，美国国会通过一项名为《救济和经济安全》［*Coronavirus*

---

①Adams Becker, Pasquini, L. A, Zentner A：《2017年数字素养影响研究：NMC地平线项目战略简报》，得克萨斯州奥斯汀新媒体联盟，2017，第16页。
②张娟：《美国数字素养教育现状及启示》，《图书情报工作》2018第62期。

Aid, Relief, and Economic Security（CARES）Act]的2万亿美元刺激法案，以减轻新冠肺炎疫情引发的经济衰退的影响。其中，给州、地方和部落政府的资本项目基金（The Coronavirus Capital Projects Fund）用来帮助美国农村、部落社区以及中低收入人群，帮助确保所有社区都能获得高质量的接入关键服务。该计划的一个关键优先事项是为稳定、负担得起的宽带基础设施和其他数字连接技术项目提供资金。

自《救济和经济安全》法案通过以来，国会还通过了另外两项经济复苏法案：《2021年冠状病毒应对和救济补充拨款法案》和《美国救援计划法案》。该法案包括与K-12教育相关的远程学习、特定宽带的数据收集、基础设施部署、服务成本支持和弱势社区的数字包容性举措。其中，《美国救援计划法案》预算超过70亿美元，用于扩展针对学校和图书馆的联邦E-Rate连接计划，也包括直接向学生家中提供负担得起的连接[①]。

（二）法律保障

除了在数字素养教育的接入端给予财政支持，美国还为提高数字素养教育通过了一系列法案，在法律的层面上为数字素养教育的实施提供保障。联邦政府于2015年颁布了《每个学生成功法案》（Every Student Succeeds Act，ESSA），这是一部针对K-12普通教育的主要联邦法律，它涵盖了公立学校的所有学生，以确保所有学生都有机会来接受公平、公正和高质量的教育，缩小教育水平差距。2002年颁布了该法律的第一版本，即《不让一个孩子掉队（NCLB）法案》。随着时间的推移，NCLB的规定性要求对学校和教育工作者来说变得越来越不可行。

从内容来看，新法与旧法的最大差异就是新法把对教育的控制权又还给了州和地方政府，联邦政府的职能再次回到了旧法颁布前的状态，即通过制定政策、颁布法律，对美国教育发展施加间接影响，而不是直接控制；另外，废除了NCLB中对各州的各种统一要求、统一标准，给予了各州广泛的自主权和灵活度。

除了针对K-12学生颁布相应法律，联邦政府还颁布了《残疾人教育法

---

① Sumit Chandra, Hannah Hill, Tejus Kothari, Lane McBrideNithya, Vaduganathan, "Closing the Digital Divide in US Education—for Good." https：//www.bcg.com/publications/2021/digital-access-in-united-states-education，访问日期：2021年3月18日。

案》(*Individuals with Disabilities Education Act*)、《成人教育和家庭扫盲法案》(*Adult Education and Family Literacy Act*)、《印第安自决和教育援助法案》(*Indian Self-Determination and Education Act*),以保障整个社会的数字素养教育,减小数字鸿沟。

(三)政策计划

2012年,美国许多学校和地区都没有图书馆,在有图书馆的地方,也往往缺乏足够的书籍、其他材料和资源。在许多社区,高需求儿童在家中获得适应年龄和年级阅读材料的机会有限。针对这一情况,美国教育部中小学教育办公室(Office of Elementary and Secondary Education)创建了创新扫盲方法计划(Innovative Approaches to Literacy, IAL),支持实施高质量的儿童识字活动和书籍分发工作,提供早期扫盲服务,定期向低收入社区的儿童和青少年提供高质量的书籍,以提高他们阅读动机、表现和频率[1]。

联邦政府于2015年6月出台开放网络政策,确保个人、团体组织、企业都能在开放的网络平台上获取信息。2017年3月,联邦通讯委员会采取措施阻止通信公司对低收入群体的网络服务缩减行为并监督国家技术信息服务的公众信息收集获取工作[2]。

2020年,美国教育部中小学教育办公室制订了一个全面的素质教育计划(Well-Rounded Education),以提高从出生到12年级的儿童的识字技能,包括识字技能、阅读和写作,重点是弱势儿童,包括生活贫困的儿童、英语学习者和残疾儿童。

综上所述,无论是在资金支持还是法律保障方面,美国政府都十分支持数字素养教育。同时,由于各州的教育水平不同、南北经济差异大,政府为弥合数字鸿沟做出了巨大的努力,以保证形成全民性、系统性、社会性的数字素养教育环境。

四、多主体参与的数字素养培育体系

美国数字素养教育体系形成了由政府主导、行业协会和各级组织参

---

[1] 美国教育部中小学教育办公室:《创新扫盲方法》,https://www2.ed.gov/programs/innovapproaches-literacy/index.html,访问日期:2018年8月7日。
[2] 张娟:《美国数字素养教育现状及启示》,《图书情报工作》2018第62期。

与研究推广,各级学校、图书馆共同参与实践,多主体参与、多维度构成、多领域覆盖的数字素养培育体系①。其中,学校是对学生实施数字素养教育的主阵地,图书馆是支持和提供公众数字素养教育的重要机构和场所,而许多行业组织在线建立的数字素养课程学习网站也辐射到了更大的群体范围,在全球大流行的大背景之下,在线课程也发挥了至关重要的作用。

(一) 学校:实施数字素养教育的核心力量

中小学生的数字素养教育需要学校教师、家长和社区的共同努力。美国学校在幼儿园时期就让学生接触数字素养相关课程,不同年级的课程和标准不同,有针对性地进行授课。旅程学校(Journey School)开发的数字素养计划(Cyber Civics™)针对6、7、8年级学生教授不同主题的内容。针对低年级学生,课程授课形式也更加丰富,例如简单易懂的歌曲引入、吸引力强的VR呈现,以卡通人物为主要角色的介绍视频等。在暑期夏令营中,数字素养课程通常以研讨会的形式出现。

高校师资力量、技术设备更加齐全,通过整合各方力量,在官方的引领支持下,将数字素养计划成果从学校辐射到更大范围的地区、州甚至全国。2015年2月,美国国家教育基金会(National Edu-cation Foundation)和纽约州立大学(State University of New York,SUNY)合作推出了一个数字素养项目,由美国国会和教育部发起,拨款10亿美元,旨在缩小21世纪美国青少年在学习和工作技能方面的差距。该项目是要在全美范围的学校建立一个世界级的网上数字素养课堂,每一个学生都能够无限制地访问由SUNY提供的IC3课程,并且该课程能够满足全美50个州的评估测试②。这也就意味着,只要能够接入互联网,全美学生都可以免费地访问该课程。

另外,学生时期学习的数字素养技能可以帮助学生更好地进入职场,针对本科或者研究生的数字素养教育则更加偏向于数字技能的使用。

---

①杨文建:《英美数字素养教育研究》,《图书馆建设》2018年第3期。
②张静、回雁雁:《国外高校数字素养教育实践及其启示》,《图书情报工作》2016年第60期。

表 1　美国学校数字素养项目/课程

学校类型	学校名称	数字素养项目/课程	课程内容
K-12公立学校	克罗瑟斯小学（Crothers Elementary School）	Title I 编程	Title I 是联邦计划，经《让每个学生成功法案》修订的《中小学教育法》第一章 A 部分规定：向当地教育机构和低收入儿童人数或比例高的学校提供财政援助。与数字素养教育有关的有以下内容：每年进行 3 次全校扫盲评估、Raz Kids 网络阅读计划。
	旅程学校（Journey School）	数字媒体素养计划（Cyber Civics™）	这是一项为期三年的中学数字素养计划，以满足日益增长的让学生以合乎道德、安全、明智的方式使用技术的需求。分为"数字公民""信息和资源素养""媒体素养"三个方面。包括 20 个主题、75 节课，可在 Cyber Civics™ 网站获取在线课程。
		数字公民	针对 6 年级的学生，共有 6 个单元、24 课，通过实践项目、问题解决和角色扮演来进行批判性思维、道德讨论和决策。
		信息和资源素养	针对 7 年级的学生，共有 6 个单元，通过活动、视频来知道如何查找、检索、分析和使用信息。可在远程学习。
		媒体素养	针对 8 年级的学生，共有 8 个单元，涵盖假新闻、色情短信、媒体刻板印象、视觉素养等主题，教育学生如何批判性地评估和创造性地制作媒体，不仅是印刷文字，还有视觉和音频媒体。
	Pact 特许学校（Pact Charter School）	图书馆和媒体	图书馆媒体中心为学生提供动态的学习环境，并提供了一个促进印刷和数字格式扫盲的场所。在这个协作空间中，学生在处理信息和解决问题的同时学习文化意识，培养好奇心、想象力和个性。
	拉斯顿高中（Ralston High School）	数字媒体	这是信息技术版块的初级课程，学生使用各种软件来开发项目，例如数字媒体、播客和电子档案袋。学生将发展故事板、数字视频捕捉和编辑方面的技能，开始动画、照片编辑和网页设计。
		编程简介	这是信息技术版块的中级课程，计算基础是一门介绍性的计算机科学调查课程。它涵盖了一系列主题，如物理计算、网页设计、动画、数据和编程介绍。

续表

学校类型	学校名称	数字素养项目/课程	课程内容
K-12公立学校		先进的编程	这是信息技术版块的高级课程,本课程以计算机基础课程为基础,向学生介绍计算机编程的基本概念,同时挑战探索计算和技术如何影响世界。本课程以项目为基础,将促进协作和创造力,同时探索计算的社会和伦理影响。
	中心线公立学校(Centerline Public Schools)	技术	这是一门针对PK-12的虚拟课程,学生在数字计算机中处理信息,计算机软件的设计和应用电脑发展理论和方法的技能。该课程的核心标准有:创造力、交流合作能力、搜索和信息素养、批判性思维、解决问题和做决策、数字公民、技术操作和概念,不同年级的学生需要掌握的标准不同。
高校	纽约州立大学(State University of New York)	信息素养	学生将学习定位和管理准确与权威信息,满足学术、专业和个人所需的概念和技能。批判性思维通过动手应用程序得到加强,以发展能力并建立对数字环境中出现的更广泛问题的认识。学生将练习技术以适应快速变化的技术,并成为多种格式和学科领域信息的鉴别用户。
		妇女、女孩与媒体	本课程专注于女性和女孩,包括跨性别女性,考察了媒体中对性别、性取向、种族、阶级、残疾/能力以及其他交叉的身份和权力轴的表征。学生将考虑作者和观众的问题,以及各种媒体内容(电影、电视、印刷新闻、广告以及新的数字媒体)如何促成、促进和挑战社会中的不平等。
		数字一代:利用技术培养21世纪的技能	本课程中,学生将发展成为有效的终身学习者所必需的21世纪技能,从而有机会在职业生涯中成功。包含以下主题:信息素养、数字公民、理解社交媒体、协作环境和基于云的应用程序。本课程的最终活动是制订个人技术学习和管理计划,展示在整个课程中学到的工具和技能。

续表

学校类型	学校名称	数字素养项目/课程	课程内容
高校		扫盲教育研究	这是一门针对教师的课程，包括识字和数字技术的研究；青少年识字实践；内容领域阅读、语言、素养和文化；儿童和青少年文学。线上学习。
		识字	该课程将当前的研究和政策结合在一起，以帮助教师做好以课堂教师、识字专家或识字教练的身份教授识字的准备。课程设计是扫盲教学的关键组成部分，包括扫盲发展、关键扫盲领域的战略指导、儿童青少年文学、学科、数字和多模式文本、写作指导、扫盲参与、评估、关键扫盲、家庭伙伴关系、基于数据的决策和学习标准。
		计算教育	为教师提供知识、技能和能力，以教授计算机科学入门课程，例如探索计算机科学和计算机科学原理。该计划还将帮助教师为学生开发适合其发展的计算机课程。
	北卡罗来纳州立大学（North Carolina State University）	北卡罗来纳州数字经济计划	北卡罗来纳州立大学新兴问题研究所通过 Dogwood Health Trust 的 200 万美元捐款，在北卡罗来纳州构建新的数字经济（BAND-NC）计划，以增加北卡罗来纳州最西部 18 个县和 Qualla 边界在家中使用互联网的人数。该项目将把北卡罗来纳州西部定位为数字包容的全国领先地区，并使 BAND-NC 更接近其目标，使北卡罗来纳成为全国第一个每个县都有数字包容计划的州。

（二）图书馆：整合数字素养力量的纽带

2016 年，美国发布的《数字素养：NMC 地平线项目战略简报》明确提出，公民数字素养的提升是图书馆的核心责任，图书馆应致力于培养用户的数字能力。各类型图书馆在不同群体的数字素养培育中各司其职，各有侧重。中小学图书馆主要针对 9 年级以下的学生，而获得认证的图书馆员是学校的数字公民教师。公共图书馆面向社会，在促进数字包容、弥合数字鸿沟中扮演着关键角色。高校图书馆侧重拥有丰富的数字馆藏、电子设备等资源优势，能满足研究性学习需求，与学校的学习结构紧密结合，帮助学生应对学术任务挑战，促进其学业发展①。

2011年，美国图书馆协会下属的信息技术政策办公室（office for information technology policy）成立数字素养工作小组，对17 000所公共图书馆进行资助，以提升公民的数字素养。通过对美国50所州立图书馆进行调查发现：美国多数州立图书馆均是全国性项目的重要参与者，并根据各州特色开设数字素养教育项目，教育主题包括基本技能、网络运作知识、创新技术使用和非技术元素②。利用Excel的随机抽取函数，从美国《图书馆杂志》（library iournal）评出的前六个级别星级图书馆中选出30所作为调查对象，发现美国的公共图书馆K-12数字素养教育可以归类为：计算机基础教育、网络安全教育、编程教育、科学发明与创造教育③。

位于得克萨斯州圣安东尼奥市的Biblio Tech数字图书馆是实践数字素养教育的典范。它是美国第一个全数字公共图书馆，于2013年9月14日开放。通过在物理位置及网络在线建立数字馆藏和资源来推广数字素养，Biblio Tech积极致力于弥合圣安东尼奥及周边地区的识字和技术差距，图书馆员为居民提供技术访问以加强教育和扫盲。Biblio Tech还为监狱中的个人，尤其是年轻人以及在海外执勤的士兵，推广特定项目④。

高校图书馆不仅为学生提供数字素养教育，还会为教师提供信息素养和技术素养方面的专业支持，将数字素养教学计划融入课程内容，同时还会配备强大的网络化信息技术基础设施，便于学生在校内外访问和使用信息资源。另外，高校是学生进入职场的过渡期，因此针对他们的技能教育也比较常见。北卡罗来纳州立大学图书馆提供图书馆技术职业快速启动计划，将有助于为图书馆学校学生毕业后从事图书馆技术工作做好准备。

---

①雷雪：《图书馆未成年人数字素养培育研究进展》，《图书馆建设》2021年第6期。
②曾粤亮、梁心怡、韩世曦：《美国公共图书馆数字素养教育实践与启示》，《图书情报知识》2021年第38期。
③蔡韶莹：《美国公共图书馆儿童数字素养教育调研与分析》，《图书馆建设》2020年第6期。
④International Federation of Library Associations and Institutions，"IFLA Statement on Digital Literacy，" https：//repository. ifla. org/handle/123456789/1283，访问日期：2017年8月18日。

表2 美国图书馆数字素养项目

图书馆类型	图书馆名称	数字素养项目	主要内容
K-12图书馆	哈兰小学图书馆（Harlan Elementary's Library）	媒体中心	为学生提供必要的技能，使他们成为信息的终身用户和创造者。向K-5学生推广识字、研究、技术、打字和互联网安全技能。
	伯克利卡罗尔学校图书馆（The Berkeley Carroll School Library）	低年级图书馆	PreK—1年级图书馆计划支持课堂学习，并努力鼓励、帮助和教育学生和教师探索、浏览和评估材料以成为终身学习者。促进学生对阅读的热爱；学习信息管理技能；练习使用适合年龄的信息技术。
		中学图书馆	针对2—4年级学生，图书馆中心作为学生和教师的资源。三年级和四年级、学生会与图书管理员、STEAM集成商和课堂教师会面两次以进行研究，教授研究和技术技能以支持他们正在进行的社会研究课程工作。
		高中图书馆	工作人员通过在线资源提供技术帮助和指导。
	韦斯特高中图书馆（Weston High School Library）	媒体素养与事实核查	提供关于新闻偏见的在线视频课程，并提供关于媒介素养和事实核查的在线资源和课程。
公共图书馆	沙勒地区学区图书馆（Shaler Area School District Library）	K-3夏季扫盲营	该计划将提供各种活动，以促进、补救和发展K-3年级学生的强大识字能力。该计划将包括各种预先选择的贸易书籍文本，这些文本侧重于适合年龄的主题，重点是基础技能的发展。
	威廉王子公共图书馆（Prince William Public Libraries）	数字威廉王子	该计划的目标是提高全县的技术素养。该计划由威廉王子县信息技术部领导，与威廉王子公共图书馆等机构合作，试点项目于2021年11月启动，提高老年居民对技术的认识和熟练程度。
		中央图书馆创客空间	是图书馆内的一个独立工作空间，它为读者提供各种机器、工具和技术来探索、构建、协作和创造。创客空间配备了两台3D打印机。
	洛杉矶公共图书馆	成人扫盲班	针对不同的需求，有不同的计划帮助成人学习，例如一对一辅导、成人扫盲班、步入式导师、在线课程。
	东哈特福德公共图书馆（East Hartford Public Library）	上网：数字导航程序	康涅狄格州立图书馆向东哈特福德公共图书馆捐款10万美元，用于支持数字导航员，他们将帮助缺乏良好互联网连接和（或）计算机的居民获得高速宽带以及所需的技术和数字素养技能培训。

续表

图书馆类型	图书馆名称	数字素养项目	主要内容
公共图书馆	康涅狄格州立图书馆（Connecticut State Library）	数字素养	提供关于数字素养的在线资源和课程，举办研讨会讨论图书馆的新兴技术和社交媒体。
高校图书馆	北卡罗来纳州立大学图书馆（NC State University Libraries）	数字媒体制作	可以记录和编辑声音、视频，扫描书籍、文档、照片，拍照，摄影，制作对真实世界对象的3D数字模型，开发游戏，编辑、设计图形，体验和创造虚拟现实和增强现实技术。
		创客空间	探索新兴制造技术，包括电子产品、3D打印、3D扫描。
	伊利诺伊大学图书馆（University of Illinois Library）	设计和数字学术空间	这些空间有专门的硬件和软件来鼓励媒体创作和编辑，以及数字学术活动。其中，包括媒体共享空间，为教职员工、学生和用户提供创建、传播、使用和策划数字媒体的能力。
	纽约城市大学图书馆（City University of New York Library）	IC3数字素养认证培训	培训内容包括三部分：①计算基础知识：计算机硬件、计算机软件、使用操作系统；②主要应用：Word、Excel、PowerPoint；③在线生活：网络、电子邮件、互联网以及互联网对社会的影响。

（三）行业组织：大力推广数字素养教育

美国数字素养教育之所以能够走在世界前列，是因为除了官方的资金支持和政策保障，还有许多行业协会的大力推广和非官方机构组织的努力。以美国图书馆协会（American Library Association，ALA）为代表的图书馆行业组织是美国数字素养教育的重要推动机构，从数字素养工作小组所发起的惠及美国全境的数字素养项目再到美国联邦博物馆与图书馆服务所（Institute of Museum and Library Services，IMLS）对数字素养教育的资助行为，表现出了美国图书馆、博物馆等相关公共事业机构对数字素养教育的大力推广①。

2020年6月2日，全国媒介素养教育协会（NAMLE）宣布成立全国媒介素养联盟。该联盟是一个由领先的教育协会组成的网络，联合起来努力推动媒介素养教育，将其作为美国21世纪完整教育的必要组成部分。作为创

---

①杨文建：《英美数字素养教育研究》，《图书馆建设》2018年第3期。

始成员加入的有：美国学校图书馆员协会（AASL）、国际教育技术协会（ISTE）、新闻教育协会（JEA）、全国幼儿教育协会（NAEYC）、全国社会研究委员会（NCSS）、全国英语教师委员会（NCTE）、全国数学教师委员会（NCTM）、全国科学教学协会（NSTA）、全国写作项目（NWP）、公共广播服务（PBS）、青年图书馆服务协会（YALSA）。成员将媒介素养教育整合到教学标准中，为媒介素养学习提供资源和活动，大力推广媒介素养教育。

许多机构组织通常会举办各种特色活动来吸引参与者的注意，向当地居民普及更多关于数字素养的知识和技能培训。例如，国家数字包容联盟举办的年度活动——数字包容周，2018年通过Facebook直播的方式展示马克·吐温社区图书馆提供的资源和服务。常识教育在数字公民周提供免费的课程资源。为积极促进数字素养教育纳入公共议程，《2021年美国媒介素养政策报告》称有14个州制定了提升媒介素养教育的成文法，伊利诺伊州在2021年成为第一个要求高中开设媒介素养课程的州；科罗拉多州要求教育标准中加入媒介素养，马萨诸塞州、蒙大拿州和弗吉尼亚州制定了新标准。全国许多悬而未决的法案很多是州级媒介素养正当时（Media Literacy Now，MLN）倡导者努力的结果。常识媒体教育呼吁立法者通过让所有学生都接入互联网来减小数字鸿沟。

表3 行业协会和机构组织数字素养项目

组织类别	组织名称	数字素养项目/课程	项目内容
行业协会	美国图书馆协会（American Library Association）	DigitalLead	通过微软慈善机构捐赠的40万美元，公共图书馆协会将为农村图书馆提供硬件和数字技能培训和资源，帮助农村人口从宽带互联网连接中获益。
		Libraries Lead with Digital Skills	由谷歌赞助，旨在确保全国的公共图书馆能够持续获得免费工具和资源，以帮助美国各地的每个人发展他们的技能、职业和业务。
		DigitalLearn	公共图书馆协会和AT&T合作提供数字素养培训，在线课程将教授关键的基本技能，例如，搜索、浏览网站、使用密码和避免诈骗。还将开发新的内容，重点是使用移动设备和视频会议。
		图书馆成人读者的媒体素养教育	图书馆努力提高社区成年人的媒体素养，创建可用的免费媒体素养资源。

续表

组织类别	组织名称	数字素养项目/课程	项目内容
行业协会	青年图书馆服务协会（Young Adult Library Services Association）	图书馆、学习与青少年发展	从图书馆学习支持、馆员知识与技能培训、公平获取、文化影响力与社会平等、社区参与这5个方面采取一系列行动来帮助青少年学习和发展。
		未来准备计划	旨在满足偏远地区、欠发达地区图书馆的资源建设以及馆员培训方面的特殊需求，以期对这些地区青少年的学习技能、职业规划产生积极影响。
	全国媒体素养教育协会（National Association of Media Literacy Educators）	国际研究计划	国际研究计划旨在评估美国和澳大利亚的媒介素养教育现状。建立一个通用框架，用于识别和衡量美国有影响力的媒介素养实践。
机构组织	常识媒体教育（Common Sense Education）	数字公民课程	帮助K-12年级的学生掌握数字生活。目前美国超过70%的学校使用该课程，主要的课程主题为：媒体平衡和福祉、隐私及安全、数字足迹和身份、关系与沟通、网络欺凌、数字戏剧和仇恨言论、新闻与媒体素养。时长为15—20分钟。
	新媒体联盟（New Media Consortium）	地平线报告	1.《数字素养：NMC地平线项目战略简报》；2.《高等教育中的数字素养Ⅱ：NMC地平线项目战略简报》；3.《2017年数字素养影响研究》。
	国家数字包容联盟（National Digital Inclusion Alliance）	数字导航员	2022年2月15日，NDIA宣布从Google.org获得1000万美元的多年期拨款，用于创建国家数字导航团。该导航团将跨越美国18个农村和部落社区，并通过一对一的技术培训和社区外展影响数千人，进一步完善模型并提高其数据收集能力。通过适当的设备和培训将人们连接到互联网。
	明尼苏达扫盲（Literacy Minnesota）	北极星	Northstar是Literacy Minnesota的一项计划，其使命是帮助世界各地的人掌握工作、学习和充分参与日常生活所需的数字技能。Northstar通过在线模块评估数字技能、提供课堂课程和自主在线学习。
		美国军团计划	让AmeriCorps成员与学校和社区组织合作设计和实施扫盲计划，为生活贫困的人提供服务，扩大或提高其满足低收入社区儿童、成人或家庭识字需求的能力。

续表

组织类别	组织名称	数字素养项目/课程	项目内容
机构组织	媒介素养中心（Center for Media Literacy，CML）	CML MediaLit Kit	于2002年制作并定期更新，提供了基于媒介素养基本框架的一系列基础资源：视频、讲义、活动和课程，涵盖了媒介素养的理论、实践和实施，可用于课堂、教师在职培训或社区教育，以探索媒介素养领域的关键问题和核心概念。

五、以数字公民为目标的教学设计

（一）教学目标：培养合格的数字公民

在数字时代，数字素养教育的目标是造就有较强批判能力，能独立自主思考和参与评判、传播媒介信息的未来公民。数字素养教育的起点和归宿都是培养合格的数字公民。数字公民通常包含数字素养的概念，被定义为使用技术时适当、负责任的行为规范。由国际教育技术协会出版的《学校中的数字公民》将数字素养确定为数字公民的九个关键要素之一，定义着一个公民在"在线环境下有效地与网络时代融合的能力"[①]。

对青少年而言，只有具备了比较高的数字素养，学习数字技能，掌握数字技术，才能使其成为促进自身全面发展的有力辅助，才能在数字世界中游刃有余，成长为富有竞争力和创造力的数字公民。高等教育中的数字素养培训为学生提供了前进的能力，并鼓励他们在未来的职业生涯中保持好奇心。对成年人而言，未来的职场技能大部分与互联网相关。新媒体联盟《2017年数字素养影响研究》（2017 digital literacy impact study）报告指出：职业成功与学校培训、数字素养信心、学校教育水平和工作活动参与度等因素有关。学生的数字素养培训与其数字素养活动经验水平之间存在强正相关关系。同时，与其他数字素养相关因素相比，学校培训与职业成功密切相关。

（二）教学模式：跨学科素养

1. 数字素养专业教育

为数字素养开设一门独立的课程，既是数字时代提升学生数字技能的必

[①] National Conference of State Legislatures, "Promoting Digital Literacy and Citizenship in School." https://www.ncsl.org/research/education/promoting-digital-literacy-and-citizenship-in-school.aspx, 访问日期：2017年2月。

要之举,也体现了美国对数字素养教育的重视。旅程学校(Journey School)为6—8年级的学生设计了三年数字素养计划,每个年级的学生学习主题不同,从易到难,循序渐进。

编程教育已被纳入美国未来信息素质教育战略,要求K-12学生都要学计算机和数学课程。拉斯顿高中在信息技术板块中开设数字媒体和编程课程,以计算机基础课程为基础,帮助学生掌握数字技能,并思考计算机带来的社会和伦理影响。

2. 数字素养通识教育

数字素养通识教育主要面向全校学生,将数字素养的理念融合到其他文化课程中,各个学龄阶段的数字素养通识课程是最直接地提升青少年数字素养的教育方式,系统化的课程和精心组织的教学内容为学生提供了最核心的媒介知识,阶段性的评价手段也能够清晰地反映学生的掌握情况。社交媒体的爆炸式增长使信息素养和媒介素养成为数字素养中越来越重要的组成部分。

1994年4月,经克林顿总统签字生效的《目标2000:教育美国法案》(*The Goals* 2000: *Educate America Act*)鼓励学校在九个核心学科中制订自己的内容标准,这九个学科是:英语、数学、历史、科学、外语、公民教育、经济学、艺术和地理学。其中,艺术学科的课程内容标准包含小学和中学各年级的媒介素养教育内容[1]。媒介素养中心创建了Project SMARTArt网站,将媒体素养整合到K-5艺术和语言艺术中的虚拟"操作指南"程序。出版了可以改变世界的五个关键问题;提供25个课程计划,为媒体素养基础打下了坚实的基础[2]。在由美国教育部联合哈佛大学、哥伦比亚大学等名校制定的"共同核心课标"(Common Core State Standards,CCSS)中,数字素养的内容和要求融入了各个主题的课程目标中。

在高校课程中,将数字素养融入某些学科,在一定程度上是为了识别知识和专业领域的差异,但也体现了数字素养在课程的全面多样性,如在人文学科中,写作在它们中扮演的重要角色,信息素养仍然是人文学科数字素养

---

[1] 宋小卫:《学会解读大众传播(上)——国外媒介素养教育概述》,《当代传播》2000年第2期。

[2] Center for Media Literacy, "Evolution of the Vision." https://www.medialit.org/evolution-vision,访问日期:2022年4月28日。

的重要组成部分。编码是计算机学科的核心能力。在计算机科学学科范围内的一些课程对计算对社会和政治的影响、如何使用数字工具提供了更深入的研究。

（三）教学方法：强调主动性

开发数字素养在线学习平台，以问题为导向引导学生自主学习，以解决个人生活、学习、就业中实际问题为导向。教师不再是课堂中心，而是辅助者，这种教学方法会激发学生的学习兴趣，在线课程允许学生自定进度，按照学习者的节奏进行。

利用技术辅助教学，能够提高教学效果。在线学习机会、开放教育资源和其他技术的使用通过加快学习速度来提高教育生产力，降低与教学材料相关的成本，并更好地利用教师时间。通过将技术整合到学习体验中，学生能够通过多种不同的媒介消化信息，从而更好地保留这些信息。越来越多的图书馆过渡到以技术为中心的数字媒体中心，学生将能够深度参与，获得亲身体验。学校图书馆将为学生配备数字工具，例如新兴的计算机技术、在线信息数据库和数字档案。其中，北卡罗来纳州立大学图书馆的创客空间提供新兴制造技术，包括电子产品、3D 打印、3D 扫描。

六、多层次、多维度的课程体系建设

美国的数字素养教育具有较强的系统性和针对性，主要体现在：善于根据不同年龄、不同层次的学生，设计难度和重点不同的教育主题和内容[1]。美国数字素养教育课程较灵活，不仅限于正式的课堂教学，还可以成为家庭内部、课后活动、夏令营、社区组织和信仰团体的一部分内容。总体而言，K-12 数字素养教育以学校为基础，成人的数字素养教育可以通过教育网站自学，也有专门的机构提供培训课程。根据不同群体，课程主题和侧重点也不同。

虽然美国各州制定了不同的数字素养标准和课程内容，但是以下六个主题是所有数字素养课程应涵盖的。信息素养：互联网作为学生主要的信息来源，评估信息以确保其准确性至关重要；合乎道德地使用数字资源：知识产

---

[1] 蔺艳茹、王清、施勇：《北美中小学媒介素养教育课程分析及启示》，《广州广播电视大学学报》2009 年第 2 期。

权、受版权保护的材料以及如何去正确地引用信息；了解数字足迹：数字足迹是用户在网上被动留下和主动分享的所有信息，数字素养课程需要让学生意识到在线分享内容的后果；在线保护自己：关于互联网安全的基础知识；处理数字通信；网络欺凌：根据网络欺凌研究中心的数据，在过去10年中，平均有27.9%的学生经历过网络欺凌，自2014年以来，这些数字已跃升至平均34%。因此，网络欺凌课程是数字素养课程中需要重点关注的部分。

（一）K-12阶段：数字公民素养教育，家校协同

在义务教育时期，学校是进行数字素养教育的主要场所。由于幼儿、儿童、初高中生的信息需求、知识技能体系、理解接受能力差别很大，数字素养的培育需要具有针对性和渐进性。对于低年级学生，课程内容较为基础，通常为入门级的概念介绍，授课形式也会更加生动，易于理解。中小学生信息素养教育逐渐向数字素养转化。在课程内容上，美国较流行的数字公民素养教育课程基本上已经涵盖了美国国际教育技术协会（International Society for Technology in Education，ISTE）等标准的数字公民素养教育目标及具体要求，并结合不同年龄段学生的特点，采用螺旋式课程的方式循序渐进[①]。

伊利诺伊州最近的立法（IL众议院法案234）修改了伊利诺伊州的学校法规，增加了一项规定，从2022—2023学年开始，每所公立高中都必须在其课程中包含一个媒介素养教学单元[②]。媒介素养教育在中小学阶段的主要内容包括：了解并辨识广告的心理影响；区别事实与虚构；辨识与理解不同或相对观点的呈现；理解电视节目的形态与内涵；了解电视与印刷媒体之间的关系；区分节目的元素；对自己的电视观看行为有所了解并给予评估[③]。

值得一提的是，家庭教育也是实施数字素养教育、提升青少年数字素养的重要来源。未成年人的数字素养有赖于学校、家庭和社会三者之间的配合。常识媒体教育和网络智能（Cyberwise）都有针对父母的在线资源和培训课程，为学校与教师提供家校协同的策略和建议。此类课程不仅完全开

[①] 阮高峰、张冬冬、Leaunda Hemphill：《美国中小学数字公民素养教育现状及启示》，《中国信息技术教育》2016年第19期。

[②] School of Information Sciences, "Certificate in Teaching Media Literacy." https://ischool.illinois.edu/degrees-programs/graduate/ms-library-and-information-science/school-librarian-licensure/certificate，访问日期：2021年4月7日。

[③] 蔺艳茹、王清、施勇：《北美中小学媒介素养教育课程分析及启示》，《广州广播电视大学学报》2009年第9期。

放,还提供了配套的家长培训包,使家庭在推行数字素养教育时能得到质量保障和专业指导。公共广播服务教育在线网站 PBSKidsforparents.org 帮助父母优化孩子学习体验。

(二) 大学阶段:掌握数字技能,追求批判、创造思维

在《英语语言艺术标准》的"达到大学和职业要求的听说能力标准"中,明确要求学生"利用包括互联网在内的技术进行写作、协作与在线发布,并正确地引用资源"。高校数字资源丰富,基础设施齐全,学生能够及时获取有用信息。

高校数字素养通识教育多由大学图书馆主导,与其他部门合作开展数字素养教育。调查发现,国外高校通识数字素养教育的教学形式多是研讨会或讲座,教育内容包括信息检索与利用、软件工具应用培训、信息道德伦理等,与国内高校目前开展的信息素养培训讲座的主要内容类似。学科专业数字素养教育主要是针对具体学科专业,将该专业需掌握的数字素养技能嵌入到专业课程当中[1]。罗德岛大学的秋季数字素养课程将信息素养技能培养作为学生的学习目标,由图书馆员和教师共同授课,大多融入信息科技课程。

Molly June Roquet 认为,当前的数字素养课程倾向于关注个人行为和责任,保护私人信息;不要网络欺凌,注意知识版权。这些课程通常旨在纠正被察觉的不当行为或培养学术技能,但对提高学生对围绕技术的复杂社会问题的认识几乎无济于事。数字素养的关键是寻找背景、想象替代方案和建立机构以创造变革的能力。寻找背景意味着学生将技术理解为历史、社会、政治和经济系统和时代的产物;想象替代方案意味着学生超越当前思考并想象技术可以更好地为人类服务的方式;建立机构以创造变革意味着学生了解技术发展的方式并思考如何应对这些变革[2]。因此,如何建立批判性思维并进行创新,成为当前高校数字素养教育的新方向。雪城大学(Syracuse University)的图书馆数字素养中心于 2003 年投入使用,创建、部署和评估一项新的免费在线工具,用于帮助学生、教师和学校图书馆员批判性地评估网络信息资源。该评估工具将 21 世纪的学习者现存的和新兴的标准进行合并,从而形成新的评价指标。该在线工具不仅能够帮助学校图书馆员提供最适合老

---

[1] 张静、回雁雁:《国外高校数字素养教育实践及其启示》,《图书情报工作》2016 年第 60 期。
[2] Roquet J M., "Rethinking Digital Literacy." https://americanlibrariesmagazine.org/2022/03/01/rethinking-digital-literacy/,访问日期:2021 年 3 月 1 日。

师和学生使用的网络信息资源的建议,还能形成评估报告。

(三) 社会公众:强调技能学习,为职业服务

2019年,经济合作与发展组织(Organisation for Economic Co-operation and Development,OECD)和美国国家教育统计中心一项针对成年人素养的调查显示,4 300万的美国成年人识字能力较低①。成年人的数字素养技能与职场生活息息相关,因此,数字素养教育以就业为导向,改善职场生活。明尼苏达州的成人基础教育(Adult Basic Education)为全州未获得高中证书、学习英语、提高识字和数学等基本技能或准备接受高等教育或就业的成年人提供服务,数字素养教学通常嵌入到高中、成人文凭或基本技能课程中。

此外,还有针对社会弱势群体,如老年人、低收入者、有色人种、视障人士的数字素养课程。在2012年,FCC启动了一项名为Connect2Compete的计划,该计划旨在为上述公民提供低成本的上网设备及免费数字素养培训,共有三分之一的美国居民受益②。

数字素养教育也包括资源服务。在数字时代,学生能够比以往任何时候更多地访问在线课程。美国丰富的在线资源也满足了新冠肺炎疫情时期人们的远程教学和自主学习。

表4 美国面向不同群体的数字素养课程

针对群体	发布机构	课程主题	课程内容	课程形式
K-12中小学生	公共广播服务教育(PBS Education)	视频素养	—	文本
		新闻与媒体素养	—	文本
		时事意识	—	文本
		数字公民	—	视频
	Learning.com	数字素养	包括计算思维、编码、计算机基础、打字、键盘输入/打字、演示文稿、电子表格和数据库、多媒体、视觉映射、互联网使用和通信、虚拟机器人等教程,将教学内容与数字工具融合,重塑教与学框架。学生可自定进度。	交互式数字课程

①NCES, "Adult Literacy in the United States." https：//nces.ed.gov/pubs2019/2019179/index.asp,访问日期:2019年7月。
②罗艺杰:《中美老年人数字素养教育对比研究》,《四川图书馆学报》2018年第6期。

续表

针对群体	发布机构	课程主题	课程内容	课程形式
大学生	雪城大学信息研究学院（the School of Information Studies at Syracuse University）	信息管理技术本科生选修课程	包括信息技术、信息系统的应用程序编程、网页设计和管理、信息报告和演示、沟通技巧、数据分析、信息安全管理等主题内容。	线下课堂
	华盛顿大学图书馆（Washington University library）	秋季课程	1. Python 编程入门学习、用 Python 介绍数据科学； 2. 了解统计和数据、利用 Tableau 进行数据分析和可视化； 3. 将空间数据转换为地图； 4. 跨领域应用技术；例如通信技术与新媒体、数字通信分析、公共关系原则和社交媒体； 5. 了解虚拟货币。	线下课堂
	伊利诺伊大学信息科学学院（University of Illinois School of Information Science）	青少年素养导论	包括流行的素养神话、审查制度、阅读背后的认知过程、视觉和数字素养、当代青年实践、政府政策和学校的识字教育。课程阅读内容包括来自教育、图书馆学、历史、媒体研究、批判性种族研究以及文学和文化研究领域的虚构作品和学术研究。学生了解美国边缘化青年的历史，以了解当今如何定义、促进或污名化识字。	线下课堂
		信息问题编程	给予基础编程技能，将探索其他编程模式，并将在信息问题的背景下探索命令行和版本控制等其他工具。课程将使用 Python。将提供一些 Python 评论。	
		种族、性别和信息技术	研究信息和通信技术（ICT）是如何被种族和性别的社会关系塑造并帮助塑造的。	
		人文学科计算	探索技术在人文学科学术活动中的使用和应用，包括将经典文本放到网络上或创建关于人文学科主题的多媒体应用程序的项目。	
		可用的隐私和安全	为学生提供分析和评估隐私和安全系统用户体验的知识和机会。本课程适合对隐私和安全或用户体验或两者都感兴趣的学生。	

续表

针对群体	发布机构	课程主题	课程内容	课程形式
大学生		信息研究专题	包括隐私和信息技术、种族和数字研究、漫画中的种族、性别分析。	
		网络技术和技巧	本课程介绍了 Web 背后的技术。涵盖的主题包括：超文本、超媒体、Web 的历史、Web 标准的作用及其对 Web 资源开发的影响。该课程介绍了网页设计和可用性的原则。学生将了解 Web 的工作原理以及如何设计、构建、评估和维护基于 Web 的材料。	
	圣迭戈期货基金会（San Diego Futures Foundation）	数字素养培训	1. 技术培训； 2. 互联网安全：在线购物； 3. 社交媒体； 4. 办公技能：Excel、Word、PPT。	讲座
	北极星（Northstar）	数字素养	1. 基础电脑技能； 2. 网络基础； 3. 电子邮件； 4. Windows、Mac OS 系统使用； 5. 基本软件使用：Word、Excel、PPT、Google； 6. 日常技术使用：社交媒体、信息素养、K-12 的远程学习、搜索技能、职业搜索技能、数字租金。	演示视频+交互式练习
	公共图书馆协会（Public Library Association）	如何使用计算机	了解搜索引擎、网站、什么是计算机以及如何使用鼠标和键盘、介绍如何使用电子邮件，使用装有 Windows10 或 OS11 操作系统电脑的基础知识，使用谷歌地图并找到往返目的地。	视频+文本
		安全上网	概述在线账号和安全密码、在线诈骗、在线隐私。	
		工作技巧	了解如何创建简历、在线申请工作的工具和信息。	
		更有效率地工作	如何使用 Word、Excel、云储存、获取在线健康信息、使用 myhealthfinder 网站进行预防保健、使用 healthcare.gov 了解健康保险的基础知识。	
		与他人建立联系	视频会议、skype、脸书的基础知识。	
		移动设备	了解移动设备和安卓手机的基本信息。	
		网络购物	在线搜索和购买机票。	

续表

针对群体	发布机构	课程主题	课程内容	课程形式
大学生	国际善意产业和善意社区基金会（Goodwill International, Goodwill Community Foundation Inc.）	计算机基本技能	如何使用计算机、办公软件、申请工作、设计文档、了解新技术。	视频+图文
		数字媒体素养	如何评估在线信息的可信度、什么是定向广告，如何解构媒体信息、识别有说服力的语言，分辨事实和观点的不同，了解社交媒体带来的负面影响，如过滤气泡、回声室、假新闻，思考我们与社交媒体的关系。	
		批判性思维和决策	1. 详细了解批判性思维以及如何在日常生活中使用它； 2. 了解压力、偏见和其他心理因素如何影响做决策； 3. 学习容易做出决策的简单策略； 4. 使用脑筋急转弯来培养批判性思维； 5. 了解一些最常见的逻辑谬误。	
		互联网技能	学生将获得有关保持在线安全、安全使用社交媒体、设置电子邮件和Google账户等方面的提示。	
		创意与设计	学习平面设计、Photoshop、数字成像等基础知识。	
		数字技能	1. 如何搜索、在线解释和评估信息； 2. 正确使用信息来创建高质量的内容，同时保护他人的知识产权； 3. 学习利用网络购物、租房、购票、评论等信息。	
		社交媒体	了解如何使用博客、脸书、手机版脸书、Instagram、领英、聚会、推特、Snapchat、YouTube等社交媒体。	

七、多主体的教学实施体系

美国数字素养的实施体系是由教师、家长、图书馆员以及社会志愿者等多个主体建构的。犹他州要求学校提供有关安全技术使用和数字公民的教育和意识课程。他们的任务是让学生能够做出明智的媒体和在线选择，并帮助父母知道如何与孩子讨论安全的技术使用。华盛顿特区将数字公民的学生指导添加到教师和图书馆员的职责中，包括如何成为重要的信息消费者，并提供有关如何深思熟虑和战略性地使用在线资源的指导。缅因州要求教育专员制订数字素养技术援助计划，包括为教育工作者提供有效使用在线学习资源的专业发展和培训①。

教师需要接受专业的培训、获得专门的证书才可以上岗，以保证数字素养教育的高质量。伊利诺伊大学信息科学学院的"青年服务高级主题"课程为教育工作者设计，包括于探究中学习、媒体素养的教学策略等内容，完成在线同步课程即可获得证书，获得教学资格。2019年7月，全国媒体素养教育协会与公共广播服务教育（Public Broadcasting Service Education）教育合作，推动全国PK-12教育工作者的媒体素养专业发展。通过培训的教育工作者可获得免费的PBS媒体素养教育家认证。丰富的课程培训资源帮助教师制订课堂教学计划，应用教育系统（Applied Educational Systems，AES）的"职业准备和数字素养"课程给教师提供现成的教学计划、教材和作业布置。石溪大学新闻学院的新闻素养中心专门为教师提供课程工具箱。图书馆员在培养数字素养中也发挥着重要作用。美国国家教育统计中心的一项分析显示，西班牙裔、非白人和非英语母语人士是受图书管理员影响最大的学生②。这也就意味着，能不能接触到图书馆员成了一个教育公平问题，学校图书馆员对学生的成绩有重大影响。为了帮助学生更好地学习如何识别、参与和贡献在线信息，华盛顿大学的秋季数字素养课程由图书馆员和教师共同授课。美国大学的数字技术中心、创客空间大都开设在图书馆，图书馆员更直接接触学生，以教授数字技能。

一些机构组织会组织社会志愿者对当地社区居民进行数字素养技能培训。"明尼苏达扫盲"的"美国军团计划"让军团成员与学校和社区组织合作设计和实施扫盲计划，扩大或提高其满足低收入社区儿童、成人或家庭识字需求的能力。国家数字包容联盟创建了跨越美国18个农村和部落社区的数字导航员军团，并通过一对一的技术培训和社区外展影响了数千人，通过

---

①Deye S, "Promoting Digital Literacy and Citizenship in School." https://www.ncsl.org/research/education/promoting-digital-literacy-and-citizenship-in-school.aspx，访问日期：2021年2月。

②Giving Compass, "Why School Librarians Are Crucial in Fighting Misinformation." https://givingcompass.org/article/why-school-librarians-are-crucial-in-fighting-misinformation，访问日期：2022年1月5日。

适当的设备和培训将人们连接到互联网。

小结

美国数字素养教育受到联邦政府和行业组织的高度重视与大力支持，已形成体系并取得一定的成果。基于雄厚的资金支持和政府部门的政策法规，美国的数字素养教育呈现社会化、全民化的特点。各类型图书馆各司其职，K-12学校图书馆提供各种数字空间，保证青少年接触各种媒体类型的信息资源，教师和图书馆员共同教授数字技能，培养数字思维。公共图书馆致力于解决"知识鸿沟"与"数字公平"问题，将教育手段数字化，并开辟课堂以外的各种形式，例如研讨会、暑期夏令营、在线会议等。政府制定教育核心标准，将数字素养的要求融入核心课程中，形成了多层次、多维度的课程体系。面向社会公众的免费资源十分丰富，给予学生充分的自主性，自定进度和学习方案。教育工作者、媒体专业人员、图书馆员和志愿者等多个教学实施主体通过教育培训获得专业的教学方案，并获得教学资格，保证了师资力量的完备和质量。

以职业发展为导向的牙买加数字素养教育实践研究

牙买加是加勒比地区人口最多的以英语为母语的国家，但其数字素养教育普及程度与美国等发达国家相比则较为落后。根据联合国教科文组织的统计数据，牙买加成人识字率在拉丁美洲和加勒比地区的 28 个国家中位列第 22 名，成人平均识字率为 86.4%，比该地区的平均水平低了近五个百分点。在数字经济时代，数字素养是公民必备的基本生存技能，联合国将数字素养纳入其 2030 年可持续发展目标，鼓励发展青少年和成人的数字素养，以促进教育、职业机会和成长。当前，几乎每个牙买加人都拥有移动设备，而当务之急是提高公民的数字素养和媒介素养。数字素养教育是提高牙买加人数字素养的重要途径。

一、牙买加数字素养教育的背景

（一）政府政策

牙买加广播委员会（Broadcasting Commission of Jamaica，BCJ）作为独立的法定机构，旨在提供一个现代政策、法律、监管和制度框架，有助于培养以知识为基础、具有数字素养的公民，是推动重要立法以提高数字素养的重要支柱，在过去两年中一直与教育部、联合国教科文组织（UNESCO）、教师教育联合委员会合作开发媒体素养项目。2007 年，广播委员会与联合国教科文组织和教师教育联合委员会合作开展了一个项目，将数字素养纳入学校课程，直至中学水平。与有关立法的建议一样，委员会继续向教师和教师培训机构提出建议，以采用该课程。学校数字素养计划，通过与 Get Safe Online 合作创建了一个网站，获取有关数字时代机遇和挑战的信息。2021 年 3 月 18 日，牙买加广播委员会和联合国教科文组织、莫纳商业与管理学院（MSBM）和 SlashRoots 基金会合作举办了一次研讨会，为牙买加制定有关数字、媒介和信息素养的国家政策框架。

1990年，教育部门成立了计算机协会，系统地满足牙买加的技术需要，并设立了牙买加计算机协会教育基金会（JCSEF）。这个组织的主要目标是确保在2000年之前，牙买加中学、教师学院和社区学院的所有毕业生都获得技术性教育。这将确保牙买加能够持续地培养出具有技术技能的毕业生（牙买加教育部，1998年）。在20世纪90年代初，牙买加计算机协会教育基金会发起了一项促进在中学建立计算机实验室的倡议。这些实验室将被用来培训学生在工作场所使用电脑，并为他们参加外部考试做好准备。90%的中学因此配备了计算机实验室，方便学生在加勒比地区学习参加考试委员会（CXC）的IT考试。该项目让计算机化的影响重点扩大到小学，使它们能够配备计算机，让老师接受培训，并通过他们来帮助学习。

2018年，牙买加教育、青年和新闻部国务部长批准G20关于就业和可持续发展培训的宣言，鼓励在教育和在职培训中应用数字技术，以提升员工的数字技能。同时，考虑个人和企业的需求，以解决获得服务的地区差异，并将IT作为CXC考试中的一门（加勒比考试委员会，Caribbean Examinations Council）。

牙买加信息和通信技术部门的表现（互联网普及率67.4%）优于类似发展中国家的全球趋势。互联网世界统计数据2020年3月的数据显示，世界平均互联网普及率为58.7%，其中非洲的普及率为39.3%。牙买加政府为实现其发展目标而采取的准入政策包括建立社区互联网接入点，在指定热点地区的免费社区Wi-Fi，在学校提供免费笔记本电脑的项目，以及专门的信息和通信技术正式培训项目。例如，在政府的心脏信托国家培训机构注册的培训项目中，大约有18%的人正在从事与ICT相关的课程，包括互联网漫游、网页设计、计算机维修和维护。

（二）数字经济转型

作为一个发展中国家，牙买加继续面临着对社会所有部门带来深远影响的经济挑战。全民教育（EFA）是牙买加提出的一个概念。美国在21世纪的目标之一是提高所有公民的教育质量，从而使他们成为富有生产力的贡献者。因此，牙买加将注意力转向了信息技术（IT），特别是在教育部门。

二、牙买加数字素养教育的特点

(一) 接受欧美组织资助

2019年,美洲信托基金与N.C.B.基金会和MICO大学学院合作,在牙买加青年中推广数字技能。NCB ICON图标实验室帮助年龄在16岁—30岁之间的年轻人获得技术和培训,以提升其数字、创业和生活技能。PACE Canada向教育、青年和信息部捐赠1000台平板电脑,这些设备由慈善组织加拿大促进儿童教育项目(PACE)捐赠,以支持该部的"每个孩子一台笔记本电脑或平板电脑"倡议,并将分发给全国200多个由该实体赞助的机构。

(二) 与加勒比地区同盟国合作

数字素养相关课程内容都是由该地区以外的在线学习学院制作,例如,加勒比数据学院(Caribbean School of Data)的总部设在牙买加。西印度群岛大学(University of the West Indies,UWI)开发了旨在帮助提高全国中小学媒体和信息素养的材料,以培养公民的批判性思维。

三、牙买加数字素养的教育内容

(一) 信息技术

提升技术是公民提升数字素养的重要内容。公共图书馆是社区中的一个重要机构,也是信息和通信技术访问的重要场所。全球图书馆ICT项目(Global Libraries ICT Project)——"JLS:利用技术赋权个人和社区以促进发展",ICT资源包括780台台式电脑、271台平板电脑和12台笔记本电脑。在公共图书馆安装了150多个无线接入点,并在牙买加所有公共图书馆用户使用的所有计算机上安装最新的Microsoft应用程序。超过600名牙买加图书馆服务(JLS)员工参加了客户服务、数字素养和社交媒体课程,约2 000名图书馆用户接受了基本计算机和数字素养的培训,拓宽了公众对技术的访问渠道。通过比尔和梅琳达·盖茨基金会全球图书馆倡议提供的200万美元赠款和牙买加政府通过教育、青年和信息部提供的110万美元,JLS已显著改变公众对技术的访问。

牙买加的战略计划"信息和通信技术愿景2030"明确阐明了关键的基准,包括扩大信息和通信技术基础设施、人力资源的稳定发展;通过系统的培训,在教育和一般人口中普及信息素养,创造就业机会,并为信息和通信技术研究营造一个有利的环境。

(二)职业培训

进入职场时,具备一定的数字素养能力也十分重要,HEART 和牙买加数字与技术联盟(Jamaica Digital and Technology Alliance,JDTA)等组织为 IT 专业人员、商务人士和公众提供了职业培训。

表1 加勒比数据学院数字素养相关课程

课程名称	课程内容
《数字化的基础》 (Foundations of Being Digital)	1. 了解互联网 2. 安全使用万维网 3. 移动互联网 4. 网络空间中的人身安全和安保
《数字工作者的生产力工具》 (Productivity Tools for Digital Workers)	1. 学习专业打字 2. 使用文字处理进行有效的商业报告 3. 使用电子表格和文字处理器创建内容 4. 数字通信和工作流程管理
《社交媒体和网络应用程序》 (Social Media and Web Applications)	1. 社交媒体的基本要素 2. Facebook、Instagram 和 Twitter 3. SEO Web 应用程序 4. 社交网络问题
《数据基础》 (Data Fundamentals)	1. 数据和信息简介 2. 处理数据 3. 评估和可视化数据 4. 应用数据时要考虑的问题
《顶点:批判性思维和解决问题》 (CAPSTONE:Critical Thinking and Problem Solving)	1. 业务场景:SEO 文员 + 在线广告监视器 2. 业务场景:移动/Web 应用程序测试员 3. 业务场景:数据处理器/市场研究员 4. 内容创建者:建立您自己的博客网站(可选)
全球视野下的教育工作者数字素养实验室	本课程的核心是"网民",旨在将互联网用户定义为在线的积极贡献者。该课程探讨了我们的数字世界如何重构传统媒体,并仔细审视通过这些新媒体在线形式进行的内容创作和消费所遇到的机遇和挑战。

牙买加数字素养教育实施主要由政府、学校和相关基金会构成,具体如下。

1. 政府组织的职业培训

(1) 教育部（Ministry of Education）

(2) 教育和青年部（Ministry of Education and Youth）

(3) 教育、青年和信息部（Ministry of Education, Youth and Information）

(4) 牙买加广播委员会（Broadcasting Commission of Jamaica, BCJ）

(5) 信息和通信技术部门

(6) 教育部成立的信息通信技术指导委员会（Education Ministry Sets Up ICT Steering Committee）

2. 行业协会组织的职业培训

牙买加图书馆服务（Jamaica Library Service, JLS）提供训练有素的计算机专家，以确保快速解决技术问题并确保用户享受可靠和高效的计算机服务，还向公众提供基本的计算机培训。其使命是在促进牙买加信息技术的高效和有效使用方面发挥领导作用。

牙买加网络技能倡议是由牙买加技术与数字联盟（前身为牙买加计算机协会）牵头的一项计划，旨在提高牙买加的数字技能并加强网络安全能力。

有以下特点：

由 Fortinet 提供支持：牙买加网络技能计划是通过与全球知名网络安全领导者 Fortinet 的合作而得以实现的。这种合作关系确保参与者接受顶级的网络安全培训和教育。

网络安全专家培训：该计划旨在为参与者提供全面的网络安全知识和技能。计划涵盖广泛的主题，从基本原理到高级技术专业知识。

受众多样性：该计划向不同的受众开放，包括公共部门、私营部门和安全从业人员。牙买加网络技能倡议旨在提供平等的网络安全教育和培训机会。

缩小劳动力缺口：该举措是为了解决全球网络安全劳动力缺口的迫切需要而推动的，根据 2022 年网络安全劳动力研究，全球网络安全劳动力缺口达到惊人的 340 万名专业人员。尽管去年增加了超过 46.4 万名工人，但这一差距继续扩大，同比增长 26.2%。

主要目标：

增强网络安全弹性：通过为个人提供网络安全知识和技能，该计划旨在增强牙买加的网络安全弹性，保护关键的数字基础设施和敏感信息。

增长经济：训练有素的网络安全劳动力有潜力推动创新、吸引投资，并为牙买加在数字时代的经济增长和竞争力作出贡献。

包容性和多样性：该计划通过为来自不同背景和社区的个人提供机会来强调包容性和多样性。其目标是打造一支更具包容性和代表性的网络安全员工队伍。

公众意识：教育公民认识网络安全的重要性以及如何在网上保护自己。

战略合作伙伴关系：牙买加技术与数字联盟正在积极寻求与其他项目和组织的合作伙伴关系，这些项目和组织拥有共同的愿景，即弥合牙买加的数字鸿沟和提高网络安全技能。

南美洲篇

巴西数字素养教育课程的发展现状及启示

随着近年来全球技术的飞速发展和世界格局的不断变化，巴西政府越来越认识到，信息和通信技术（ICT）是社会经济发展的基本组成部分，这也是实现联合国2030年议程可持续发展目标（SDG）的重要组成部分。当前，数字技术的采用成为长期发展议程中的一个相关变量，数字素养课程在巴西已经得到了极高的重视。巴西数字素养整体发展的过程源自其针对信息和通信技术（ICT）的相关政策，由于相关政策是从基础的数字技术设备出发，所以巴西的数字素养教育更加偏向技术应用层面。巴西作为一个质量和不平等并存的国家、有超过1.9亿人生活在南美洲47%的领土上，为所有人提供教育无疑是一项挑战。巴西一直在加大努力，在基础教育层面提供世界一流的教育，但一直面临着许多挑战。

一、巴西数字素养教育发展的理念

从教育的角度来看，数字素养包含着以发展方式使用数字技术（包括线上和线下）学习技术、认知和社会情感方面。对于具备数字素养的人来说，很容易就可以适应新兴技术并且迅速推出新类型交流的符号语言。随着数字技术的发展，现在的人都生活在了一个持续连接在网络上的环境下，这对数字素养的学习有了更高的要求。从政府政策的角度来说，如果能有清晰的教育政策支持，就能够直接促成学校教育质量的提升。但是与关注学习质量相比，教育改革往往使用的是即时方法，通常难以获得长期的收益。巴西数字素养改革进行了很多尝试，但是总体来说效果并不明显，导致整体数字素养的发展较慢。体现在学校中，常见的问题是基础设施和电网的缺乏；其次是互联网的连接问题；巴西在教育方面数字素养的教学环境和设备存储不足、缺乏技术支持的人力资源以及对设备采购和更换的缺乏。此外，改进和保持学生和教师的教学装备和学习动力是数字技能赋能过程的核心。为实现这一目标,学校管理层需要证明能够提供有保障的教学环境。在几所学校,教师接受了相关项目的培训,但雇用的教师流失率为50%。换言之,学校管理水平低下,学校的投入未能跟上扩张的步伐。除此之外,还有教师和学生等相关个人问题,都限制了巴西数字素养教育的发展,导致教师和学生对于巴西的数字素养课程的重视程度不够,相应的课程也难以展开。

巴西在2004年提出了一个数字素养的概念模型,其中包含五个组成部分:(1)视觉技能(从图形布局中理解指令);(2)复制技能(使用数字复制从以前的材料中创建新的相关材料);(3)分支技能(从非线性、超文本导航中理解);(4)信息技能(确定信息质量和准确性);(5)社会情感技能(理解互联网上的行为规则并应用在线交流中的这种理解)。除此之外,数字环境中有五种素养:信息、计算机、媒体、通信和技术。每一项都有技术(访问、使用、导航、内容开发)、认知(综合、评估、解决问题、批评、发明)和伦理(适当使用、评估真实性)。

二、巴西数字素养课程的相关政策法规

巴西的数字素养教育有一段时间进步很大,是由于在此之前的一段时间学校教育的大规模扩张,以及联邦政府制定的质量目标。国家教育计划(PNE)是国家所有教育决策的基础,在数字素养课程相关的政策中,提高学校数字技能的政策(Policies to Increase Digital Skills in School)是一个比较重要的政策,它制定了在学校增加使用通信技术和互联网的方案,重点是将数字素养和技能纳入学校课程、提供基础设施、培训教师和使用数字技术,在这个政策之下有一系列的相关政策。该政策的负责部门是教育部基础教育秘书处。下面介绍的几项政策均属于该政策的分支。

(一)国民教育计划(2014—2024年)

该政策的目标包括发展数字技能、普及学校宽带接入以及将基础教育公立学校的计算机/学生比提高两倍。《2014—2024年国家教育计划》(Plano Nacional de Educação,PNE)阐述了国家教育系统的20个目标,其中包括与发展数字技能和使用通信技术有关的几个目标,并将创新和技术视为实现预期教育目标的战略:

(1)选择、认证和促进儿童扫盲教育技术。

(2)鼓励开发确保素养的教育技术和创新的教学实践。

(3) 促进和激励教师进行儿童素养的初步和持续培训，建设与新教育技术和创新教学实践相关的能力。

(4) 鼓励发展；选择、认证和促进幼儿、小学和高中教育的教育技术；并鼓励创新的教学实践。

(5) 在2014—2024年国家教育计划的第五年之前普及高速宽带接入，到本年末，将基础教育公立学校的计算机/学生比提高两倍。

(二) 国家公共课程基地

该政策目标是建立基础教育中可发展的一般能力。巴西教育部（MEC）于2017年批准了关于21世纪基本技能、态度和价值观的国家基础教育共同课程基地（Base Nacional Comum Curricular，BNCC）。巴西的所有学校都必须在2019年底前实施BNCC。BNCC定义了十种一般能力，将在整个基础教育中发展。这些能力具有认知和社会情感，包括锻炼智力好奇心、使用数字通信技术和欣赏个人的多样性。此外，2018年12月，国家教育委员会——一个由学校、学术界、地方政府和民间社会在教育领域代表组成的政府咨询机构——批准了一项决议，将"计算思维"的主题纳入小学、中学和高中课程。计算思维，或以计算机可以帮助解决问题的方式构建问题的能力，越来越多地被提出来，作为越来越多的工作的一项重要技能，以及培养创造力或批判性思维等更广泛技能的一种方式。采用BNCC是试图改善该国教育和减少各区域之间巨大差异的重要一步。它通过提供统一的标准，为学校和教师制定了一个明确的框架，说明学生在不同年级应该知道和能够做什么。促进教育公平是减少从数字工具中受益能力不平等的第一个也是最重要的步骤。然而，联邦政府制定的指导方针不足以促进教育成果的趋同，因为初等和中等教育是州和市的责任。为了使国家指导方针有效地改善巴西学校和学生的成绩，学校应该使其绩效评估与这些标准保持一致。此外，教科书等教材应根据BNCC重新设计，并应为教师提供充分培训，以获得内容知识和教学技能，从而将新标准付诸实践。应建立一个严格的监测和评价系统，以确保它在全国平等实施。

(三) ProInfo（1997年发布，2007年更新）；学校宽带（2008年至今）

该政策的目标是为公立学校配备通信设备和互联网接入。这是1997年发布并于2007年更新的政府计划。其主要目标是促进公立小学和高中（小学和中学教育水平）使用数字技术作为教学工具。它专注于提高学生的数字素养,包括教师培训。2007年,该方案进行了改革("ProInfo Integra-Do"),基础教育学校(包括五岁以下儿童幼儿园)被列为该计划的目标。ProInfo与州和市政府合作,为全国各地的公立学校购买计算机、数字资源和教育内容提供资金。该方案由MEC和国家教育发展基金(Fundo Nacional de Desenvolvimento da Educação, FNDE)联合管理;MEC负责教师培训、课程设计、教学实践和评估,而FNDE负责通信技术基础设施和资源开发。到目前为止,还没有关于该计划结果的评估。电子数字战略(MCTIC,2018年)中预见的行动之一是取代ProInfo的新的国家教育技术政策,阐明了基础设施、能力、内容和数字教育资源的战略层面。一些项目支持在学校提供计算机和互联网接入,特别是在农村地区。其中包括ProInfo、GESAC、学校宽带计划(Programa Banda Larga nas Escolas, PBLE)、最近启动的互联教育方案和学校直接资金计划(Dinheiro Direto na Escola, PDDE),为学校提供财政援助,以维护或改善教学基础设施。此外,新的立法草案旨在批准将全球电信服务基金(Fundo de Universalização dos Serviços de Telecomunicações, FUST)的资源用于城市和农村学校的宽带部署。基金由部门税收提供资金,预算为2.55亿美元(约10亿雷拉)。该法案(PL 172/2020)于2020年12月16日生效。如果获得批准,它仍然需要提交总统批准。

(四)互联教育创新计划(2017年至今)

该政策的目标是在学校使用数字技术,发展旨在课堂创新的教学实践,提供教育内容并改善学校的技术基础设施。2017年启动的互联教育计划是对学校Proinfo和宽带计划的补充。MEC、MCTIC、BNDES和互联网指导委员会(Comitê Gestor da Internet, CGI.br)组建了合资企业,旨在联合各级政府、学校和民间社会的公共机构共同努力。该方案围绕四个维度构建:(1)愿景;(2)培训;(3)数字教育资源;(4)基础设施。为了从联邦资金中受益,市政当局必须就如何在学校或学校网络中使用数字技术设定自己的愿景。该方案利用当地的"接骨人(Articulators)"(全国6 000人),协助市政当局实施该计划。在教师培训方面,该计划设想了教师的初始和继续教育行动,包括技术的教学使用。联邦政府建立了一个在线平台,为基础教育系统的教师和学生提供两万多个教育多媒体资源。正在与四所大学合作,根据BNCC开发额外的内容(包括计算思维)。展望未来,MEC还计划开展包括关于创业、编程、机器人、网络欺凌和在线行为在内的课程。第二个平台

AVAMEC 提供了一个虚拟环境，教师和学生可以在这里学习在线课程并与同龄人互动。在基础设施方面，该计划提供了使用交互式内容所需的设备升级，从而补充了提供连接的其他程序。因此，互联教育计划比 ProInfo 全面得多，因为它对数字技术可以有效融入教育的过程有更全面的看法。市政府当局和学校应该为教师提供适当的激励措施，让他们利用教育资源进行自己的学习和教学，并与学生分享。此外，尽管在线提供教育材料和 AVAMEC 支持的虚拟社区，但教师可以相互交流和学习的面对面课程也应该推广。参议院目前正在讨论一项法案，该法案正式将互联网教育作为国家教育创新政策。

三、巴西数字素养课程的机构组织

（一）ABPEducom

该机构由巴西教育传播研究人员和专业人士协会成立，具有教育、科学文化、跨学科、国家、非营利性质。为了将教育传播的专业人士和研究人员聚集在一起，ABPEducom 于 2011 年 9 月 2 日第一届教师座谈会期间在累西腓举行的沟通/教育接口专家会议的工作结论提议下成立。此后，一个工作组组织了创建该协会的法律文书；2012 年 12 月，在联合国非洲经济委员会（UNECA）举行的第四次巴西教育交流会议期间，又举行了一次专家会议，会上批准了协会章程和该机构的成立。

该机构的目标是在巴西巩固教育传播的跨学科研究与实践领域；围绕与本研究领域相关的主题，将研究人员、专业人士、研究小组、机构和巴西实体聚集在一起；确保继续组织该研究领域所需的体制和物质条件，从而能够在该国扩大各自的卓越研究；促进与致力于同一知识领域的研究人员、研究小组和外国实体的交流。

（二）巴西教育创新中心（CIEB）

巴西教育创新中心（CIEB）是一个非营利性协会，成立于 2016 年，旨在促进巴西公共教育的创新文化。它支持制定公共政策、开发概念、原型工具并阐明基础教育生态系统中的参与者。根据该中心专家进行的研究，捍卫使用信息和通信技术（ICT）作为在学习过程中进行系统转型的一种方式。该中心相信，除了支持管理人员做出有关教育技术投资的决策，技术还可以为教育带来质量、公平和当代性。

四、巴西数字素养课程

Teach for Good——该数字素养课程由联合国教科文组织和巴西网络信息中心信息社会发展区域中心 Cetic.br/NIC.br 开发。它汇集了信息和通信技术（ICT）和可持续发展领域的思想领袖和变革者，以展示数字技术如何通过提供教育、医疗保健、银行和政府服务来增强世界各地数十亿人的权利能力；如何利用"大数据"为更智能、基于证据的政策提供信息，从根本上改善人们的生活。它还解决了技术可能带来的新挑战，如隐私、数据管理、网络安全风险、电子废物和社会鸿沟的扩大。最终，Tech for Good 着眼于利益相关者如何团结起来，回答关于"我们在超数字化世界中的未来会是什么样子"的重大问题。以下为该课程的各个模块。

模块1：欢迎来到数字时代
- 弥合数字鸿沟
- 为可持续发展目标实现通信技术的三种方法

模块2：政府和公民的技术
- 公平和获得服务的机会
- 用户驱动的公共行政
- 一切都与数据有关
- 开放政府方法
- 案例研究——印度的 Aadhaar
- 数字政府的挑战

模块3：通信技术基础设施
- 赋能通信技术：基础设施的作用
- 促进数字包容性
- 基础设施创新
- 建设智能可持续城市
- 通信技术作为基础设施——社会平台观

模块4：卫生领域的通信技术创新
- 实现全民医保
- 改善医疗保健的提供
- 让社区参与进来

- 行动证据——通信技术和健康的成功故事
- 新出现的挑战和机遇

模块 5：知识社会中的学习
- 通信技术促进教育的生态系统
- 互联世界的教育
- 分享知识——通信技术、开放和包容
- 衡量通信技术和教育——框架
- 衡量通信技术和教育——数据和指标
- 重新思考通信技术促进教育政策

模块 6：促进金融普惠
- 金融服务简介
- 数字平台的潜力
- 边缘化社区的移动支付
- 通信技术促进信贷获取
- 取代现金经济
- 通信技术驱动的金融普惠的挑战

模块 7：测量和指标
- 管理可持续发展目标的数据
- 通信技术创新促进统计发展
- 数据参与——通信和公民赋权
- 案例研究——巴西的 Cetic.br
- 衡量通信技术
- 用于监测可持续发展目标的通信技术
- 通信技术在监测可持续发展目标方面的局限性

模块 8：人工智能
- 人工智能简介
- 谁推动了"人工智能为善"的议程？
- 对歧视和排斥的影响
- AI 的人性方面——风险和道德

模块 9：对我们数字未来的关注
- 隐私和信任的重要性

- 了解您的数据权利
- 网络安全
- 打击虚假信息
- 数字的缺点

模块10：前进的道路
- 新劳动力——关于工作未来的六点
- 数字时代工作的意义
- 开放运动
- 关于可持续发展目标通信技术的思考

五、数字素养课程的保障与评估报告

（一）《2017 ICT 家庭——巴西家庭信息和通信技术使用情况调查》

该报告由巴西互联网指导委员会在2018年10月发布，旨在加深对巴西互联网用户特征的理解，分析这些互联网用户数字技能水平的不平等。调查基于以下研究问题：巴西互联网用户如何根据他们的数字技能水平区分自己？为此，调查使用了由信息社会发展区域研究中心（Cetic.br）协调的2015年版（国家规模）ICT家庭调查的微观数据。在报告的第13版中，2017年ICT家庭调查提供了了解巴西当前信息和通信技术（ICT）使用情况以及监测该行业公共政策结果的重要信息。该出版物的第十版包括了很多巴西农村地区，这代表该出版物已经整合了巴西的重要地区。制定有关该主题的系统指标对于监测国家数字化转型战略以及根据联合国定义的可持续发展目标（SDG）制定的国际目标越来越重要。这两个议程的主要重点是数字包容，惠及相当一部分仍然被排除在互联网提供的所有潜力之外的个人。正如前几期调查所观察到的，拥有互联网接入的家庭数量仍在增加，2017年达到4 200万。尽管有所增长，但接入家庭的社会经济和地区不平等仍然存在，未联网家庭的比例更多在北方和东北地区、农村地区和低收入家庭。本期调查获得的数据还显示，可以上网但无法使用电脑的家庭数量有所增加。确定了社会经济差异在其中的影响，因为发现没有电脑的家庭可以上网，尤其是在收入最低的家庭和位于ICT接入基础设施有限的地区的家庭中。在这些情况下，互联网连接主要通过手机进行。在巴西互联网用户中，该调查统计了用于访问互联网的设备类型。在调查历史上，仅通过手机上网的比例首次达到与通过多种设备上网的比例相同的水平。在线活动方面，2017年ICT家庭调查再次显示，交流活动是最常见的在线活动，例如发送即时消息。

（二）OECD Reviews of Digital Transforamation：Going Digital in Brazil

该报告是经合组织（OECD）在2020年发布的，它研究了巴西数字经济基础设施、电信市场以及相关法规和政策的最新发展。它调查了个人、企业和政府使用数字技术的趋势和促进传播的政策。报告还调查了关键领域数字化带来的机遇和挑战，并分析了对这些变化的政策反应，涵盖的领域从创新和技能到数字安全和数据治理。该报告根据经合组织走向数字化综合政策框架考虑了这些政策在不同领域之间的一致性，以促进政府部门和机构之间的协同。针对个人和家庭使用互联网，报告认为在巴西的数字化发展过程中更多的人被联系在了一起，但差距仍然存在；提高人口的数字技能对弥合数字鸿沟是必要的；在政府的数字包容政策中，政府大多是处于供给侧的；可持续智慧城市和国家物联网计划应保持一致；巴西政府设立的电信中心对数字包容很重要，但是需要更多的资源；应该扩大支持培训的联邦计划；所有人都应该可以使用数字素养计划；迄今为止，还没有任何项目可以提高成年人的数字技能（电信中心提供的项目除外）。数字技能计划可以在线运行，目标是培训大部分人口。它们可以涵盖诸如互联网安全和保障、网上银行、获取数字政府服务、电子商务和内容创建等主题。鉴于影响特定人群的数字鸿沟依旧存在，还可以开发特定工具来帮助最弱势群体，例如老年人或低收入、低教育群体。考虑到智能手机的广泛使用，还应考虑对使用智能设备（如平板电脑或智能手机）的人进行培训。一些国家已采取举措培训公民以提升数字技能，针对广大或特定人群的公民；巴西政府正在采取措施为数字世界的新一代做好准备。同时，该报告还提出了促进个人使用数字技术的政策建议，巴西政府需要建立一套更广泛的需求方政策，以平衡现有的数字包容性供给措施，从而培养数字技能并弥合数字鸿沟；提高所有人对使用互联网好处的认识；开发满足低数字化人群需求的特定内容、服务和应用程序，如吸收低教育人群、低收入人群和老年人；提供有关互联网安全和保障、网上银行、数字化接入的大型在线课程、政务服务、电子商务、内容创作；提高电信中心作为培训提供者的作用，确保有充足的资金和技术，提供来自联邦政府的援助；扩大国家数字包容代理培训和包容计算机方案，与私营部门合作。

小结

巴西的数字素养课程改革和发展已经有很多年的时间,国家早几年就已经出台了相关政策,并通过学校实施。但是巴西教室中 ICT 技术的教学使用仍然低于其潜力。支持在教育中传播技术的方案并没有改善巴西公立学校的社会包容。只有当教师准备好并能够有效地使用技术,并且学校和学校系统保持促进创新的气氛时,技术才能在教育中产生积极影响。除了获得所需的硬件和软件,教师还应接受通信技术使用方面的适当培训——例如,通过实践社区——并鼓励他们承担风险。教师与同龄人互动也很重要,以促进教学实践的真正创新。改善小学、中学和高中教师的初始和继续培训是电子数字战略中列出的有关教育的战略行动之一,在为教师设计课程和指南时,应考虑到这些见解。同时,巴西还有很多私有企业在进行数字素养课程的相关工作,初创企业还提供创新的解决方案,为学校提供数字时代的教育工具。目前,巴西有 364 家 EdTech 初创公司(ABStartups 和 CIEB,2019 年)。Arco Educação 是其中的独角兽之一,专注于基础教育的教育解决方案,从幼儿期到高中,提供技术、内容和服务。Mundo4D 通过新技术实验将教育 4.0 带入学校,而 FazGame 为教师提供了一种积极主动和激励人心的教学方式,学生可以通过创建内容多样的教育游戏来学习,发展创造力、协作和复原力等技能。QEDU 等其他初创企业利用公开数据,以创新的方式深入分析和提供信息,以便为决策者改善学校教学提供支持。但是这些公司的课程往往需要一定的资金支持,所以在巴西全国的推广过程中效果并不显著。由于巴西的人口数量庞大且贫富差距较大,巴西数字素养课程的发展遇到了一些问题。这些问题也是巴西政府和相关机构在之后的数字素养课程推广过程中需要解决的。

阿根廷数字素养教育路径
——以"连接平等计划"为例

数字素养早在 2010 年的阿根廷《国家教育法》中就有所规定了,从"管理技术工具"到"知识技能"再到"培训",内容不断完善具体。新冠肺炎疫情暴发之后,阿根廷教育部更是从虚拟平台到数字设备各方面采取措施来保证教育的连续性。"连接平等计划"就是一项通过发放上网本、培训用户注册和操作在线平台来学习的联邦计划,教师也可以通过开通的虚拟教室来授课。诸如这样的计划,阿根廷政府联合其他公司机构还推出了很多,例如数字国家计划、数字积分计划等,笔者在此选取"连接平等计划"中的课程,对其教学设计、课程体系进行分析和评估,以梳理其脉络。

一、阿根廷数字素养的教育理念

在阿根廷,有两部法律翔实地规定了关于数字素养教育的相关信息,分别是《国家教育法》和《视听传播服务法》。这两部法律里有关的规定如下。

《国家教育法》中关于数字素养的政策有:2010 年第 459 号法令称,为中学、教师培训和特殊教育的每个学生提供一台计算机。随后制订的国家教育包容计划(PNIDE)阐明了连接平等、数字小学和滚动教室等方案,该法规定"发展处理信息和通信技术产生的新语言所需的技能"(第 11 条)。虽然"能力"一词可能有争议,但其框架表明,它的含义超越了管理技术工具,并致力于知识和技能的全面发展,旨在在更广泛的教学过程中使用这些工具及其关键的、有根据的所有权;还有规定"提供培训,鼓励创造性和理解不同形式的艺术和文化"和"协调教育、科学和技术政策与文化、医疗、社会发展、体育和通信,以便全面地满足人们的需求,最大限度地利用资源"。通过这些目标,将教育、社会和文化权利从一种将象征商品的角度联系起来，从而也与信息和通信技术联系起来；"获取和掌握信息和通信技术应成为融入知识社会必不可少的课程内容的一部分"（第88条）。教育中的信息和通信技术再次被认为是学校课程不可或缺的工具，包括作为培训的一部分教师；该法律还要求教育部参与管理互联网和电视信号。首先，教育门户网站 Educ，即为国家社会负责准备和开发内容的机构，以及雇佣、管理、评级和评估自己的内容和包含在教育门户中的第三方内容……（第101条）。其次，"通过教育会议"或其他信号，可能会在未来进行生产活动，教育电视的广播节目和 Multimedia 旨在加强和补充国家发展战略公平和改善教育质量。它还指出，方案拟订将针对国家教育系统内的不同行动者，例如教师和学生，根据不同的目的（第27条、第30条、第48条、第51条），但也包括成人以及教育系统以外的年轻人和通过远程教育的一般人口（第105条）。关于媒体，该条例规定设立一个由有关部门代表组成的咨询委员会，"以促进大众媒体对儿童和青年教育任务的更大责任和承诺"（第103条）。《国家教育法》规定，将开发基于信息和通信技术的教育选择，并针对教育系统之外的年轻人和成年人开展活动，目的是利用新的教育手段整合被忽视的社会部门。

《视听传播服务法》中关于数字素养的规定有：第17条规定，执行当局应组成和管理视听传播和儿童咨询委员会的运作，该委员会是"多学科、多元和联邦的，由在这一领域有公认记录的个人和社会组织以及儿童和青少年的代表组成"，虽然本标准不涉及严格的数字设备，但假定这些考虑对所有技术介质都有效。该委员会在数字扫盲方面具有若干相关职能，涉及照顾和促进儿童和青少年的培训，从基于研究和培训的质量评估到竞赛，以及该领域之间的必要联系。在教育方面，这些职能的重点是制定一项建议，培训教师和学生批判性地接受媒体与信息和通信技术。在这项教育提案中，"视听与信息和通信技术的批判性及创造性所有权""视听批判性分析、欣赏和传播""产生自主行动，分析和创造自己的视听话语和传播实例""获得信息、知识、技能与信息和通信技术的平等机会"是本工作中采用的数字扫盲概念的一些关键点[1]。

---

[1] 阿根廷内政部：《视听传播服务法》，https：//www.argentina.gob.ar/elecciones/espacios-en-servicios-de-comunicacion-audiovisual/decretos-disposiciones-y-circulares-0，访问日期：2022年6月18日。

二、阿根廷数字素养法制机制建设

阿根廷《宪法》第14条及其中所载的国际条约——《宪法》第75条第22款以及第75条第17款、第18款和第19款的规定都写到教学和学习的权利。

《国家教育法》第26.206号及其修正案规定了教学和学习的权利,并确定了国家教育政策的目标之一,即发展管理新语言所需的技能——信息和通信技术。该法第二章第88条的标题Ⅵ"教育质量"规定,"获取和掌握信息和通信技术将成为融入知识社会不可或缺的一部分"。该法第五章"促进教育平等的政策"第80条规定,教育部与联邦教育委员会达成协议,将为处境不利的学生、家庭和学校等提供技术资源。

第459/10号法令第1条在国家行政部门内设立社会保障"Connectequality.com.ar"计划,旨在为公立学校、特殊教育和教师培训机构的学生和教师提供计算机,培训他们使用这一工具,并制定教育建议,以促进他们融入教学过程。

同时,在阿根廷总统令中,第2条规定在教育部内开展"连接平等计划",为国家管理的公立学校提供技术资源,并制定教育建议,以促进将其纳入教学和学习过程。第3条写到,第2条规定的技术资源分配应以向国家管理的中学和特殊教育学校以及所有其他教育水平的每个学生和教师提供一台计算机的形式进行。

三、阿根廷数字素养教育机构建设

(一)数字图书馆

在"连接平等计划"中下设有数字图书馆,其中有大量的藏书资源,包括初级水平的阅读、读数,中学水平的读数,青少年和成人水平终身教育的阅读材料,阿根廷文学经典等。

(二)Educ.ar团队

Educ.ar是阿根廷教育部的国有公司,是获取知识的数字化转型的标杆。它的主要任务是在课堂内外整合技术,以实现包容性和优质的教育,通过调查和生产知识助力联邦"连接平等计划"。同时,它们还开展各种理论和实地研究,以生产和分享教育和新技术领域的知识,并通过框架和证据支持资源生产、培训等公共政策和行动的设计。它们一直资助"连接平等计划"的开展，并在2020年由其内容团队创作了《在虚拟环境中进行教学的关键路径——用于在虚拟教室中组织课堂和活动》一书，作为该计划的官方出版物。

举行数字教育包容性研讨会，在其中来自Dora Acosta高等师范学院的学生学习免费操作系统Huayra和Connect Equality平台的使用；举行《教育之声》循环活动，每期请一位嘉宾，这是一场旨在促进真正的公共教育的辩论，让教育界人士（包括学生和教师）在广播期间互动并参与辩论；在各地发放Connect Equality上网本并让当地学生学习使用Huayra系统。

四、阿根廷数字素养教学设计

"连接平等计划"是阿根廷教育部的一项计划，也是联邦数字包容政策，其中包括教育和技术材料的分发以及连通性行动的部署。它寻求恢复和重视公立学校，以减少阿根廷的数字、教育和社会差距。该计划以一对一的方式将计算机分发给公立学校的所有高中和特殊教育学生，旨在保证年轻人能够获得新技术。除了分发上网本，还有一个与该计划相关的开放教育内容的数字平台，由全国所有省份合作创建；一个虚拟教室系统，供教师在线备课。

这个虚拟教室可以提供给整个国家的教师，让他们能够通过数字技术分发材料、发送通信、检索课程和举行视频会议，除此之外，其他教师都可以注册账户，并在获得校长的验证后进入他们的教室，与学生交流，从而扩大课堂。

同时，"连接平等计划"的教学建议符合中学教育核心问题的教学模式。它们利用数字技术和媒体材料的潜力，并提出了新的教学方法。这些模式可用于连接平等的上网本、其他设备、虚拟教室或任何其他平台，方便用户查看、浏览。

《联邦教育法》的第四章"中学教育"的第31条规定，中等教育分为两个周期：一个基本周期是所有方向都是相同的；另一个周期是根据知识、社会和工作领域的不同而有所不同[①]。因此，这些教学建议是根据义务教育

---

①阿根廷教育部：《联邦教育法》，https：//www.argentina.gob.ar/educacion/validez-titulos/glosario/ley26206，访问日期：2022年6月18日。

的三个基本挑战组织的：教学级别（幼儿教育、小学教育、中学教育和高等教育）和每一级的教学周期之间的联系、有效的毕业和教育的连续性，教育部也根据教学建议设置了一些课程。

五、阿根廷数字素养课程体系建设

（一）根据义务教育的第一个基本挑战设置的课程——教学级别和每一级的教学周期之间的联系

表1 阿根廷基本数字素养课程设置

课程名	课程目的及流程	内容
气候变化你在吗？	介绍：你将会通过数据分析、阅读图表、使用模拟器、论坛以及和他人合作的方式学到气候变化以及它的原因和后果。它是一个全球相关的话题，当前科学界一致认为这是一个对我们生活和未来都非常重要的问题，通过学习它，你可以了解和扩展有关这一全球问题的知识，建立知情意见并能够作为公民做出决定。本课程有三个流程：工作坊1、研讨会2、研讨会3。	工作坊1：温室效应；数据和图形。在这个工作坊中，学生将讨论地球的平均温度与大气中的一些气体之间的关系。为此，学生将从模拟器中收集数据并对其进行解释。他们还将研究以图形方式表示这些关系的不同方式。研讨会2：温室效应——模型和模拟器。通过互动信息图介绍地球是一个复杂的系统。研讨会3：进一步扩充有关知识。
过去的痕迹将我们联系在一起	通过阅读和写作活动、地图和图像的解释以及思想辩论来接触社会科学的各种来源和资源，研究美洲人口的不同理论以及居住在我们大陆上的第一批人类的一些特征，以了解社会科学中构建知识的方式和其随时间动态变化的特征。流程：谁是第一个来到美洲的人——他们给我们留下的线索——有单一的解释吗？——所以我们告诉它。	第一个流程：通过编辑地图了解知识。第二个流程：通过视频来学习。第三个流程：通过小组讨论、编辑表格以及编辑地图来学习，最后集体在黑板上留下自己的想法和心得。第四个流程：总结和讨论。
构建和分析图形	通过学习圆周和圆、三角形和知道我们学到了什么这三个板块，解决中小学过渡中的问题，同时在最后一个板块自主地活动。	在每一个板块中，在相应的知识下，都有分享自己想法的论坛和投递箱。

续表

课程名	课程目的及流程	内容
解决直接比例问题	有三个板块，比例性和自然数、比例和有理数和知道我们学到了什么，设置目的和上一个课程相同。	同上。
与自然数相乘相除	有三个板块，毕达哥拉斯表和心算、乘法和除法的感觉和知道我们学到了什么，设置目的和上一个课程相同。	同上。
明信片、肖像和世界	通过三个研讨会来探索伟大作家的故事和散文片段：记录的读数和文本、写自己的肖像和明信片以及制作与描述性文本相伴的拼贴画和蒙太奇照片，以便在课堂上分享。	流程1：通过图像探索和重读故事"鳄鱼的气味"发现一些可能的写作技巧，并能够为自己创建明信片。 流程2：在此，你将加深对文学小说一般知识的理解，提高自己的想象力。 流程3：学习通过数字工具制作蒙太奇照片。
作诗就是连接	通过三个研讨会来探索伟大作家的诗歌； 音频和阅读，通过有趣的建议写出自己的诗句，制作视频诗并在课堂上分享。	流程1：通过访问集体黑板和讨论想法来完成小学和中学之间的过渡：语言和文学的笔记本（此笔记本属于中小学过渡合集的语言文学系列，其目的是为学生和他们的老师提供可以在两个层次上以相同的教学视角接近的工作路径）复习你在课堂上已经学习过的诗歌，并提出新的挑战，以进一步加深对诗歌语言的认识。 流程2：同上。 流程3：研讨会1、2以不同方式阅读、探索和了解诗歌，并在最后一个板块中制作自己的视频诗歌。

（二）根据义务教育的第二个基本挑战设置的课程——有效毕业

表2　阿根廷高阶（毕业）基本课程设置

课程名	课程流程	课程内容
围绕核能的问题	两个板块：核技术是帮助我们还是伤害我们，能源和核电站。	流程1：按照介绍知识、提交作业、小组活动和反思的步骤来学习三大块知识，包括核技术应用、原子模型和亚微观世界以及核反应产生热量的原因。 流程2：通过视频介绍、小组活动、作业提交等方式学习能源和电能、能源与环境、历史上的核事故以及核电站的建立。

续表

课程名	课程流程	课程内容
多项式函数的研究	四个月的学习：作为两个线性函数的乘积的二次函数、二次函数的闭包和三次函数的开始、三次函数与多项式除法的研究以及一些四次多项式函数和闭包工作。	第一个月：第1、2周研究因子是两个线性函数的"乘积"函数；第3周研究"产品"功能；第4周总结。 第二个月：第1周从所研究的内容中建立论据；第2周分享研究二次函数的策略；第3、4周将三次函数研究为线性函数和二次函数之间的乘积。 第三个月：第1周研究三次函数根的多重性；第2周从多项式形式研究三次多项式函数；第3周研究多项式的除法；第4周反思总结。 第四个月：第1、2周研究大于三次的多项式函数、根的多重性和因式分解；第3、4周反思总结。
今天的阿根廷移民	本课程的目的是通过一段旅程来促进交流和互动，从而使人们对迁徙现象的自然思考方式产生张力。为此，我们将质疑迁移、身份和异质性的概念，并促进自主立场的发展，使我们能够衡量当今迁徙现象的复杂性。 分为3个模板：将迁徙视为一种多维现象，"阿根廷移民：社会政治、领土和历史坐标"，在当今阿根廷研究移民的提案的沟通和社会化。	第一个模块：它的目标是让用户更接近迁移、迁移的复杂性和相关性。 第二个模块：推进对阿根廷移民的历史和领土分析。 第三个模块：提供其他讲述他们移民经历的声音，以从主观性的角度重新思考这个问题。
与现实有任何相似之处纯属巧合吗	流程分为历史还是小说，文学创作神话，写作。	第一个模块：作为读者，我们必须关注现实如何在文学文本中讲述与现实之间的异同。历史文本和小说都是故事。 在已经开始的项目中，课程将围绕 Eva Perón 的人物讲述不同的文学故事。 第二个模块：该提案的制定是通过由四个连续站点组成的路线进行的。每一站都会停在一个故事或一首诗。那个故事或那首诗会被仔细阅读，其他文字或视频将被分享，再讨论这些读物。 第三个模块：进行写作。

(三) 基于混合教学序列以及虚拟教学空间的使用建议

这些建议是针对教师、学生和家庭的，旨在伴随和丰富上网本和虚拟教室的教育使用。通过这些例子，你将学习如何规划混合教学序列，了解更多的工具和应用程序来创建和管理旨在教学的虚拟空间。

表3 阿根廷教师的混合教学设置

课程大类	课程名	性质	课程目的
社区课程	1. 生活技艺或交易类：理发、木工、粉刷、缝纫、砌砖、野刀工艺、花卉种植、篮筐、制铁、水暖工程、跨平台游戏、使用数字设备、学习创建电子电路、学习开面包店、学习维修电脑、城市堆肥、高效柴火设备建议、用花园里的产品准备食物、家庭花园生产、制造你的二氧化碳计、使用自行车。 2. 理论类：设计概论，定格动画简介，网络新闻纪录片，物体和产品的基本摄影，矢量设计简介，学习和使用三个R：减少、重用和回收，信息安全学习使用。 3. 数字工具和互联网应用类：Google Drive进行小组作业、学习进行云端协同工作、学习使用Processing进行图像编辑、学习使用Arduino这个平台、学习使用Construct2创建视频游戏、学习创作互动叙事的电子游戏、使用H5P设计交互资源、Huayra系统的使用。 4. 创业类：学习中小企业的成本结构、学习如何创业、学习怎么制作简历和进行面试。 5. 儿童保护类：学习如何避免儿童过度迷失于数字工具、学习如何避免儿童在网上被骚扰。	面向公众的社区培训	社区课程的目标是促进获取知识和有用工具以在家中承担新任务，提高工作绩效并创造新机会，组织学习或发现使我们对现在和未来保持开放的职业。 在自助虚拟模式中，它们被分为八类：制造、贸易、在家工作、工作技能和工具、计算、通信和协作、编程和设计以及数字共存。 这些课程有些是为了教给公众一门手艺，让他们可以凭此谋生，当把这个当作谋生手段的时候，他们还可以学习到交易中的一些知识和技巧，比如理发、木工等课程；有的就是单纯地教给你制作一个工具或者教给你一些生活常识和技巧，比如家庭花园生产和二氧化碳计的制作等课程；一些则是教给公众一些理论知识，比如设计概论等课程；还有一些是教给你学习数字工具和软件，比如用Google Drive进行小组作业等；最后一些教给你怎么创业以及教给父母怎么避免儿童产生网瘾和在互联网上被骚扰。

六、阿根廷数字素养教学实践与保障

阿根廷教育部开展了一些面向教育界人士和管理团队等的教学培训，除了有线上云端课程和虚拟教室的操作培训，还有针对各个教学级别，包括幼儿、小学、中学和高等教育的针对教学培训,以培养更具时代特征和拥有更丰富知识储备的教师。

表 4 阿根廷数字素养师资培训内容

课程	课程名	性质	课程目的	教育程度
关于维基百科教学和学校间跨学科项目设置的课程	维基媒体项目的教学方法	面向教育界	本课程由 3 个主题单元组成,它基于使用视听资源和理论材料的工作,其中建议从教学角度参观维基媒体项目,尤其是维基百科和维基共享资源,强调使用维基百科作为一种教育工具。同时,它邀请我们将维基百科作为一种数字媒体来思考与性别、人权和自由知识构建相关的不同辩论。	职业教育
	教学重点中的维基媒体项目		本课程主要针对教育界,旨在更接近维基媒体项目:它们是什么,它们是如何维持的以及自由文化在这个过程中的作用是什么。同时,还将讨论西班牙语维基百科是如何构建的,免费知识的构建在平台上具有哪些特点,以及由谁来执行。 在课程中,我们分享了维基媒体阿根廷的教育和人权项目的工作经验,该项目与不同的教育参与者协调实施。	
	学校的跨学科项目:概念框架、挑战和方法替代		本课程旨在为教师提供概念和方法论工具,以根据他们的学校工作环境的坐标来开发跨学科项目。为此,致力于探索与跨学科项目合作的概念基础;该课程调查这种工作方式带来的挑战和方法上的可能性;思考它解决数字文化的可能性;最后,推进了不同的方向,使其能够在学校进行。	
	教育资源的混搭	面向教师、管理团队、主管	开放教育资源(OER)为我们提供了机会,让我们可以根据某些教学需求和学生需求重新创造,从已有的东西中创造和分享材料。 本课程旨在通过搜索可免费访问、可重复使用、修改、混合和重新分发的数字资源来解决"教师策展人—制作人"的角色。我们将提出制作教育资源的不同方式,使用混音和混搭作为其设计的可能策略。	

续表

课程	课程名	性质	课程目的	教育程度
关于维基百科教学和学校间跨学科项目设置的课程	混合教育：数字文化与学校之间的桥梁	面向教师、管理团队、主管	本课程旨在为教师提供概念和方法工具，以应对混合教育模式提供的核心挑战之一。在这里，我们将我们的学生作为文化主体，以反思和批判的方式在数字文化和教学工作之间建立意义桥梁。	职业教育
	使用 ICT 设计和管理机构项目（针对管理者）		本课程旨在使管理团队更接近以数字技术为媒介的教育项目设计和管理的概念。 为此，我们邀请学生与虚拟人物（学校校长）携手，经历设计一个整合信息和通信技术的教育项目的不同阶段。 该提案是为了在机构项目的设计和管理的不同阶段陪伴我们的主任应对挑战。 这是一个理论发展和实践不断对话的提案，并邀请我们从对环境本身及其机会的分析开始思考学校管理本身。	
	设计和发布数字教育资源		通过反思、阅读和活动来调查数字教育资源在教学中的潜力以及此类材料的设计、制作和出版方式。	
	监控学生的策略和 ICT 工具		涉及各种概念、策略和有用的工具，以在使用虚拟作为支持出勤的空间框架内监控学生。	
	互动、交流和协作空间		本课程提供了不同的沟通渠道，以探索他们在教学和学习建议中的可能性，同时考虑到教师和学生之间在虚拟和面对面环境中进行的不同形式的交流。	
	介绍以技术为媒介的教育方案设计		本课程邀请用户通过虚拟教室的空间，了解它提供的不同工具来设计同步和异步提案，并利用其潜力，以教育和教学目标为中心轴。	
	课程开放教育资源的使用和拨款——第 1 节		面向各级教师的培训课程，在组合课堂场景中使用和挪用开放教育资源，包括使用数字媒体分析和规划教学实践。	
	在校评估		本虚拟培训课程由卡塔马卡省教育部开发，旨在为教师提供识别评估类型、管理学习的工具：自我评估和同行评估。	

续表

课程	课程名	性质	课程目的	教育程度
关于阅读写作和文化艺术的教育	社会科学的阅读和写作	面向儿童	本课程深入探讨了阅读、写作和学校社会知识生产之间的密切关系，同时将阻碍这些关系的教学习俗问题化。这些想法和分析材料是研究人员和教师合作的产物。重点是使用历史中的资源，尽管许多考虑因素可能对整个学校社会科学有效。 通过课堂，我们反思了阅读和写作在学校社会知识建设中的中心地位，并对社会科学常规教学中一些具有特色的阅读和写作方式进行了问题化。结合这些思想与孩子们对历史知识的重构，呈现了学生们在重构一个复杂的历史问题中的工作，即征服者到来后在美国产生的人口灾难。为了解释社会现实及其在学校教学的复杂性，需要对一组文本和资源进行深入阅读的工作项目进行分析，这些文本和资源处理同一问题的不同方面或显示不同的观点。在这一点上，该模块说明了写作如何有助于历史学习。 最后，讨论了一个中心概念：作者的观点和他们的生产方式，以及男孩女孩作为其文本作者的定位。	职业教育
	语言与童年：艺术作为文化遗产和初始教育中的象征性庇护所		本课程为基础教育的参考理论框架提供了培训、更新和深化的空间，促进了同龄人对45天至5岁（含）男孩和女孩教育空间的教学任务以及教师培训的反思。 因此，该提案为寻求了解幼儿教育的具体方式以及在初始教育中组织教学的各种方式的教师提供了一个更高层次的培训框架。 为此，本课程在21世纪的总体转型和大流行的独特经历的背景下，在主体性、学习、社区联系和教育组织的发展方面提出并选择了初始教育的问题轴和挑战。 从这个意义上说，课程提案被呈现为一种方法、基础、经验、实践和争议空间的旅程，这些方法有助于幼儿教育的非自然化，理解教育已经将其视野扩展到了学校之外，扩散了一个多元化和包容性的领域，能够容纳不同的声音，从而从权利的角度为他们的护理和教育制定有价值的项目和干预措施。	

续表

课程	课程名	性质	课程目的	教育程度
我们的学校：扩大你的学术培训	中国初等教育的教育学认同	教师、管理团队、主管、培训师、管辖技术团队	本课程为基础教育的参考理论框架提供了培训、更新和深化的空间，促进了同龄人对45天至5岁（含）男孩和女孩教育空间的教学任务以及教师培训的反思。 因此，该提案为寻求了解幼儿教育的具体方式以及在初始教育中组织教学的各种方式的教师提供了一个更高层次的培训框架。 为此，本课程在21世纪的总体转型和大流行的独特经历的背景下，在主体性、学习、社区联系和教育组织的发展方面提出并选择了初始教育的问题轴和挑战。 从这个意义上说，课程提案被呈现为一种方法、基础、经验、实践和争议空间的旅程，这些方法有助于幼儿教育的非自然化，理解教育已经将其视野扩展到了学校之外，扩散了一个多元化和包容性的领域。创造了能够容纳不同的声音的空间，从而从权利的角度为他们的护理和教育制定有价值的项目和干预措施。	初级
	对幼儿教育经验的教学研究		其目的是问自己关于幼儿教育建议的教学性质，作为保证行使受教育权的质量提高的不可避免的条件。从现有的经验出发，我们的想法是可以问自己关于促进和启用的教义和学习，关于流通的知识，关于教师、教育工作者、儿童、家庭和社区在这些经验中所承担的作用。	
	从周期的角度讲授问题和决策（小学数学）		本课程的中心目的是为教师提供一个共同反思小学数学教学和学习的环境，以便所有学生完成他们的学业，实现未来可重复使用的学习和自主使用已有知识的能力。 它为教师提供初始培训，旨在关注教学连续性，以适应学生的不同初始知识以及社会和文化背景的多样性。从这个意义上说，本课程将提出一种包括面对面/虚拟双模态的培训，与新冠肺炎疫情中的需求以及教师在2020—2021年的经验进行对话，对话提高了教师的地位。本课程的出发点是探索教师的可能性并将其付诸行动，提供让学生在学校学习数学的方式变得可见的机会。	中学，大学

续表

课程	课程名	性质	课程目的	教育程度
关于校外延伸知识的课程	重新思考小学自然科学教学的方法	面向全体小学、中学的学生	本课程提供了一个通过辩论和认识论、教学法和教学假设的内容,旨在促进对小学自然科学的建议和教学实践的反思。	基础教育
	作为教学对象的生物和材料		本课程旨在从学科、历史和跨文化的角度使生物和材料的观点更加复杂,有助于重新思考小学自然科学的教学建议和教学实践。	小学,中学
	一个思考和分析数学教与学的框架		本课程提出了一个核心,中学教授的数学的各个主题核心,旨在将中学和更高层次教师的目光、经验、分析和培训路径汇集在一起并进行对话。	初级,高级
	中学几何的教与学		同上。	
	正比例教学课题		同上。	中学
	今天在高中读文学		本课程是阿根廷教育部政策的一部分,旨在使阅读和写作的各种实践民主化。在此框架下,建议为教师提供工具,使他们能够参与各种教育轨迹,尤其是那些在《社会、预防和强制隔离法案》(ASPO)和《疫情预防和社交隔离法案》(DISPO)期间以不连续、中断或无效的方式完成学业的中学生。为此,该提案旨在突出教学和组织决策之间的关系,以有利于年轻学生的阅读和写作学习。	初级,更高
	自然科学的阅读和写作		本课程建议结合教师和研究人员组成的协作小组的工作,反思自然科学教学过程中的阅读和写作情况。它停留在阅读目的的中心概念上,该概念在六年级的光反射教学和二年级的人类营养教学方面进行了检查。它在分析自然科学中要学习的著作的多样性方面取得了进步,同时考虑到了它所教授的内容的复杂性,在第一次接近某个学科时概念和形式方面之间的相互作用,以及编写它的目的。	
	学校和图书馆作为阅读社区		国家阅读计划为希望深化其作为读者的职业并在其教育社区中领导、设计和支持机构项目的专业人士提供培训建议。	中学,高等
	艺术及其教学		国家艺术教育协调委员会建议开展该课程,旨在从具体的规范和理论框架为该领域的培训、更新和深化作出贡献。	初级

续表

课程	课程名	性质	课程目的	教育程度
关于教学和管理的知识课程	将计算机科学纳入学校，管理视角	教师、管理团队、主管/检查员、图书馆员、助理、司法技术团队（ETJ）、学校指导团队	本课程旨在提供分析工具和概念框架，以加强管理角色的视角，从而促进将计算机科学内容纳入其机构。	初级
	数字公民	教师、管理团队、主管、司法技术团队（ETJ）、高等教师培训学院（ISFD）的学生	随着互联网对我们日常生活的影响越来越大，社会必须应对新的问题和挑战。它面临着新的现象。假新闻、仇恨言论、网络欺凌、修饰、社交网络中的隐私暴露、通过算法和大数据使用和处理个人数据，是21世纪提出的一些新问题和困境。	初级、次级、高级
	学校背景下的教育研究	管理团队、主管	在这个教学和工会培训空间中，我们建议从实践本身开始对教育研究进行反思，这使我们能够与他人一起重新思考关于教学工作以及从教学工作中产生知识的方式。本课程的具体目标是熟悉社会和教育研究区别于其他知识生产实践的独特特征，并认识到问题化和排练过程的重要性——在一组教育工作者的框架内——建构教育现实的研究问题。	中学
	当今学校的教学工作		本培训项目被视为一个实例，以反思实践本身，并重新思考管理团队执行任务的方式，将其理解为教学工作。	
	拉丁美洲教学法用于我们时代的教学	教师、管理团队、监督、导师、图书馆员、助理、培训师、高等教师培训学院（ISFD）的学生、司法技术团队（ETJ）、学校指导团队、教学顾问	本课程旨在通过有限的途径为教师提供作为解放教育过程的一部分的拉丁美洲政治教育观点，该途径不会低估对教学实践的质疑。它将国家在实现儿童权利和在通信/教育领域中的作用置于中心位置，以便在大流行、虚拟化和ICT的背景下将教学任务问题化。它建议将征服对构建身份的影响去自然化，该身份的起点包含教育不平等以及中心/外围、北/南、连接/断开之间的紧张关系。它试图分析建筑的结构，拉丁美洲不同社会历史背景下的教学主题和身份表征：	职业培训、技术中学、初级、二级、高级

续表

课程	课程名	性质	课程目的	教育程度
关于教学和管理的知识课程			从萨米恩托和常态主义，到西蒙·罗德里格斯、保罗·弗莱雷和21世纪技术教育背景下的政治教育项目。它将通过特别强调"他者"来做到这一点——土著、混血儿、黑人、移民、女性。同时，它试图通过将教学法理解为伦理和政治语法，在教学法、传播和语言之间建立可见的关系。此外，他们还试图理解教育、文化和传播中的表达方式，试图在当前背景下重新定义解放型教学法。最后，它询问了教师培训空间中的政治教育项目与整个教育系统之间的联系，以及它们与其他知识生产系统的相互作用。	
关于教师教学的基础知识课程	初始阶段的记忆和身份权	面向教师	本课程针对初级教师，旨在解决与阿根廷近年来历史教学、人权教学相关的实际理论问题，尤其是在身份权方面的深化。	职业培训、技术中学、初级、二级、高级
	核技术应用		将与核技术相关的主题带入课堂是一项挑战。由于错误信息和在其他情况下由于缺乏信息，这种活动经常在社会的某些部门产生阻力。因此，有必要为核技术的传播和培训创造空间，其中涉及基于机构来源的理论材料的培训建议，使教师能够在课堂上规划空间，就主导作用进行辩论和反思。	
	环境教育，Matanza Riachuelo 盆地的环境问题	教师、管理团队、监督、图书馆员、高等教师培训学院（ISFD）的学生	本课程开发了各个相关方面，以了解当前的环境问题。为此，研究了一个特定区域，即 Matanza Riachuelo 盆地及其面临的环境问题，以及阿库马尔（ACUMAR）为扭转这一过程而采取的行动。预计将为教师提供概念和工具，并与他们一起开发环境项目，使盆地教室中的环境教育时间翻倍成为可能。	初级

续表

课程	课程名	性质	课程目的	教育程度
关于教学能力培养的课程	税收教育与民主共处	教师	联邦公共收入管理局（AFIP）开发了一个虚拟课程，培训来自该国所有地区的教师。这种教学方法旨在在教学内容中重视税收的社会责任原则。该课程侧重于理解税收文化的重要性，该文化从道德价值观的形成开始，并以行使负责任的公民身份为框架，优先考虑公众，并体现在权利和义务中，理解税收构成国家支持的主要经济资源。	职业培训、技术中学、中学
	使用数字工具进行规划	高等教师培训学院（ISFD）的学生	本课程建议制作包含数字工具的定位计划。	职业培训、技术中学、初级、二级、高级

除了上述在线上教育平台提供的可以通过注册报名学习的课程，另外一项国家继续教育计划（PNFP）是一项普遍和免费的教师培训工具，在联邦教育委员会（CFE 407/21 号决议）和五个具有全国代表性的工会的一致同意下，继续教育在 2021—2023 年进入了一个新阶段。

它面向国家、社会、社区和私营部门各级和各种形式的义务教育与高等教育教师，具有联邦性质，在全国范围内免费普及并逐步实施开来，包括根据不同的机构职责和工作提出建议。该计划承认教师集体有权接受继续教育，他们的建议应得到认可，并根据他们的课时负担分配分数，以确保在学术生涯中取得进展。

在这一阶段，该方案的特点是通过多样化的教学策略来集中教学，并在流行病后的情况下加强教学任务，这些策略适用于教育路径的异质性和不平等的背景。因此，该方案产生了一个教学策略过程和关键领域，如初始识字、促进每个学生和学校使用教科书。他们的工作量为 210 小时，大概需要三个学期。该课程结合了阅读课程和参考书目、分析视听材料、制作个人或团体实际工作、参与辩论论坛和同步虚拟会议。更新的课程结构被组织成 5 个主题模块，每个模块包含 40 小时教学和一个集成的最终项目。

1. 幼儿期的学术更新

本课程提案提供了一个培训、更新和深化基础教育参考理论框架的空间，促进同龄人对 45 天至 5 岁（含）男孩和女孩教育空间的教学任务以及教师培训的反思。因此，该提案为了解幼儿教育的具体方式以及在初始教育中组织教学的各种方式的教师提供了一个培训框架。为此，《幼儿教育学术更新》提出并选择了在 21 世纪总体转型和新冠肺炎疫情蔓延的独特经验的背景下，在主体性、学习、社区联系的发展方面，在初始教育面临典型的问题和挑战以及教育机构的组织方面做出规划。

从这个意义上说，课程提案被呈现为一种方法、基础、经验、实践和争议空间的内容，有助于幼儿教育的非自然化。指导该提案的方法已经将其视野扩展到学校之外，扩大了一个多元化和包容性的空间，能够容纳不同的声音，从而从权利的角度为他们的护理和教育制定有价值的项目和干预措施。

2. 小学阅读和写作教学的学术更新

小学阅读和写作教学的学术更新是国家支持的围绕教学集约化和中心化的政策整合的一部分。建议关注所有教育系统中始终存在的多样化教育轨迹，包括那些由于各种原因以不连续、中断或无效的方式完成学业的学生的教育轨迹。这次更新将阅读和写作的教学和学习提升到了整个学校教学的首位。培训提案为教育系统的所有参与者提供了学习和反思的空间，以加强对教学的协议和集体责任。

主要针对群体包括基层教师、指导班子、图书管理员、管理班子、小学督导。

3. 小学数学教学和学习的学术更新

本次学术更新的中心目的是为教师提供一个共同反思小学数学教学和学习的环境，以便所有学生完成他们的学业轨迹，通过解决问题建立知识意识，并体验数学工作的典型任务，在未来实现可重复使用的学习和使用所学知识的自主权。它是关于为教师提供初始培训，旨在关注教学连续性，以适应学生的不同初始知识以及社会和文化背景的多样性。从这个意义上说，更新将提出一种包括面对面或虚拟双模态的培训，与新冠肺炎疫情蔓延后情景中的需求对话，并结合教师在 2020 年和 2021 年开展的经验。

主要针对群体包括在小学教育机构中执业的教师，数学领域的教师，初级数学领域的管理人员和技术教学团队。

4. 小学教育和数字技术的学术更新

旨在对基层教学实践进行分析、设计和"再创造"，同时考虑到当今

"网络社会"深刻的认识论、社会和文化变化。主要针对群体包括在所有形式的初级教育机构工作的教师,从事小学教师培训工作的教师,初级阶段的管辖参考资料和技术教学团队。

5. 农村小学教学实践新视角的学术更新

针对农村机构在职教师的学术更新提案,建议从构建的知识开始,认识到教学环境的多样性,共同构建从更新的角度理解农村的新工具,以及促进空间对日常实践的反思和概念化,使我们能够从新的角度处理任务。

主要针对群体包括小学教育机构教师,从事小学教师培训事业的教师,农村教育模式的管辖范围和技术教学团队,被录入小学教学择优名单者。

6. 小学自然科学教学新视角的学术更新

旨在解决当前小学自然科学教学中存在的一系列问题,并有助于构建一个广泛而复杂的解释和行动框架,以教育的伦理政治视角为基础。为此,工作空间将提供一些挑战和关键,以便在新冠肺炎疫情蔓延的背景下在小学一级接近自然科学。

主要针对群体包括初级教育机构的执业教师,自然科学领域的教师或小学教师培训职业教育实践团队,初级自然科学领域的辖区参考人员和技术教学团队,被录入小学教学名额的人员。

7. 中学阅读和写作教学的学术更新

本次学术更新是国家支持的围绕教学集约化和中心化的政策整合的一部分。建议为教师提供工具,使他们能够参与各种教育轨迹,特别是那些在 ASPO 和 DISPO 期间以不连续、中断或无效的方式完成学业的中学生。在这种情况下,很难设想一种基于同质性、线性和单一解释的假设而得以维持的读者、作家和演讲者的结构。有必要使这种培训更接近年轻人阅读和写作的社会实践,并认识到多样性(学科、辅助实践、阅读和写作方式、社会目的等)是这些的一个组成特征。在这个意义上,我们应该用复述形式来谈论阅读和写作。

具体来说,本课程提案旨在为教师提供工具,以教授与文学研究领域(专著、笔记、摘要、报告等)以及与文学周围水平相适应的文本的阅读、书面和口头写作。此外,作为工作和反思的对象,在每个提案中为具有不同可能性的学生提供不同学习机会,对语言进行反思以改善阅读和写作实践。

主要针对群体包括在中等和更高级别的教师培训和各种形式的教育机构中从事语言和文学、传播等课程领域的教师，语言和文学、传播及相关领域的管辖参考资料和技术教学团队成员，在语言和文学、传播学等课程空间中进入中学教学的择优名单的人。

8. 高中数学教学与学习的学术更新

通过中学教授的数学的各个主题核心，旨在将教师的凝视、经验、分析和培训汇集并进行对话。以国家评估行动的结果和建议以及阿根廷数学教学专家进行的大量调查为框架，对内容进行了删减，他们的认识论立场与"优先学习核心"中的建议一致。

主要针对群体包括持有中学或高级教师培训数学教师职称的人员，并且目前正在担任数学教师，目前在属于特定培训领域或阿根廷教育系统中学数学教师实践领域的课程空间中担任教师，担任数学领域的司法参考和（或）技术教学团队成员，被登记在中学教学的择优名单中的人，有资格在中学或高级教师培训中教授数学并且目前正在履行该角色的人。

9. 中学教育和数字技术的学术更新

本课程提案涉及信息和通信技术（ICT）、数字文化；以批判的角度从教学和教学方法中经历和建立青年的主观性和日常生活。它旨在对中学教学实践进行分析、设计和"再创造"，同时考虑到当今"网络社会"深刻的认识论、社会和文化变化。主要针对群体包括在中学教育机构工作的各种形式的教师，从事中学教师培训工作的教师，中学阶段的管辖参考资料和技术教学团队成员，被列入中学教学机会优先顺序名单的人。

10. 社会教育经验教学法的学术更新

本课程提案旨在为社会教育经验的分析、反思和发展提供工具，考虑到它们对加强学校和扩大教育轨迹的贡献。这些经验的潜力将根据过去五年的教学、文化和社会经济变化进行审查，特别是考虑到因新冠肺炎疫情而影响教育领域的特殊性。

主要针对群体包括在初级、中级和更高级别的教师培训和所有形式的教育机构以及国家、省或地方教育或社会教育包容计划中的执业教师，社会教育计划和项目的管辖参考资料和技术教学团队成员，在获得教学机会的优先顺序列表中注册的人。

11. 残疾学生教育方法的学术更新

旨在解决教师培训的重要领域——教学方法在残疾学生教育护理中的核心地位。从这个意义上说，该提案旨在提供教学工具和战略，通过设计有助于在学校环境中存在、学习和充分有效参与的教学提案，保障所有学校中残疾人的受教育权。它是关于提供丰富教学任务的框架，提供与特殊教育或包容支持教师合作的工具，以及拥有资源来制定考虑不同方式的规划、呈现和评估教学建议的策略。

主要针对群体包括在教师培训的初级、中级和更高级别以及教育系统的所有模式中执行的执业教师，辖区技术教学团队成员，在教师培训的初级、中级和更高级别以及教育系统的所有模式中获得教学机会的优点顺序列表中注册的人。

12. 权利视角下的体育学术更新

21世纪，全世界的教育都处于不断变革的环境中，挑战着当前的教育范式。不同的人文、生态和社会文化潮流将环境、社区、地方、区域和世界文化视为人的教育的要素，从而表达了对新时代教育目的的挑战。从这个意义上说，教育有助于每个人成为并承认自己是他所处的文化的主角、参与者和作者的成就和可能性。

假设学校体育教育是必要的主角参与者，发生率高，并负责复制和修改构成我们社会和社区的身体文化的方面，则将这门学科置于至关重要的等级水平，以及拥有在建设民主和平等、社会促进和教育正义方面的巨大潜力。为此，有必要从批判的角度反映和回应构成整个国家领土当前文化的不同身体实践的教学所提出的需求。通过这种方式，本学术更新的第二个目标是为全国的体育教师提供理论和实践工具，这些工具有助于保障学生获得优质体育教育的权利以及获得体操、体育活动、体育和健康的权利。

主要针对群体包括各级和各形式的教育机构的体育教师，在属于体育领域的课程空间或体育教师培训职业中的教师，体育领域的国家、省或地方技术教学团队成员，在教育系统各级获得教学机会的功绩名单中登记的人。

13. 跨文化教育学术更新/双语跨文化教育

本课程提案具有理论—实践导向，指出了几十年来跨文化双语教育发展的参考框架。它是关于提供一个培训空间，批判性地反思教育机构中跨文化性的影响，以及为将土著人民的对话实践、知识和材料纳入社会作出的必要贡献。

14. 教育机构管理和治理的学术更新

本课程提案为不同级别的董事提供了管理和机构治理的培训途径：初级、二级和更高。研究生学位面向职业、经验、培训和基本资格具有多样性特点的执业董事。课程围绕两个核心标准进行组织，第一个旨在了解理论参考框架和他们自己作为教育工作者的立场，作为可能干预的分析者；第二个是使用户在与他人的合作以及同行之间的交流和建议中认识到经验集体化的空间、行业知识的构建、框架的修订以及情境管理和政府实践的演练。

主要针对群体包括管理团队的成员，主任、副主任、校长或所有义务教育级别（初级、初级、中级）和更高级别的同等学力，具有管理职能的秘书。

15. 全面性教育的学术更新

本次更新建议扩大和深化教师的知识，以加强他们在实施学术更新方面的专业实践，以有针对性地应对当前的挑战，同时考虑到社会文化的多样性、当地的特殊性以及学科和机构多样性的需求。

主要针对群体包括在初级、中级和更高级别的教师培训和所有形式的教育机构中担任教师或具有教学职能的其他角色，属于管辖技术团队的人员，在取决于其管辖范围的社会教育计划中工作的人，在获得教学的优点顺序列表中注册的人。

其教学实施为："连接平等计划"通过 Educa.ar 国有公司的资助向全国多个省份发放上网本，并开展活动培训当地学生学习免费操作系统 Huayra 和 Connect Equality 平台的使用，再通过免费虚拟教学平台 Connect Equality 观看各教学视频，同时还给教师开通了一个虚拟教学平台来供其开展线上教学。

其保障与评估为：

首先，在新冠肺炎疫情背景下，学生都居家学习，政府为了保证特殊情况下教育的连续性，在司法管辖区内设计并实施了一套虚拟策略。从这个意义上说，实施的首批措施之一是开发或更新数字平台。在某些情况下，司法管辖区有这样的工具，而在另一些情况下，必须搭建特定的平台。最初，大多数平台都是教学材料的宝库，供管理团队、教师和家庭咨询。因此，它们有助于建立一个共同的活动库①。

其次,在连续性教学期间,教师可以自主地为他们的课程进行内容的选择。一般来说,这些平台提供各省开发的材料、资源和由阿根廷教育部生成的链接到各种网站。

此外,一些司法管辖区还出版了载有活动的笔记本,以便在学生之间分发,例如布宜诺斯艾利斯自治市和圣地亚哥-德尔埃斯特罗省。反过来,卡塔玛卡、科伦特斯、火地岛和圣路易斯等司法管辖区加入了虚拟教室,以确保教师和学生有可以见面和互动的数字环境,并且在其他行动中创建讨论论坛,可以促进形成性反馈,评估和监测学生。

随着平台的发展,另一项在司法管辖区广泛实施的措施是与移动电话公司达成协议,确保平台上的浏览不包含移动数据。

这些疫情期间的措施有效地保证了教学的连续性。

鉴于教学实施的评估,根据《国家对教育连续性进程的评估》报告可知,60%的青少年承认在远程学习期间学习了新内容,几乎相同比例的青少年表示他们能够更好地组织起来并更加自主。此外,47%的人表示他们学会了如何使用虚拟平台,23%的人表示他们学会了如何操作计算机。值得注意的是,超过70%的受访者表示他们希望继续在课堂上使用这些资源②。

小结

通过对"连接平等计划"的梳理可知,这项计划通过注册在线平台来学习相关课程,这些课程有面向各教育级别的学生的,为了保证各教育级别和周期之间的联系、有效的毕业和教学连续性;有面向社会公众的社区课程;有针对教师培训的学术更新课程。这些课程针对每一类群体设置的特色十分鲜明且具有教学连贯性,最重要的是十分易得,只要在在线平台注册就可以获取此课程,做到了普适性、大众性和无门槛性;同时,课程里有视频案例、活动信息图、集体论坛、小组活动等,课程呈现内容生动形象、具有

---

①阿根廷教育部:Evaluación Nacional del Proceso de Continuidad Pedagógica,https://www.argentina.gob.ar/educacion/evaluacion-e-informacion-educativa/evaluacion-nacional-del-proceso-de-continuidad-pedagogica,访问日期:2022年6月18日。

②阿根廷教育部:Políticas educativas implementadas en Argentina,https://drive.google.com/uc?id=1NobxcKuu_sr7CzgXxmg35kirx-mht2m6&export=download,访问日期:2022年6月18日。

很强的互动性和参与感；课后也可以及时和老师沟通，提交作业以巩固所学；如果想要复习，也可以从"材料"模块获取课程资源，还可以在研讨会、论坛或者数字图书馆中查阅有关资料，非常方便。公民数字素养的提升在疫情下尤为紧迫，而政府也在各个方面保证疫情下教学的连贯性，保证人人可学、人人能学。

大洋洲篇

澳大利亚数字素养教育的实践与启示

澳大利亚是世界上第一个将媒介素养教育列为教育体系重要组成部分的国家,同时也被公认为是当代西方媒介素养教育开展最好的国家之一。在数字化时代下,数字素养通常被归类为 21 世纪的新技能,经常被视作国际教育系统中的优先领域。澳大利亚与英国、美国等发达国家都将"数字素养"列为国家战略体系的内容,通过各种相关政策和措施推动国家开展数字素养教育,促进公众的数字素养提升[①]。澳大利亚对数字素养教育的重要性认识较早,在 20 世纪的教育行动计划中就小有成效,在 2008 年《全国 ICT 素养评估报告》中,澳大利亚学生在评估结果中脱颖而出,较之前的分数显著提升。与其他国家的学生相比,澳大利亚学生基本上可以无障碍使用数字技术。通过国家数字技能教育,澳大利亚希望大、中、小学生都成为数字技术的熟练用户,使学校以变革性的方式使用数字技术来与学生进行交互式学习,并且目标到 2030 年,让澳大利亚成为世界领先的数字经济和数字社会国,使所有澳大利亚人都可以获得数字技能和技术。本书在详细介绍澳大利亚数字素养教育发展的背景基础上,也将系统梳理其发展阶段中的相关政策措施以及代表性数字素养教育课程案例并加以研究,从而总结出澳大利亚规模化的数字素养教育特点及发展方向,为中国数字素养教育提供参考性意见。

一、澳大利亚数字素养发展背景

澳大利亚数字素养经历了四五十年漫长的探索,在国家数字素养相关政策、数字素养项目计划、教育模式改革中都进行了相当规模、不同程度的尝试。自 20 世纪 70 年代起,澳大利亚就实施了媒介素养课程计划。澳大利亚

---

① 张静、回雁雁:《国外高校数字素养教育实践及其启示》,《图书情报工作》2016 年第 60 期。

图书馆协会于1979年发布了关于信息素养的政策声明。而在1980年,"计算机教学"就开始纳入澳大利亚部分学校的教学当中。虽然那个阶段,计算和计算机素养是计算机教育的重点,但通过使用计算机使学生培养了搜索和使用信息的技能,进而产生了"信息素养"——它超越了原有计算机仅仅是搜索信息的基础,还包括与研究技能相关的批判性思维和评估技能。20世纪90年代,互联网作为一种信息资源,其迅速崛起进一步凸显了信息素养关键方面的价值。"数字素养"以及"网络素养"等类似概念在20世纪90年代中期开始流行,与图书馆协会强调的信息素养总体概念相符。也是在这个时期,澳大利亚国民对互联网有了初步的了解,他们通过计算机搜索和娱乐,中小学生则将计算机作为学习的工具。澳大利亚政府开始逐渐意识到数字素养教育的重要性。

2000年,澳大利亚《网络世界中的学习:信息经济下的学校教育行动计划》提出"在国家教育体系中,将ICT作为学生成绩考核的一部分,并且确保对其基础设施相关资源的投资使用。"2003年,经济合作与发展组织(OECD)委托进行的一项可行性研究支持将ICT素养纳入国际学生评估计划。在这项研究中,ICT素养被定义为:个人适当使用数字技术和通信工具来访问、管理、整合和评估信息、构建新知识以及与他人交流以有效参与社会的兴趣、态度和能力[①]。第二年,澳大利亚大学图书馆协会和澳大利亚信息素养研究会的《澳大利亚信息素养框架:原则、标准与实践》定义了数字素养框架。澳大利亚图书馆和信息协会2006年提及技术变革速度的加快以及向以信息为基础的社会的发展,这些前所未有的变化印证了数字素养发展需求在即。2009年,澳大利亚宽带通信和数字经济部门发布了《澳大利亚的数字经济:未来方向》报告[②]。2011年,"公共图书馆"被用作数字扫盲的关键领域,其通过Web 2.0的交互工具尝试了用户生成以及社区提供的相关内容,通过阅读提升工具价值。公共图书馆因具有提高识字率、获取信息和公民参与方面的作用,一直被看作是解决新出现的社会问题的

[①]Lennon, M., Kirsch, I., Von Davier, M., Wagner, M., & Yamamoto, K. "Feasibility study for the PISA ICT literacy assessment." Report to network A. Princeton, NJ: Educational Testing Service. Retrieved from: https://files.eric.ed.gov/fulltext/ED504154.pdf.

[②]Department of Broadband, Communications and the Digital Economy, Australian Government, "Australia's digital economy: future direction." https://www.EBcde.gov.au/digital_economy/inal report,访问日期:2022年5月28日。

方法之一，并得到社会的大力提倡。这一阶段青年数字素养教育明确了新的教育目标，其中包括确保中小学计算机配置和完善校园互联网设施。事实上实证分析表示，在澳大利亚，计算机和网络资源虽然在学校高度推广使用数字技术中得到了称赞，但其往往用于教师备考，而较少结合运用到课堂中，学校认为使用数字技术时存在的一些风险性的限制，不利于学习环境的安全[1]。数据表明，这些文字处理软件、演示软件和基于计算机的信息资源使用不是常态，有的每月仅使用一次，这一项从基础设施推进到软件思维转变的创新性教育目标一直持续了数年。

2013年，澳大利亚发起国家数字素养工程，依据国家相关政策和管理机构以及图书馆行业和社区组织的支持，澳大利亚数字素养课程和教育实践迈向新高度。2014年，澳大利亚大学信息技术主任委员会、澳大利亚大学图书馆协会和澳大利亚发展与环境联盟共同成立数字素养工作小组，为国家教育机构制定数字素养技能标准体系，叙述数字素养案例经验并提供参考性指南。随着数字技术的不断发展，以及可用性的提高；澳大利亚对发展数字素养的价值日益重视。通过建立澳大利亚课程如：ICT能力和数字技术，将ICT视为一种工具，进而发展数字素养是关键目的。2013年，澳大利亚课程评估和报告局（ACARA）发布了一系列国家课程的课程标准草案，于2014年在澳大利亚相继推出，数字素养作为一项关键能力嵌入到整个课程中。澳大利亚课程的形式明确了数字技能的快速和持续进步正在改变人们共享、使用、开发和处理信息和技术的方式，年轻人需要拥有数字素养相关技能。了解计算机使用中计算方面的作用已反映在与数字素养相关的课程和评估结构中。最初，是通过强调将计算理解为数字素养的一个方面，数字能力的三个主要重点领域在近几十年来发展中涵盖：计算机科学、ICT、数字素养和计算思维、数字技术。目的主要有：学习建立研究问题；搜索和查找信息；以及评估发现信息的可信度、相关性和有用性。

21世纪，随着智能技术的兴起，人工智能、物联网、区块链在数字技术中不断优化升级，澳大利亚对数字技能的教育也随之改革。2017年，《澳大利亚2030：通过创新实现繁荣》提出数字素养教育战略内容，预计在

---

[1] Julian Fraillon, "Digital literacy—Myths and realities." *Australian Council for Educational Research*, 2019: 70-71.

2030年使澳大利亚所有公民学习数字技能以解决数字问题，培养创造性思维①。2019年，澳大利亚大学图书馆协会发布《数字敏捷度框架》，在这一年里，澳大利亚几十所大学都依据数字素养框架制定了相关课程。2021年，澳大利亚政府《未来计划的基础技能》报告起草数字素养框架，阐述了数字素养涵盖数字设备的软硬件操作②。经过长期探索，澳大利亚将国民的数字素养视为影响国家经济发展的关键因素，为实现国民数字素养的全方位提升，澳大利亚发布实施多项政策，并大规模启动数字素养教育项目及课程来实现国家数字经济战略。

二、澳大利亚数字经济战略政策支撑及特点

2011年，澳大利亚宽带、通信和数字经济部发布《数字经济战略》，"将澳大利亚发展成为数字经济强国"是战略目标意向。战略旨在强调数字技能在国家经济发展中的显著作用，并且制定了相关数字技能发展项目，例如：强化宽带网络基础设施建设、扩大网络覆盖范围、发展网络在线教育和在线政务等线上内容③。2013年，《推进澳大利亚成为数字经济体：国家数字经济战略升级版》发布。报告指出：数字素养长期的教育策略需要解决数字劳动力短缺的问题，培养信息和通信技术人才。到2021年，澳大利亚《数字经济战略》明确未来的经济繁荣与现实政策环境交相呼应，包括投资数字基础设施、熟练的劳动力、网络安全和信任、数字包容性、数字贸易协议，相关数字素养政策支持能帮助提高数字技能生产力、支持新兴产业和技术。目标是到2030年，让所有澳大利亚人都可以获得数字技能和技术，建立监管信任，整合数据和技术，获得更轻松的生活体验，使澳大利亚成为世界领先的数字经济国家。

（一）数字基础设施建设

2021年，《数字经济战略》明确表示：澳大利亚政府2021—2022年预

---

①Australian Government, Department of Industry, Science, Energy and Resources, "Australia 2030: Prosperity through Innovation." https：//www. industry. gov. au/sites/default/files，访问日期：2018年6月18日。

②Philippa McLean等：《未来计划的基础技能》，澳大利亚政府，2020，第4-8页。

③Australian Department of Broadband, Communications and the Digital Economy, "National digital economy strategy." https：//demo. Idg. com. au /arn/arn_home_ndes，访问日期：2019年7月1日。

算投资12亿美元，用来支持数字经济战略，以释放数据的价值、推动投资和采用新兴技术、培养现代经济所需的技能。数字经济的一个关键基础是拥有可以访问数字世界的基础设施。澳大利亚政府对地区数字基础设施的投资通过提供快速、可负担、可靠的数字设备连接，扩大数字包容性，为澳大利亚公民提供提升数字技能的机会。根据行业和学校对数字技术的采用率，澳大利亚政府正在将重点放在提高澳大利亚国民在教育和培训生态系统中的数字技能培养，并为紧缺工作的技能再培训创造更直接的学习选择。为适应社会变革，跟进新兴技术的前沿，澳大利亚政府加大人工智能投资以推动经济社会中人工智能的采用率。

（二）网络安全和数字信任

澳大利亚政府2020年网络安全战略投资16.7亿美元，为澳大利亚的数字未来奠定了坚实的基础。政府还确保执法部门拥有调查和破坏网络犯罪的权力，将监视立法引入执法权力以打击网络犯罪，《安全立法修正案》（关键基础设施）法案将提高澳大利亚关键基础设施的安全性和弹性[1]。数字信任的要素包括网络安全、数据安全和身份保证，通过网络安全最佳实践监管工作组，政府现在正考虑进一步进行网络安全立法改革，增强公民抵御网络安全威胁的能力。新的《在线安全法》将通过加强对包含有儿童网络欺凌，以及基于图像和有害内容的删除计划，阻止访问恶性暴力材料网站，确保为所有澳大利亚人提供更好的保护[2]。

（三）数字技能和包容性

提高所有澳大利亚人的数字能力将是确保所有人都能积极参与数字经济的关键。Thomas等在《2021年澳大利亚数字包容性指数》中指出：访问网络、设备或数据的成本或技能和素养能力是影响数字包容性的关键障碍[3]。澳大利亚增强数字包容性和能力需要与社会协作，为提高数字包容性，澳大利亚政府也启动了相关举措。"Be Connected"项目遍布澳大利亚包括图书馆、社区中心、服务机构在内的社区组织，旨在提高澳大利亚老年人使

---

[1]《2022年安全立法修正案（关键基础设施保护）法案》，https://www.homeaffairs.gov.au/reports-and-publications/submissions-and-discussion-papers/slacip-bill-2022，访问日期：2021年12月14日。

[2]《2021年在线安全法》，https://www.homeaffairs.gov.au/reports-and-publications/submissions-and-discussion-papers/slacip-bill-202，访问日期：2021年7月23日。

[3] Thomas. J, Barraket. J, Parkinson. S, Wilson. C, Holcombe-James. I：《2021年澳大利亚数字包容指数》，澳大利亚ARC动化决策与社会卓越中心，2021，第4-17页。

用数字技术的信心、技能和在线安全性。专门的线上网站为澳大利亚老年人以及当地社区组织提供信息和互动培训工具和资源,免费获得数字技能指导。

在学校系统中,青年群体正在学习使用数字技能思维,通过"澳大利亚课程"成为数字解决方案的创新开发者。10年级以下的基础数字技术课程,包括教授学生如何充分使用数字技术,学习在数字环境中完成任务。澳大利亚公民通过"未来计划的基础技能"获得核心技能,以进一步提升他们的数字素养,培养数字参与能力。

三、澳大利亚数字课程中的相关实践

澳大利亚课程的总体目标旨在更加具体地普及数字知识、理解数字技术、发展数字技能。通过管理和评估可持续数字解决方案,以满足当前公民对数字时代使用工具的需求;澳大利亚课程有助于培养学生在现阶段生活和工作中所需的知识、技能、行为能力,包括培养数据收集、表示和解释能力;有效地将数据转换为信息的能力。为进一步实现数字经济战略,促进国民数字素养能力,在"澳大利亚课程"指导下,相继开展了以图书馆、社会机构、福利基金会、社区非营利组织为单位的数字素养课程实践。

(一)基础数字技能认知

澳大利亚AMES"终身数字素养"课程旨在帮助学习者了解技术基础知识,包括不同的数字设备、它们的功能以及人们使用这些设备与他人联系和通过Internet访问服务的方式[1]。该计划支持学习者通过实践和应用学习活动获得数字技能。澳大利亚针对公民的数字素养课程众多。澳大利亚政府"Be Connected 计划"通过免费课程从如何访问互联网、进行视频通话或设置电子设备等方方面面提升民众的在线技能[2]。

---

[1]澳大利亚AMES:《终身数字素养》,https://www.ames.net.au/courses/digital-literacy-for-life,访问日期:2022年5月28日。
[2]《Be Connected 计划》,https://beconnected.esafety.gov.au/topic-library,访问日期:2022年5月28日。

表1　澳大利亚 Be Connected 课程内容

课程名称	课程内容
绝对基础	学习使用电脑、平板和智能手机的基本知识，并了解互联网、网络浏览器、网址和搜索引擎。
了解您的设备	键盘、鼠标和计算机的基本功能，包括如何更改设置和管理文件。
开始上网	使用因特网、在线表格、电子邮件、搜索引擎、互联网安全简介。
安全第一	了解网络安全的一些基本要素，例如：如何创建密码、发现网络诈骗、安全下载文档，以及运行防病毒软件。
更多在线技能	了解数码相机的工作原理以及在线访问广播和电视。
建立联系	了解如何通过智能手机、平板电脑或计算机与他人联系。
关于数据	了解家庭互联网和移动数据之间的区别、如何切换 Wi-Fi 等。
Wi-Fi 和移动网络	如何设置 Wi-Fi 网络、连接公共 Wi-Fi 是否安全等。
在线爱好	如何创建自己的博客来分享你的经验和知识。
应用程序	了解如何使用 App Store 和 Google Play Store 应用程序。
游戏中心	智能设备游戏锻炼你的点击、滑动和缩放技能。
手机和电脑	如何设置和自定义。
设置计算机	通过交互式指南展示设置和个性化 Windows 计算机（或 PC）所有功能。
网上银行	如何在智能手机和平板电脑上运行。例如：支付账单、转账和查看余额。
网上买卖	了解如何安全地在线支付商品，以及在在线购物时保护个人信息。
社交媒体应用	与 Facebook、Twitter、Instagram 和 Pinterest 上的知名人士一起探索社交媒体。了解如何在这些平台中安全地创建自己的账户。
智能家居使用	了解如何通过训练识别你的声音来安全地设置智能扬声器、如何使用智能电视或显示你的照片库等。
在线安全	了解在线保护你的隐私和个人信息的高级方法。
用照片做有趣的事情	了解如何拍摄、编辑、打印和存储你的照片。学习如何将照片从相机或设备移动到计算机进行编辑。
在线服务	了解有关在线访问州和领地政府服务的所有信息。

（二）数字创作思维培养

针对学生群体，澳大利亚政府教育、技能和就业部数字技术中心开发了"数字技术"课程，为孩子们提供了成为数字解决方案的创新创造者、数字系统的有效用户和数字系统传达的信息的关键消费者的机会。旨在发展知识、理解和技能，以确保学生以个人和协作方式设计、创建、管理和评估可持续和创新的数字解决方案，以满足重新定义当前和未来的需求①。课程分为"数字技术知识和理解"和"数字技术流程和生产技能"两个领域，包括数据的信息系统组件和数字系统；使用数字系统来创造想法和信息；并定义、设计和实施数字解决方案，根据特定标准评估这些解决方案和现有信息系统。培养能力分为识字、算术、信息和通信技术（ICT）能力、批判性和创造性思维、个人和社会能力、道德理解、跨文化理解。

表2　澳大利亚数字技术课程结构

课程领域	课程内涵	分支课程名称	分支课程内容
数字技术知识和理解	侧重于发展信息系统的基础知识和理解：数字系统和数据表示。	数字系统	数字系统的组成部分：硬件、软件和网络。
		数据表示	数据如何以符号方式表示和如何结构化，以供数字系统使用。
数字技术流程和生产技能	侧重于开发技能。收集、管理和分析数据；定义问题和设计数字解决方案；交流想法和信息等。	计算思维	发展和使用日益复杂的计算思维技能、流程、技术和数字系统，以创建解决特定问题、机会或需求的解决方案。

（三）在线安全应对

"数字公民课程"是数字未来倡议（Digital Futures Initiative，以下简称DFI）的数字素养课程。DFI主要指导孩子更安全、更负责任地使用互联网和设备，培养应对如网络欺凌、色情短信、在线掠夺者等情况的应对能力。DFI的数字公民课程帮助学生保持在线安全，塑造良好的数字公民意识②。课程提供数字媒体对社会、情感和行为的影响背后的科学和心理学，通过相关课程发展公民对网络信息的接受、弹性和容忍技能；保护公民的情绪免受数字传染病的感染，识别网络信息背后的平台、媒体或作者的目标，调查真相/谎言或事实/虚构以限制虚假信息或偏见；在参与平台之前进行思考，以便对抗这些具有传染性的在线信息影响。

---

①《澳大利亚政府教育、技能和就业部数字技术中心开发数字技术》，https：//www.digitaltechnologieshub.edu.au/understanding-dt/the-dt-curriculum/australian-curriculum-digital-technologies/，访问日期：2022年5月28日。

②《数字未来倡议——数字公民课程》，https：//www.dfinow.org/digital-citizenship/，访问日期：2022年5月28日。

表3 澳大利亚数字公民课程教学目标

教学目标
确定影响我们行为、态度和情绪的社交媒体平台目标。
理解适用于数字媒体的行为、情感和社会传染理论。
确定数据保护的重要性,并更加注重我们的关注。
解释错误信息和虚假信息的影响。
从各个角度看待数字消费,以获得正确的认知。
意识到我们的个人偏见和模仿会影响日常决策。
描述个人价值应该如何出现,而不是来自不露面的在线团体。
让学生在发送之前进行思考。

澳大利亚政府重视网络安全教育,对于学生教育,在线安全在健康和体育、数字技术、英语和艺术、媒体艺术中都是明确的。澳大利亚课程评估和报告局（Australian Curriculum Assessment and Reporting Authority）的"在线安全"课程分为五个相互关联的维度：价值观、权利和责任；福祉；尊重的关系；数字媒体素养；信息和设备的知情和安全使用。涉及将不适当的社交行为、滥用、有害内容、不适当的联系、身份盗用和侵犯隐私一系列网络风险负面影响最小化；了解保护和管理自己的安全、隐私和数据安全的重要性；确定安全和不安全设备、应用程序、游戏或网站的策略。课程旨在指导教师识别澳大利亚课程中支持在线安全教学的内容；将教师与一系列跨学科资源联系起来,这些资源旨在支持在线安全的教学和学习。使澳大利亚年轻人发展信息和通信技术（ICT）能力,调查、创造、沟通和与他人合作以及管理和运营ICT时,培养包括同情和尊重他人在内对于道德和社会参与的社会责任感。

表4 澳大利亚在线安全的课程维度

课程维度	课程内容
价值观、权利和责任	了解对自己的行为方式负有责任,能够在理解公平、道德以及个人和社会价值观的情况下有效地使用数字技术。
福祉	了解寻求帮助行为和健康在线实践的重要性。学会识别安全和不安全的在线情况。
尊重的关系	练习沟通和解决冲突的技巧,建立复原力和同理心,并考虑到不同文化、地点和时间的差异。

续表

课程维度	课程内容
数字媒体素养	了解做出明智和安全选择的重要性。学会识别可信的内容和来源,并认识到背景、偏见、规范和刻板印象的影响。了解在线内容的版权和所有权以及可信度和有效性的重要性。
信息和设备的知情和安全使用	了解保护和管理自己的安全、隐私和数据安全的重要性。学习如何批评电子商务网站以进行网站评论、降低购买风险和防止身份盗用。

四、澳大利亚数字素养教育实践的启示

（一）政策支撑，科学引导

当代数字化生存的复杂环境，迫切需要提升中国公民的数字素养能力。基于此，政府提供法律和政策支持是实现数字生活目标的重要基石。中国政府应该高度重视数字素养在国民经济发展、国家文化软实力、国家全民文化水平提升中的显著作用，着力制定数字素养相关政策法规，促进中国数字素养工程任务更好完成。同时，对新兴技术的发展时刻保持适用性和敏锐性，科学投资支持相关行业数字工具使用，推动更广泛的数字化转型，建设数字生活家园。

（二）数字课程，实用改革

中国的数字素养学校教育除"计算机课程"外，还未将数字素养其他相关技能应用列入规范课程当中。互联网时代下青少年普遍是随数字技术成长的"原住民"，他们对数字技术虽然了解广泛，但因接触较早且缺乏专业性指导，暴露出一些青少年网络恶性问题。中国必须重视数字素养在青少年群体中的关键作用，尽快将数字素养列入国家课程标准。对数字素养课程建设，应尝试根据不同年龄层不同群体开发不同难度的课程体系，改变以往以教师为主导的单向输出型教学方式，提高学生在课堂中的主动性和互动感，提升大、中、小学生信息甄别和批判能力，并定期开展数字素养评估，掌握学生的数字素养能力发展情况。

（三）内容多样，形式多元

从国家层面来说，数字素养项目的开展主要从学校教育和政策支撑这两个方面入手。从澳大利亚相关数字素养实践项目中吸取经验，中国的数字素养提升还应重视民间力量，鼓励相关机构自发形成数字素养帮扶组织，对相

关以团体为单位开展数字技能普及的项目及课程进行适当帮扶。开发专业性较强的数字素养学习网站及App，为公众提供数字技能的线上学习平台，依据现阶段流行的媒体类型，开设相关账号进行数字技能授课作品传播，以多元化方式提升公民的数字素养。

（四）数字联动，阵地合作

中国应该重视公共图书馆在数字素养教育中的中坚地位，转变公共图书馆职能，改善线下图书馆发展现状。利用公共图书馆丰富的资源优势，积极开展相关数字素养活动、讲座和培训课程。数字素养教育应该以高校教育为中心阵地，促进国家图书馆、社区中心、相关组织机构积极参与数字素养实践，联动线下实体和线上服务，形成规模化数字素养教育实践体系，充分发挥各组织机构的优势，促进数字素养教育的可持续发展。

新西兰数字素养教育发展概览

新西兰是较为重视技术教育的发达国家之一。在 2016 年，新西兰开展国家学生学业成绩监测研究技术素养测评项目，通过这种方式来分析技术素养的发展与缺陷等问题。早在 1890 年新西兰中学就引进了技术教育，但当时的技术课程并未面向全体学生，技术素养也仅仅是作为教学和引入科学概念的背景，并未深入开展。20 世纪 90 年代，新西兰技术教育发生重要变革，1993 年发布的《新西兰课程框架》将技术作为一个独立的学习领域单独区隔出来，技术也成为面向全体学生的必修课程。

1995 年颁布的《新西兰技术课程》指出：技术素养的教育是发展技术知识和理解技术能力以及了解和认识技术与社会之间的相互关系；2007 年，在发展学生核心素养的背景下，《新西兰课程》指出，技术课程的目标是发展生产广泛的技术素养，使他们能够作为知情的公民参与社会，并让他们有机会从事与技术相关的职业。在 2014 年以后，新西兰政府的再次经济危机有所缓解的情况下，重新放眼于全球经济、全球劳动力市场竞争和提升居民收入水平和健康指数与生活幸福感，要让劳动者和学生接受良好教育，适时提高并更新自身的基本素养，同时培养自身的创造力和批判思维等。

在新冠肺炎疫情背景之下，互联网的存在连接不同的时空，将新西兰与中国的沟通借助互联网实现。中国着力培养中文教师派往新西兰，不仅加强与新西兰之间的交流，也大力促进新西兰与中国在中文教育方面的密切关系。新西兰与中国的多次论坛、会议的成功举办，证明教育认知是相通的，在着力培养学生的数字素养方面达成共识。

一、新西兰数字素养教育的理念与范式

新西兰核心素养的研究主要受 DeSeCo 影响，其内涵与 DeSeCo 所提出的

核心素养并无差异。新西兰课程网站指出，核心素养是人们现在和将来生活、学习必须具备并不断发展的能力（Capabili Ties），它比技能要复杂得多，涉及能够指导我们行动的知识、技能、态度和价值观①。核心素养具有整体性（Holistic）和通用性（Universal），往往跨越多个生活情境。新西兰核心素养包括思维（Thinking）、使用语言、符号和文本（using language, symbols and texts）、自我管理（Managing self）、与人交往（Relating to others）、参与和贡献（Participating and contributing）五大核心素养。各核心素养之间相互联系，共同发展。新西兰核心素养框架强调学习者的自我反思和在多元社会环境中的积极参与和交流。2007年11月，修订后的课程标准《新西兰课程》（The New Zealand Curriculum）正式颁布。《新西兰课程》的基本框架中，核心素养与价值观、学习领域并列为学生学习的三大方面，被摆在与学习领域同等重要的位置。《新西兰课程》还对核心素养的内涵给予了说明，描述了学生在每一个核心素养上应有的表现，并在学习领域、学校课程设计与教学、评价等部分都着力强调核心素养。同时期发布的《新西兰课程：按水平呈现的成就目标》（Be New Zealand Curriculum: Achievement Objectives by Level）提出了不同水平下不同学科的成就目标，着力体现核心素养与具体学科内容的融合②。在不同时期，新西兰"基本素养"的概念发生了很大的变化。

表1 新西兰的"基本素养"概念发展情况

年份	术语	界定
1996	Literacy	"个体使用印刷信息和书面信息在社会中立足，实现个人目标，发展个人潜力和知识（的能力）③"
2002	Foundation	基本技能是指那些能够巩固学习能力，有助于持续学习的技能。一般是指一系列技能的组合，比如表达技能、数学技能、技术技能、沟通技能等，以及建立自信心④。

①New Zealand Ministry of Education, "The New Zealand Curriculum Online." https://nzcurriculumtkiorg.nz/Key competencies, 访问日期：2016年8月24日。
②王俊民：《新西兰基于核心素养的课程构建与实施》，《比较教育研究》2016年第38期。
③Walker, M. et al. "Adult literacy in New Zealand: Results from the International Adult Literature Survey." https://www.Education counts.govt.nz/publications/literacy/5731: 1.
④Ministry of Education. "Tertiary education strategy" 2002/07. Wellington: P. 36.

续表

年份	术语	界定
2008	Literacy, language and numeracy	表达素养是指人们在日常生活和工作中使用书面及口头语言的表达能力,包括阅读、写作、口语和听力,以及在工作中使用外语沟通的能力。对于劳动人口来说,此类技能十分有助于促成良好的沟通、批判性思维以及问题的解决。数字素养是数学与现实生活之间的桥梁,包括利用数学来处理日常家庭财务问题,完成工作、社区任务的必备知识和技能①。
2014	Literacy and numeracy	撤销了对语言的强调,但没有进行重新定义。

(一) 成人表达及数字素养工具

尽管受到世界经济形势的冲击,但经过上一个五年的努力,2010年,新西兰首套本土化成人素养评价工具——成人表达及数字素养评价工具(The Literacy and Numeracy for Adults Assessment Tool,简称 Assessment Tool,AT)正式发布,与上一个五年推出的 LP 合称"新西兰成人基本素养教育两大基础设施"②。"AT 是一种在线自适应工具,旨在为成人表达及数学技能的评价提供有力而可靠的信息;既能帮助学习者长期追踪自身学习进程,又能帮助教育者和教育组织就一组或一批学习者的学习进程进行汇报。"AT 的服务范围包括:(1) 按照 LP 的要求,提供学习者在阅读、写作、词汇、听力、口语和数学方面的能力评价;(2) 结合新西兰成人的本土化情境,提供数以千计的评价题目;(3) 可通过自适应在线评价和非自适应纸质评价两种方式对学习者进行测试;(4) 为学习者、教育者、各类组织和第三级教育委员会提供评价报告;(5) 搭建一套可靠的、符合信息技术产业标准的基础设施,并反复测试。

AT 与成人素养与生活技能调查(Adult Literacy and Life Skills Survey, ALLS, ALL, ALS)等大规模国际调查有着明显的功能区分,后者意在分析世界各国成人基本素养的总体现状、等级分布及影响因素,为国际组织和参与国政府提供研究数据及决策依据;前者的主要目的是服务于本土成人基本素养水平的测评,以个体为单位建立基本素养档案,为成人基本素养的提升

---

①The Tertiary Education Commission, "Literacy, language and numeracy action plan 2008—2012." Wellington: 6.

②Tertiary Education Commission, "Guidelines for using the Literacy and Numeracy for Adults Assessment Tool." Crown copyright New Zealand: 4.

提供个性化学习服务。同时，AT也可以用作数据搜集，为政府把握本国成人基本素养现状提供定量依据。可以说，AT是一种针对新西兰成人学习环境特质研发的、兼具诊断和敦促功能的成人基本素养自适应评价与发展工具。AT的发布标志着新西兰摆脱了对国际组织成人素养调研数据的完全依赖，是本土成人素养评价的里程碑。

（二）《表达及数字素养执行战略（2015—2019）》

根据《第三级教育战略（2014—2019）》所确定的成功指标和上一个五年指标的达成情况，第三级教育委员会随后颁布了《表达及数字素养执行战略（2015—2019）》（Literacy and Numeracy Implementation Strategy 2015—2019），主要内容体现为核心战略目标及其衡量指标（表2）以及4个工作分支[①]。

表2　新西兰《表达及数字素养执行战略（2015—2019）》主要内容

分支	描述	措施
工作分支1	覆盖更多的个体，帮助他们获得成功。	加大对工作场所的关注，增加政府资助的机会，让更多的雇主参与基本素养项目，与其他机构进行合作，包括社会发展部、交通部、毛利事务局以及其他非政府合作机构。
工作分支2	集中优势力量支持特定的个体学习者，帮助他们改进学习成果。	特别支持毛利人、太平洋岛国人、25岁以下年轻人、成人新居民和有学习困难的人。
工作分支3	确保辅导者和培训师都做好充分的准备，帮助学员获得成功。	教学资源建设（AT、Pathway Awarua），从业者专业资质建设和智能手机应用开发。
工作分支4	对其他机构施加影响，并给予他们支持。	与教育部和基础教育部门交流，影响其政策制定。

（三）转移数字扫盲方向

识字技能是确保儿童和青少年能够获取课程内容，在所有学习领域取得进步和成就的关键，并为放学后的生活做好准备。具备在线识字技能的成年人更有可能获得更高的被雇佣资格，并拥有更高的收入。人口普查数据显示，那些拥有较高技能和较高教育水平的人可能成为志愿者，信任他人，并

[①] Tertiary Education Commission, "Literacy and Numeracy Implementation Strategy 2015—2019." Wellington: 8, 10-17.

认为他们在政治上有发言权。本报告通过对以下几个方面分析，得出当前系统内可能存在的问题，首先是背景：为什么会这样做？其次是针对"识字"的解释，然后通过新西兰的识字教学情况展开讨论和分析，针对新西兰课程（NZC）和课程文件"Te Whariki"概述对服务和学校教学的广泛期望，包括对于识字技能的学习，阐释导致目前扫盲成果的其他系统问题，最后得出当前系统内可能存在的问题，来影响识字技能的开展和实施。该报告阐释了当前系统内存在以下问题。

领域1。问题：在学校和早期学习服务中普及识字教育和学习。教育部没有能够及时关注到在整个学习过程中读写能力的发展，现有的识字资源优先考虑一些模式而忽视了其他模式的整合和更新。通常情况下，在识字的重要语言、视觉、听觉、空间和姿态等方面被忽略。该教育部也没有能够及时提供足够的指导或支持，其系统不能够满足所有学习者在识字学习经历中获得重视和反映其身份、语言和文化的文本和视觉资源。同时，也缺乏在数字背景下的教授识字技能的指导，在识字内容、学会学习、学习的社会和情感方面之间缺乏联系。

领域2。问题：扫盲能力，包括对文化和语言的回应以及对整个教育队伍的包容性。教育工作者不断提高识字能力的机会有待改变，所以很多人没有机会提高基本的识字内容和教学知识，教育部没有能够为领导层和某个学校或早期学习服务（集群）的实践提供足够的支持，以促进识字进展和成就。

领域3。问题：在关键的过渡点进行系统的检查，以确保在学习途径中及时发现和解决扫盲学习的需要。在教育部进行倾斜性评估之后，教师对学习者识字技能的判断也会不稳定，而且评估结果往往没有被用来推动教师实践的改变。

领域4。问题：影响识字学习的系统和资源，特别是通过学校和早期学习服务中的有针对性的识字支持（2级和3级）。教育部并没有为其提供足够的政策支持和基础设施，使早期学习服务和学校能够用最有效的方法和做法来进行扫盲教学；同时也没有使用包容性的设计方法来建构整个过程的资源、指导，让学习者有不同的机会来接受扫盲信息，参与其中并分享他们的学习成果。

领域5。问题：家庭、学校和早期学习服务之间在教育方面的强大关系。教育部在支持家庭识字学习方面没有提供足够的支持,以保持和发展第一语言或家庭语言,以便能够在早期学习和学校中进行识字技能的训练。

(四)《我们的教育系统在扫盲方面的表现如何?》

传统上,识字被认为是阅读和写作。但今天我们对识字的理解包含了更多内容。识字指的是阅读、写作、说话、倾听、观看和展示的能力,以及使我们能够有效沟通和了解世界的能力。拥有强大的识字知识、技能和能力,是确保我们的学习者能够进入课程中的所有学习领域,并在学习完成之后获得终身发展的关键。在一系列大规模的数据来源中,本报告概述了有关识字成绩、进展和教学实践的最新关键发现。这些发现使我们对教育系统在以下方面的表现有了一个大致的了解,在以英语为母语的早期教育和学校中的识字学习的表现。它还汇集了关于新西兰教师在教授识字技能方面的常见做法。此报告建立在一系列全国性的学生成绩研究结果之上,包括在新西兰成长(GUiNZ)的4.5岁纵向全国学生成绩监测研究(NMSSA),对4年级和8年级的学生、他们的老师和他们的家长的研究成果。电子教学评估工具(e-asTTle),主要是为5至8年级的学生开发的。国家教育成就证书(NCEA)的数据,针对中学生以及教育审查办公室对识字和评估进行了审查。本报告还包括以下国际研究,让我们了解到我们的学生与其他国家的学生相比表现如何。国际阅读能力进展研究(PIRLS),研究对象是5年级学生、他们的老师和他们的学校。国际学生评估计划(PISA),针对15岁的学生进行。

纵观多个数据来源,许多新西兰学生在国家和国际基准的识字成绩方面表现良好,许多学生也在各年级中以预期的速度取得了良好的进展。与此同时,在不同年级、不同人群和不同的识字方面,成绩和进步都有很大差异。这种成绩上的差异比许多其他可比较的国家更广泛。近年来,我们也看到了一些平均成绩的显著下降。虽然许多学习者的平均进步速度快,但令人担忧的是,起点较低的学生往往无法赶上,有些学生在一年中的进步非常小。许多学生喜欢阅读,许多人对自己的阅读和写作能力充满信心。然而,也有相当一部分读者不自信、不喜欢阅读,而且阅读成绩也不理想。数据显示,并不是所有的学习者都能得到足够的机会学习和提高他们的识字技能。他们的期望值比其他学习者低,因此他们的学习机会往往较少。在整个教育部门,教师定期反思自己的做法,并获取相关的专业学习和发展项目(Professional Learning and Development,PLD)和资源来支持他们的教学实践。大多数教师，特别是有经验的教师，对使用各种评估策略充满信心。然而，在新西兰的课堂上，教师们所使用的方法和策略差别很大。

成绩和进步方面的阐释中，在阅读能力的国际衡量标准上，新西兰的表现相对较好，但在入学前、小学和中学阶段，学习者在识字方面的成绩差异很大。根据识字学习的不同方面（写、读、听或看），估计差距可达4年的学校教育。这种差异在不同的亚人群中都很明显。在识字方面，女孩比男孩做得好的比例更高。也就是说，他们的表现达到或超过了对其所在年级的预期。更多经济条件优越的学生，以及在经济条件优越的学生比较集中的学校上学的学生，在识字方面表现良好。平均而言，所有亚人群的进步率都差不多，成绩的差异似乎是起点不同造成的。因此，在系统层面，那些在识字学习方面开始落后的人，或早期落后的人，往往无法追赶。不同的学习者有不同的学习机会。研究表明，许多太平洋地区的学习者对结果的期望值比其他学习者低，因此他们的学习机会往往较少。

二、新西兰数字素养教育的制度建设

（一）太平洋行动计划

新西兰教育部在2020年7月发布了《太平洋教育行动计划2020—2030》，通过新西兰民族事务部长Hon Jenny Salesa的陈述，对新西兰2020—2030的教育行动计划进行了详细说明。同时，针对《太平洋教育行动计划2020—2030》的愿景和目前为止的行动计划进程，共同探讨和分析未来十年内的新西兰教育成果，并在此基础上对已经获得的成功和未来新西兰教育的展望，提出了针对学习场所的关键转变和指导性资源，以及对学习场所和社区等地针对行动计划作出回应，也针对学习场所和家庭、社区的规划模板进行了更新。在课程教育改革中最为关键的转变包括以下几个方面：与不同的太平洋社区对等合作，以应对未满足的需求。最初的重点是由新冠肺炎疫情引起的；在新西兰教育环境中，种族和对女性接受教育的歧视严重，所以政策规定了要对抗教育中系统性的种族主义和歧视；在课程教育改革中，注重教师的培养和改革，使每一位教师、领导和教育专业人员能够采取协调行动，使他们能够在文化上胜任工作。采取行动，在文化上胜任不同的太平洋地区的学习者；要注重与家庭合作，与教师、领导和教育专业人员一起设计教育机会。伙伴与教师、领导和教育专业人员一起设计教育机会，以满足学习和就业的愿望。新冠肺炎疫情背景下，较多中文教师纷纷回国，导致新西兰内部的中文教学缺乏师资力量，要着重培养、保留和重视具有较强能力的教师、领导和教育专业人员，培养和重视具有不同太平洋血统的高素质教师、领导和教育专业人员。

（二）2021年8月发布国家教育和学习优先事项声明（NELP）和高等教育战略（TES）

教育目标为国家教育计划和技术教育计划设定了背景，并概述了政府将重点关注的事项，以优化整个教育系统的成果和福祉。国家教育和学习优先事项声明（NELP）和高等教育战略（TES）规定了政府的教育优先事项，以确保所有学习者的成果和福祉。它们是根据《2020年教育和培训法》发布的法定文件，将政府和教育部门的活动引向能够产生最大影响的行动，并确保政府能够加强教育系统，为所有学习者或毛利语言提供成功的结果。首先，NELP和TES的优先事项将有助于创造以学习者为中心的教育环境，使更多的学习者，特别是更多的毛利人和太平洋岛屿人获得成功。其次，教育目标为NELP和TES设定了背景，并概述了政府将专注于改善整个教育系统的成果和福祉的事情。再次，针对NELP和TES的优先事项进行了详细阐述。在战略中注重学习领域关注点是要确保它们是安全和包容的，没有种族主义、歧视和欺凌行为和要提高学习者的教学质量，使学习者获得在教育、工作和生活中取得成功所需的技能而且要与家族、雇主、行业和社区开展更多合作，在实践中考虑到学习者的需求、身份、语言和文化。同时，要注重将本国语言两种毛利语（te reo Māori 和 tikanga Māori）纳入日常活动。《战略》强调了此次课程教育改革的目标——要以学生为中心，让学生和他们的家族处于教育的中心地位；要让新西兰的学生无障碍入学，让每个学习者都能够获得良好的教育机会，享受新西兰优质的教育成果；要有高质量的教学和领导，这种高质量的教学和领导为学习者和他们的家族带来不同的教育环境，在对未来的学习和工作中，提及这种教育的方式是与他们一生生活相关的学习。而且世界一流的包容性公共教育——新西兰的教育是值得信赖和可持续的。

《战略》也对优先事项的制定提出了具体的内容，包括教育、工作、公平平等的教育机会、包容性的态度和在不同环境的教育背景应如何进行课程设置等方面，而且针对疫情影响下的劳动力市场也进行了详细的说明。

（三）《建立 Te Mahau 内部，确立 Te Tāhuhuote Mātauranga 的地位》

2021年7月，新西兰教育部发布了《建立 Te Mahau 内部，确立 Te Tāhuhuote Mātauranga 的地位》相关政策和纲领，在重新设计的 Te Tāhuhu o te Mātauranga 内介绍 Te Mahau。2021年6月17日，政府在2019年针对"明天的学校"审查做出的决定，标志着教育部需要对 Te Tāhuhu o te Mātauranga 内地教育部的组织设计和工作做出改变。国家教育需要的是为整个教育部门提供一个反应更迅速、更方便、更综合的地方支持功能。教育部长向员工发布了在重新设计的 Te Tāhuhu o te Mātauranga｜教育部内建立 Te Mahau（以前称为教育服务机构）的决定。这些都是基础步骤。他们创建了一个新的领导团队，有更多的一线成员，并创建了一个组织，这将有助于教育部为整个教育部门提供更多的支持。

Te Mahau 将根据预算情况，分阶段向学校和早期学习服务提供新的支持和服务。重要的是，更广泛的教育部门参与发展他们希望与 Te Mahau 建立的关系，以及他们在一段时间内获得的服务的设计。在未来几周内，教育部将开始与高峰机构的代表接触，了解他们如何看待 Te Mahau 与他们以及他们与 Te Mahau 的合作。Te Mahau 的正式成立，以及 Te Tāhuhu 的后续变化，于2021年10月4日生效。

三、新西兰数字素养教育组织发展

（一）新西兰教育部

教育部是政府新西兰教育系统的主要单位，负责制定方向。新西兰教育部的目的和宗旨是：以人为本、与人为善，希望塑造一个能提供公平和优秀成果的教育系统。主要包括以下三个部分：首先，针对不同年龄段的儿童进行课程培养和报告，分别为0—6岁儿童的早期教育、5—19岁学生的学校教育、16岁以上的二级教育，然后是根据三者的表现决定政府如何做研究和进行课程改革；其次是针对新冠肺炎疫情的报告；最后是针对 Te Mahau 网站的设计和管理进行项目追踪，将有关的报告、论坛以及会议信息进行发布，将学生的课程改革放在首位。

（二）首席科学顾问办公室

首席科学顾问办公室的首席科学顾问由一个小团队支持，他们中的大多数人都在奥克兰大学工作。总理的首席科学顾问召集了一个由政府各部门首席科学顾问组成的论坛。该论坛得到了增选成员的额外支持，以确保它能根据需要提供全方位的建议和广泛的联系。作为在科学、研究和政策之间建立和发展联系的使命的一部分，该办公室继续接待和指导来自研究机构的实习生和借调研究员进入政策环境。总理的首席科学顾问（PMCSA），其核心重点是就科学如何为新西兰奥特亚罗亚地区的良好决策提供建议。其总体目标就是要建立并维持一个强大而可靠的科学咨询系统，能够为总理提供免费和坦诚的科学建议并定期检查科学建议的水平是否合适。能够在学校合力开展教育教学活动，加强科学和证据在政府政策制定和评估中的使用。

同时也要承认并尊重毛利这一原则证据的一部分，还要在其基础上尊重 Te Tiriti ǀ Waitangi 条约。作为科学建议中的利益相关者和可以提供建议的社区的联系或渠道，要利用当今最好的科学，进一步提高所有新西兰人的复原力、福祉和愿望。能够召集政府各部门的科学顾问论坛（首席科学顾问论坛），在科学和研究部门建立正式和半正式的建议、保证和同行评审网络。认可利益相关者和关键社区，倾听他们的意见，并建立承认他们对科学建议的期望的系统。办公室举办的活动中，要有一个包容性的知识库，这是活动的核心，要倡导证据和尊重不同的认知方式，倡导公平和包容的科学体系，支持增加多样性，拥抱和支持多样性，支持一种支持和重视多样性的包容性文化。要鼓励和促进公平。要能够链接个人网络，为包容性战略提供建议。

PMCSA 承诺严格管理冲突，应辞去所有董事会的任命和领导职务，并在任期内不申请新西兰的研究经费。其项目范围主要包括：

（1）召集政府各部门的科学顾问论坛（首席科学顾问论坛）；

（2）开展活动，加强科学和证据在政府政策制定和评估中的使用；

（3）开展新西兰的研究计划战略研究；

（4）新冠肺炎疫情的发展和报告；

（5）5G 的使用及发展情况；

（6）在人工智能领域能够提供相应的建议和解决措施；

（7）紧急情况下的科学建议制度；

（8）昆虫或植物的濒临灭绝情况；

（9）性别平等和多样化的保护等。

（三）新西兰国家图书馆

新西兰国家图书馆在 2016 年发布了《将知识转化为价值——2030 年的战略方向》报告，其核心是新西兰国家图书馆将通过领导和合作为新西兰人创造文化和经济价值，也将通过消除获取知识的障碍，确保新西兰人拥有创造知识的技能，并为子孙后代保存知识。新西兰国家图书馆将在其内部和外部培养一种研究、创新和专业发展的文化，以应对这些挑战，员工也将具备新西兰国家图书馆成为世界一流图书馆所需的技能，其战略方向将支持国家图书馆的目标。

通过分析现有的新西兰教育问题的报告得出结论：新西兰国家图书馆将建立一个强大和繁荣的国家所需的技能，激发知识创造，支持创新，通过图书馆所提供的藏品，使新西兰在全球经济发展中更具竞争力。同时也倡导公平合理使用图书馆资源，与社区合作，帮助人们充分参与到新西兰的文化和经济生活之中。本报告还分别从知识、阅读和文献遗产等方面论述了产生的背景以及未来的发展方向。

四、新西兰数字素养教育课程设置

（一）课程领导

1. 课程领导目标

课程领导——Kaihautū Marautanga 服务是今年成立的，以支持 kōhanga reo、早期学习服务、kura 和学校的 kaiako 和教师为所有 ākonga 设计高质量的学习机会和经验。TeTiriti o Waitangi，mārau ā-kura 和地方课程设计是这项服务的核心。共有 38 名课程负责人，他们在所有的课程设置中工作，拥有 Te Whāriki、Te Whāriki a te Kōhanga reo、Te Marautanga o Aotearoa 和新西兰课程的专业知识。他们都曾是 kaiako 和领导，对满足 ākonga 和 whānau 需求的包容性教育充满热情。他们提供真正的机会，为教育做出更大的改变，并为 kaiako 提供他们应得的课程服务和支持。课程领导将人们聚集在一起，一刀切的做法是无效的。因此，课程领导提供各种级别的支持（包括 kaiako 支持）——自我指导、指导、支持。

2. 课程资源设置

与 Te Poutāhū（课程中心）的直接链接，课程领导在全国各地的 Te Mahau | Te Tai Raro、Te Mahau | Te Tai Whenua、Te Mahau | Te Tai Runga（北

部、中部和南部）工作，提供当地专业知识和支持。他们与 Te Poutāhū 有直接联系，这意味着 Kaiako 对课程发展和政策有更多的透明度和更直接的洞察力。课程支持材料和文件经常被束之高阁，留在它们到达时的包装中，因为它们是意外到达的，没有真正的背景或目的。虽然有些课程支持材料会很有帮助，但如果能得到通知就更好了，这样 kaiako 就能计划它们的使用。课程领导将创造机会，让正确的课程支持在正确的时间到达正确的地点。他们会帮助开课者获得这些支持，并解释其意图。

3. 课程相关内容

《关系和性教育指南》中指出：为了应对坎特伯雷地区的突发事件，课程领导迅速作出回应，将必要的课程资源代入生活。课程负责人在与多个机构举行的大型区域研讨会上解读了《性与关系指南》的意图，强调了与指导方针相配套的资源和课程支持，并针对该地区村落和学校的独特性提供了本地化的支持。课程负责人分享了参与者的反馈意见，因此，未来的支持是可见的，在正确的时间被强调，实施被改善，未来的支持是适应目的的。

4. 未来—国家课程更新

考虑到过去几年开科所面临的挑战，就可得知国家课程更新极其困难，且无法确定国家课程的优先次序。课程领导知道每个人的起点都不一样，无论 kaiako 处于哪个阶段，他们都会在这里提供支持。课程领导已经开始与 kaiako 在新西兰奥特亚罗亚的历史课上进行合作，提供多种机会参与课程资源，帮助确定你所处的位置和你需要的东西。必要时，他们会迅速将你与正确的人和地方联系起来，例如专业发展服务、专业知识网络和主题专家。

（二）音乐社区

通过阅读书目来提高孩子的阅读、识字和理解能力，《我们的故事》一书旨在由 kaiako 或 whānau 给 tamariki 阅读。这些书与 Te Whariki 和新西兰课程保持一致，适合早期学习和 1—3 年级的孩子阅读。这套丛书的重点是福祉和复原力，以及促进团结、多样性和包容——Kaiako 支持材料将这些目的纳入学习讨论和活动中。与新西兰的穆斯林社区合作，Te Poutāhū 推出了 Ā Mātou Kōrero | Our Stories，这是一系列的课程资源，旨在促进多样性和包容性。

（三）理解、知道、实践：创造交流机会

由蒲塔胡（Te Poutāhū）发起旨在启发和指导能使年轻人成为自信、有联系和积极参与社会的成员的学习。新西兰奥特亚罗亚历史课和 Te Takanga o Te Wā 标志着各自课程文件的变化迈出了第一步。新西兰奥特亚罗亚历史课程内容草案标志着从注重结果的课程转向注重过程的课程，承认学习者的知识、理解和能力随着时间的推移而增长和深化的方式。理解、知道、实践的框架支持这种方法的三个要素——理解：大概念；知道：探索大概念的丰富背景；实践：为学习带来严谨的实践。这些要素不需要按照一定的顺序使用，而是相互促进。当学生使用批判性探究（实践）探索背景（知道）时，他们会加深对大概念的理解。当这三条线交织在一起时，创造了所有 ākonga 都应该有机会体验的学习，学习是不能听天由命的。"理解、知道、实践"将应用于所有学习领域，因为它们被刷新了，使教师更容易探索跨课程领域的整合机会。

(四) 师资培训

衡量一个教师在一年中的工作时间与一个全年工作的全职教师的工作时间的关系。1.0 的 FTTE 相当于一个全职教师全年的工作时间，而 0.5 的 FTTE 则表示一个教师全年工作时间的一半。这意味着，他们可能全年工作了全职时间的一半，或全年工作了全职时间的一半，或介于两者之间。在计算 FTTE 时，重要的是全年的总工作时间。在计算全国所有教师的全职工作时间时，各个教师的全职工作时间加在一起，就得出了总全职工作时间。这里报告的教学人员包括所有在整个日历年内至少工作一天的教师。有些教师在一年中会担任不止一个角色，这些教师只对他们在一年中工作时间最多的角色报告一次。这意味着，即使一个教师的 FTTE 分布在多个角色中，整个 FTTE 将被计入他们在报告的主要角色中。正规教师（长期和定期）和日托教师的 FTTE 计算方式不同。对于所有的正式教师，FTTE 的计算方法是在一年中的工作时间除以一个全职教师（即 1 个 FTTE）的工作总时数。对于日托教师，FTTE 的计算方法是他们在一年中工作的大数除以 190。这种计算方法认为，日托教师通常只在学期内被雇用。

培训显示，影响师资教育培训的因素主要包括教师性别、种族道德、雇佣的类型以及年龄群体等因素，这些因素对师资培训和课程设置以及学生带来了很大影响。从新西兰的师资培训中分析的结果可以对应到中国的教育体制和媒介素养的发展，中国教育中的教师大多数是由女性角色承担，男性占比相对较低。

小结

新西兰在界定本国核心素养的基础上,通过对课程内容、课程目标、教学策略和学习评价的构建,将核心素养融入了整个课程体系之中。在构建指向核心素养的课程体系时,本土化的核心素养定位是必要前提,同时,把核心素养作为目标范畴,转换为具体的标准和课程,并探索发展学生核心素养的学业评价。当前,如何有效地测评学生的技术素养是技术教育面临的一大挑战。新西兰国家学生学业成就监测研究(NMSSA)技术素养测评依据《新西兰课程》,从技术实践、技术知识和技术的本质3个维度构建技术素养测评框架,采用基于计算机的群体任务和基于活动的动手操作任务开展测评;试题以"试题单元"形式呈现,包括情境题和多道小题;试题评分指南与学业目标水平紧密对应,为评分操作提供了有利的参考。同时,新西兰技术素养测评的传播效果以及最终测评结果对中国构建技术素养测评框架和编制有关试题有重要的启示。

非洲篇

赋能与创新：数字经济时代下尼日利亚的数字素养教育

尼日利亚作为非洲手机用户最多的国家，其普及水平与国家为适应数字经济时代发展所做出的战略调整息息相关。根据 We Are Social 的数据，截至 2022 年 1 月，尼日利亚互联网人口规模已超过 1 亿，互联网普及率达 51%，手机用户超 1.7 亿，居非洲第一[①]。尼日利亚为适应数字经济时代的发展要求，将尼日利亚转变为领先的数字经济，在国家层面通过制定政策纲领、战略调整进行扶持；在社会层面通过机构推进、课程教育等进行赋能，旨在利用数字技术为公民提供更多的机会，提升公民的数字素养能力。本书聚焦尼日利亚为适应数字经济时代发展做出的努力，探析其如何通过政策扶持、社会赋能等层面提高公民数字素养能力，实现数字赋权与数字创新。这有利于开展中国本土化的数字素养研究，为中国数字素养实践提供借鉴与启示。

一、尼日利亚数字素养教育发展动因

（一）开展数字扫盲，适应数字时代的发展

数字社会中，数字化生活影响和重塑人们的生产、生活方式，人们越来越依赖媒介信息去建构自我对世界的认知，人们的社会生产活动也越来越离不开媒介技术的介入。技术的快速发展使人们获取信息、进行社会生产、社会交往活动的形式"云端化"，伴随而形成的是复杂化、多样化的互联网环境。互联网空间的日益复杂化，人类社会生产生活所面临的数字机会和风险的可能性也越来越高。数字技术深刻改变了人们工作、生活和思维的方式，

---

① We Are Social and Hootsuite, "Digital 2022 Global Overview Report." https://wearesocial.com/uk/blog/2022/01/digital-2022-another-year-of-bumper-growth-2/，访问日期：2022 年 1 月 26 日。

适应数字时代发展的新要求，把握社会和个体自我发展的可能性，是现代公民适应数字化生存的必备素质。让所有人具备批判性和创造性地使用数字技术的能力，已成为各国政府的主要教育目标[①]。技术进步正在加速，全球经济也在随之发生转变。除非有一场可以改变农业、教育和所有其他公共生活领域的突发技术革命，否则大多数尼日利亚人都面临被抛在后面的严重风险。非洲大陆在智能手机和电脑等技术设备的可用性方面存在很大差异，其次，只有少数非洲国家的大部分人口达到了最低数字素养水平。尼日利亚作为非洲的第一人口大国，人口基数大，早期存在数字基础设备普及率低、互联网覆盖范围窄等情况，部分地区人民的数字技能水平远远落后于数字时代的发展步伐，公民数字素养意识的普及和提高任务繁重。因此，为了能够使尼日利亚人更好地适应和理解不断变化的现实世界，开展一系列的扫盲计划、唤醒人们的技术使用意识、提升个体数字素养，以使公民获得独立能力变得十分必要。

（二）缩减数字鸿沟，帮助个体融入数字社会

到2030年，确保所有男女平等获得负担得起的优质教育，并大幅增加掌握就业、体面工作和创业所需的相关技能的青年和成年人数，是联合国可持续发展目标4（Sustainable Development Goal 4，简称SDG4）的主要内容之一[②]。然而，当低龄儿童与适龄青少年之间、城乡居民之间、男女性别之间出现阅读和批判能力不对等、数字技能掌握程度参差不齐等现象时，处于阅读、思考、批判等能力水平低、数字技能掌握水平弱的群体就面临逐渐被数字社会边缘化的可能，SDG4的目标也就难以实现。尼日利亚由于国家传统文化、社会经济发展等因素的影响，存在妇女地位低、城乡经济发展不均衡等现象，例如在尼日利亚一些农村地区，包括贝努埃、吉加瓦、夸拉、科吉、卡杜纳、纳萨拉瓦、尼日尔、高原、索科托和赞法拉各州，贫困水平较高、女性社会地位较低、弱势群体较多，数字设施覆盖不到位。发展数字尼日利亚，适应数字时代的发展潮流并不是实现局部地区、局部群体的数字素养、技能的提高，而是旨在实现全体公民数字素养能力提升，缩减尼日利亚数字素养能力性别之间、城乡之间的数字鸿沟，帮助处于数字社会边缘的数

[①] 兰国帅、郭倩、张怡、孔雪柯、郭晓君：《欧盟教育者数字素养框架：要点解读与启示》，《现代远程教育研究》2020年第32期。

[②] 吕建强、许艳丽：《数字素养全球框架研究及其启示》，《图书馆建设》2020年第2期。

字弱势群体融入数字社会。

(三) 重新定位尼日利亚经济，利用数字技术提供机会

数字革命正在改变世界所有地区的工业和工作性质，数字技术的发展和应用在一定程度上提高了工业生产的效率，自动化、数字化设施的使用替代了部分劳动力。数字经济发展速度快、辐射范围广、影响程度深，正推动生产方式、生活方式和治理方式深刻变革，成为重组全球要素资源、重塑全球经济结构、改变全球竞争格局的关键力量。数字技能是适应数字经济时代发展的必备技能，是创造21世纪新型工作所需的关键技能之一，独创性、敏捷性、批判性思维和解决问题的能力等是21世纪的重要数字素养能力。尼日利亚作为非洲拥有最多人口的国家，是非洲大陆最大的经济体，是拥有最大的天然气储量和地球上最多年轻人的国家之一。就国家的地理位置而言，它位于非洲中部和西部之间，可以方便地进入以西非和中非为代表的非洲大陆的一半以上国家。依靠国家人口、地理位置等指标优势，尼日利亚的科技创业生态系统正在获得越来越多的国际关注并吸引海外国家的直接投资，具有发展为领先的数字经济体的巨大潜力。尼日利亚必须抓住数字技术机会提供的优势，通过发展国家经济来刺激经济部门的增长。

二、尼日利亚数字素养教育多维度透视

(一) 技术赋能：硬件普及稳健数字经济基础

数字基础设施是全球互联网经济的支柱，非洲也不例外。谷歌、华为、中国移动等超大规模的企业都增加投资扩展海底和陆地光纤基础设施，通过扩展海底电缆网络来改善非洲的连通性。据Convergence Partners称，如今有4条海底光缆将非洲大西洋沿岸与欧洲和其他大陆连接起来，另外还有5条海底光缆将非洲印度洋沿岸与亚洲和其他地区连接起来。根据国际电联的一项研究，低收入国家的移动宽带普及率每增加10%，国内生产总值（GDP）至少会增加1.6%。尼日利亚在打造数字经济体、提升全民数字素养水平战略的实施过程中，在硬件助力方面尤为出色，如国家信息技术发展署（NIT-DA）2019年发布的《尼日利亚ICT创新与创业愿景》（Nigerian ICT Innovation and Entrepreneurship Vision，NIIEV）中就提出通过数字基础设施的改善、技术发展与研发等手段加强尼日利亚技术创业生态系统等激励政策，尼日利亚将显著增加ICT的使用，通过鼓励电信基础设施共享、降低光纤分配

的通行权费用并简化管理要求、建立国家数据框架并协调电子政务等方式为尼日利亚人民提供普遍且负担得起的互联网访问，预计到 2025 年，将有 95% 的人口可以使用宽带互联网。还有《数字尼日利亚的国家数字经济政策和战略（2020—2030 年）》（*Digital Nigeria's National Digital Economy Policy and Strategy*，2020—2030）中，通过发展固定和移动基础设施提高宽带普及率、支持政府数字服务并提供强大的数字平台以推动数字经济等举措，都在进一步提高尼日利亚数字基础设施覆盖率，以期让更多尼日利亚人都能接入互联网。根据 Investment Monitor 2021 年非洲互联网连接指数，尼日利亚在互联网连接质量方面排名第十，该指数应用了 28 个不同的指标，包括每个国家的移动网络数量和 4G 网络覆盖的人口百分比来创建这个综合排名，是具有较高可信度的衡量标准。

（二）教育赋能：从低龄抓起数字素养教育

教育就是一种有目的、有组织、有计划、有系统地传授知识和技术规范等的社会活动，社会教育、学校教育、家庭教育都是数字素养教育的重要助力，其中学校教育在数字素养教育中占据主导地位，纵观各国的数字素养，教育都不可忽视学校的重要作用。在数字经济时代，随着数字技术在人们生活的深度融入，互联网用户平均年龄越来越低，新技术的兴起改变了孩子们寻找信息、社交、玩耍和学习的方式；然而，数字技术的机遇和风险并非对所有孩子都是相等的，在信息获取、技能使用等方面仍存在较大的差距，这可能影响孩子们的离线或在线结果[①]。可见，数字素养教育的面向群体覆盖年龄范围需要从低龄儿童开始抓起。尼日利亚的数字素养教育也开始出现低龄化趋势，贯穿中小学、大学教育。如国家信息技术发展署 2019 年发布的 NIIEV 中提到的教育改革、技能培养与研发政策，试图通过改革国民教育体系和课程，为青年做好知识经济准备，提高青年的数字素养、创业精神和技术技能，以鼓励创造数字就业机会和赋权；在社会层面，许多组织机构也为儿童、青少年数字素养教育赋能，技术促进社会变革和发展倡议（简称 Tech4Dev）在尼日利亚服务欠缺社区向 50 万名 8—18 岁的公立学校学生介绍数字素养世界的基础数字教育计划，这有助于减少公立学校和私立学校学

---

①Nigerian Communication Commission，"Study on Young Children and Digital Technology: A Survey Across Nigeria." https://www.ncc.gov.ng/technical-regulation/research/1057-young-children-and-digital-technology，访问日期：2021 年。

生之间的不平等。数字技术的发展虽然为儿童、青少年丰富了获取有益信息的途径,但儿童、青少年作为价值观尚未完全形成、自我保护意识薄弱的群体,数字技术的普及也伴随着他们暴露在互联网的风险和威胁中可能性的增加,这就需要一种有效的方法来规避风险,在数字技术的巨大益处和面对的风险之间取得平衡。尼日利亚通讯委员会(NCC)在 2021 年发布的《幼儿与数字技术:一个横跨尼日利亚的调查》(Study on Young Children and Digital Technology: A Survey Across Nigeria)提出,要平衡好孩子在数字技术中的益处与风险,必须发挥移动网络运营商、家长、老师、行业、政府和孩子自身多方的力量,各司其职,使数字安全成为常态。

(三)机构赋能:社会助力推动数字发展

提升全民数字素养水平除了政策扶持、学校推动,还离不开社会的支持。在被数字社会边缘化的群体中,存在着部分脱离或半脱离学校教育环境且在数字世界处于离线状态的人,他们亟须通过其他渠道提升自我的数字技能水平,以适应不断变化的数字世界。此时,属于社会层面的组织、机构等将发挥重要的作用。在非洲地区,全民数字素养教育的提升工作拥有许多社会组织、机构的协力推进,尼日利亚作为非洲的人口大国也不例外,相关单位如全民媒体意识和信息网络(MAIN)、技术促进社会变革和发展倡议(Tech4Dev)等。除了针对特定群体(如弱势群体、落后地区群体等),面向普遍公众的数字素养教育,主要形式有单独推行、官方与官方组织或机构、官方与民间组织或机构、民间与民间组织或机构相互联动推行数字素养项目、扫盲计划等活动、课程,主要服务于无法从政策覆盖、学校教育方面获得数字教育的群体。如由 GIZ 资助的 Tech4Dev 倡议的工作场所数字技能(DSFW),旨在通过现场和在线学习以及通过实习的体验式学习,为非洲年轻人提供全球前 5 大就业技能。这是一个为期 8 周的培训,跨越 5 个学习轨道:软件开发、UI/UX 设计、产品管理、网络安全和云服务管理;国家信息技术发展局通过其 NITDA 研究与培训学院(NART)启动了"学习永不停止"计划,致力于帮助主要利益相关者(部委、部门和机构)、尼日利亚公民等,通过与思科系统公司、华为技术公司和其他正准备加入该合作关系的合作伙伴们合作,利用技术对目前正在适应新现实的人员进行大规模培训。社会组织的赋能,在一定程度上加速了全民数字素养教育的进程,为亟须提高数字技能、迫切融入数字时代的人们提供了更多提升渠道。

三、尼日利亚数字素养教育全体化创新

（一）课程创新：适应数字时代的发展要求

欧盟教育文化总局在 2019 年发布的《数字教育行动计划》（Digital Education Action Plan）中提到，教育和培训是关乎欧洲未来的最好投资，并特别强调教育与培训系统应适应数字时代的发展要求①。随着数字经济时代下数字技术影响力的越发强大，数字群体的涉及范围已经逐渐低龄化，课程教育体系也要开始做出调整，要把数字学习群体的覆盖年龄下沉，将幼儿教育、儿童素养纳入考虑。国家信息技术发展署（NITDA）在2019 年发布的《尼日利亚 ICT 创新与创业愿景》就提出将解决问题、批判性思维、信息通信技术和数字素养技能纳入从幼儿到高等教育机构的课程。另外，数字技术发展的迅速化和多元化，要求数字学习必须与时俱进，并将学习范围的不断扩大。在课程教育层面，为了应对数字社会的诉求，课程体系和形式要不断创新，课程内容、类型和模式要不断丰富，使人们在进行数字学习的过程中更加快乐和融入。如由教育工作者和信息技术专业人士组成，在小学、中学和高等教育机构提供教育技术服务的本土注册组织推出的数字素养电子学习课程中的数字生活方式课，课程内容包括数字体验、数字音频简介、数字视频简介、数码摄影简介、数字电视简介和在计算机上欣赏数字媒体、数字技术和职业机会等，通过趣味性视频、体验式等形式让受教育对象融入课程学习。另外，数字经济时代下，数字社会对人们提出了更高的数字要求，尼日利亚的相关组织也会针对现实数字需求给出相应的培训，如国家信息技术发展局（NITDA）和国家数字经济政策和数字尼日利亚战略提出的数字素养倡议中的数字营销课程，旨在使青年具备推动尼日利亚数字经济转型所需的中级数字技能，赋予年轻人全球所需和适销对路的技能，以提高他们的就业机会。本文筛选了其中较具有特色的部分课程，详见表 1。

---

①董丽丽、金慧、李卉萌、袁贺慧：《后疫情时代的数字教育新图景：挑战、行动与思考——欧盟〈数字教育行动计划（2021—2027 年）〉解读》，《远程教育杂志》2021 年第 39 期。

表1 尼日利亚地区具有特色的部分数字素养课程

组织名称	课程名称	针对人群	课程梗概	课程内容
数字尼日利亚（Digital Nigeria）	数字尼日利亚计划	公众	培训涵盖数字素养、生产力工具、Web开发、云计算、区块链、人工智能、大数据、数据库管理、网络、编程和物联网等领域。还有关于创业、研究、营销、商业以及如何制作优秀简历等软技能的培训。	1. 基础数字技能； 2. 中级数字技能； 3. 高级数字技能； 4. 创业技能； 5. 软技能。
HiiT 公司	数字素养证书	公众	证书课程旨在识别、培养和认证具有必要技能和知识的个人，以在计算机中使用计算机办公室、家庭和学校环境。它为各个年龄段的人提供了提高IT技能、证明专业知识、提高学习成绩和推进职业生涯的方法。	1. PC/IT基础知识； 2. 键盘基础； 3. 微软Windows； 4. 微软Word； 5. 微软Excel； 6. 微软PowerPoint； 7. 互联网基础。
阿卡内学院（Akanne Edtech Academy）	数字素养课程	公众	超文本标记语言，简称HTML，是设计用于在Web浏览器中显示的文档的标准标记语言。它可以通过级联样式表（CSS）等技术和JavaScript（JS）等脚本语言来辅助。本教程是前端Web开发的初学者课程，前端Web开发也称为客户端Web设计，主要教用户使用HTML、CSS和JavaScript等技术。	包括网页开发、Web文档创建、互联网导航、客户端存储、离线功能使用、HTML数据输入支持、游戏开发使用、使用原生API丰富网站等。
A+ Edutech Services	数字素养电子学习课程	学生/教师	帮助机构开发和维护一个连贯、可持续和可靠的ICT基础设施，方法是在指定ICT的功能要求和支持满足这些要求的技术原则方面提供指导，并提供采购建议，帮助学生/教师培养在当今世界脱颖而出所需的21世纪技能（协作、计算思维、创造力、沟通）。	1. 数字生活方式； 2. 计算机基础； 3. 计算机安全和隐私； 4. 生产力计划； 5. 互联网、云服务和万维网。
国家信息技术发展局（NITDA）和国家数字经济政策和数字尼日利亚战略（NDEPS）	数字国家倡议	青年	为尼日利亚人启动一项全国性的数字素养和技能培训计划，旨在为尼日利亚青年提供必要的数字素养技能，以促进尼日利亚向数字经济的过渡。	1. 数字营销； 2. 生产力工具； 3. 内容创作。

（二）扫盲创新：缩减性别与城乡数字鸿沟

发展数字素养能力，适应数字经济时代的现实需求并不是指实现局部地区、局部群体的数字素养、技能的提高，而是旨在实现全体公民数字素养能力的提升。世界各国、各地区由于社会经济发展情况、地域文化等因素，内部之间都会存在一定程度的数字鸿沟。在尼日利亚，由于国家传统文化、社会经济发展等因素的影响，存在妇女地位低、城乡经济发展不均衡等现象，阅读、思考、批判等能力水平低，数字技能掌握水平弱的人群如农村妇女、儿童、贫困地区弱势群体等，面临着难以融入数字化生活、被数字社会边缘化的可能。针对这些地区，把握地域实际情境和个体数字水平状况，开展有针对性的扫盲计划，实现数字经济和数字素养水平的双提升并具有可持续性尤其重要，如国家信息技术发展署（NITDA）实行的数字就业创造中心（DJCC）计划，2007年至2017年间在全国共建立了988个中心，将信息技术知识融入服务欠发达地区和城市，创造数字工作，发展数字技能，并促进服务欠发达地区、学校、图书馆和机构的宽带互联网连接，促进当地居民融入数字生活。预计受益人将在商业基础上与周边社区共享这些设施，以支持、维护并确保项目的可持续性。面对性别数字鸿沟，尼日利亚当地组织、机构通过发起系列项目为女性提供更多数字学习机会，如女性技术赋权中心发起"将150名女孩送到尼日利亚的STEM营"计划，旨在打击刻板印象并缩小性别鸿沟，为女孩们提供工程和技术技能培训，让她们将来做好为数字经济作贡献的准备。尼日利亚的系列扫盲项目和计划，能在一定程度上为由于地域、性别、经济等原因被迫成为数字社会边缘化的群体提供更多的数字学习机会，也弥合了全民数字素养教育过程中存在的数字鸿沟现象。本文筛选了其中较有特色的部分扫盲计划，详见表2。

表2 尼日利亚地区具有特色的部分扫盲计划

组织名称	计划名称	针对人群	主要内容
国家信息技术发展署（NITDA）	数字就业创造中心（DJCC）计划	服务欠发达地区和城市居民	在全国共建立988个中心，将信息技术知识融入服务欠发达地区和城市，创造数字工作，发展数字技能，并促进服务欠发达地区、学校、图书馆和机构的宽带互联网连接，促进当地居民融入数字生活。

续表

组织名称	计划名称	针对人群	主要内容
技术促进社会变革和发展倡议（Tech4Dev）	Genesis House 数字扫盲计划	女性	Genesis House 数字扫盲计划是一个为期4周的培训计划，旨在使计划中的妇女和女孩具备基本的数字能力，从而能够充分参与未来的工作。
	女性技术专家	女性	女性技术人员倡议旨在弥合男性和女性之间的数字和技术知识鸿沟，并确保所有人平等获得机会。旨在为非洲各地的妇女和女孩提供技术生态系统所需的不同程度的数字、深度技术和软技能。
	尼日利亚南部的基本数字素养	农村地区的弱势群体	该计划旨在覆盖尼日利亚北部10个州的1000名弱势群体，目标是50%的弱势妇女和女孩（8—18岁；45—65岁）以及30%的残疾人（PWDs）。培训范围包括：贝努埃、吉加瓦、夸拉、科吉、卡杜纳、纳萨拉瓦、尼日尔、高原、索科托和赞法拉州；培训将涵盖关键领域，主要包括计算简介、生产力工具、基本网络技能、工作场所基本知识、大数据、云技术和网络安全。

（三）活动创新：发挥各方组织的联动势力

数字经济时代下，政府、企业各方力量必须动员社会各界提升公民数字技能和水平，来应对现代社会公民素质要求和劳动力市场需求，解决公民数字素养不足问题①。数字素养活动的出现是伴随各国对数字素养教育的关注而兴起的，对各国动员全民提高数字素养具有强大的动员和宣传作用。近几年，非洲地区全民数字素养水平逐渐提高，离不开官方组织、民间机构对数字素养教育工作的助力。其中，以研讨会、论坛等活动形式开展的数字素养活动，巧妙地利用了政府与组织、组织与组织、组织与机构之间的联动力量，使活动的覆盖面和影响力发挥到最大，以国家带动国家，多个国家带动整个非洲。创新性的活动形式适应了数字经济时代"贯通互联"的特性，如思爱普（SAP）于2015年率先发起的"非洲代码周"活动，为54个国家或地区的青年提供免费编码研讨会，通过专门的培训课程提升当地的教学能

---

①吕建强，许艳丽：《数字素养全球框架研究及其启示》，《图书馆建设》2020年第2期。

力，发展女教师网络，分享最佳实践并促进女孩接受数字教育等，活动内容涵盖竞赛、数字学习、论坛分享等类型，吸引了众多包括尼日利亚在内的许多非洲国家的参与，迄今已惠及数百万非洲年轻人。活动拉近了非洲地区各国的距离，唤起了全民对数字能力的重视，激发和展示了数字技能在促进数字经济方面的重要性，让年轻人获得了更多数字学习的机会。另外，尼日利亚对男女之间数字鸿沟问题也对症下药，女性技术赋权中心推出的"将150名女孩送到尼日利亚的STEM营"计划，为尼日利亚女性提供参与数字经济技能学习的机会，使妇女和女孩能够有机会驾驭数字经济并为其发展作出贡献。本文筛选了其中较具有特色的部分活动，详见表3。

表3 尼日利亚具有特色的部分数字素养活动

组织名称	计划名称	针对人群	主要内容
技术促进社会变革和发展倡议（Tech4Dev）	ATC数字村	青年	数字村项目由美国铁塔合作组织发起，旨在促进数字村所在社区的数字包容性并支持提升21世纪所需的数字技能。数字村由ATC尼日利亚建立，旨在弥合数字鸿沟并培养未来工作所需的相关技能。
NITDA学院	"学习永不停止"计划	利益相关者、学生、尼日利亚公民	致力于帮助主要利益相关者[部委、部门和机构（MDA）]、学生和尼日利亚公民，正在通过与思科系统公司、华为技术公司和其他准备加入的合作伙伴的合作来利用技术对目前正在适应新现实的人员进行人规模培训。
女性技术赋权中心（W.TEC）	"将150名女孩送到尼日利亚的STEM营"计划	妇女、女孩	旨在及早干预、打击刻板印象并缩小性别鸿沟，为女孩们提供工程和技术技能，让她们为数字经济作出有意义的贡献做好准备。

四、尼日利亚数字素养教育对中国的启示

（一）发挥政府作用，开展精准到乡扫盲计划

在数字化时代，越来越多的服务和日常交流都基于网络进行，提升全民数字素养与技能，是现代社会公民为应对数字经济时代劳动力市场需求和素质要求的现实需要，也是公众有效参与数字生活的必备素养。中国政府在全民数字素养与技能提升工作中，通过政策推动、战略调整促进人民更好地适

应数字化社会的应用场景。可以学习尼日利亚对数字弱势群体的数字素养教育，针对农民工、老年人、偏远地区居民、城市贫困人口等群体，通过联动政府组织、鼓励民间力量参与等形式开展精准到乡的扫盲计划，从小范围的区域开始逐渐对外扩展，可以通过自愿性或阶段性培训的方式开展，为该类地区的数字弱势群体提供数字学习的机会，帮助数字弱势群体更好地融入社会，协助其发展就业或参与数字生活必备的数字技能。

（二）动员民间力量，推动社会参与数字教育

在中国全民数字素养与技能提升工作中，政府扶持和学校教育发挥着重要的作用，但相比于尼日利亚等国家，在社会助力层面上的动员力度还不足。尼日利亚在数字素养教育工作中，除了拥有政府建立的官方组织、机构的支持，在社会层面上，还存在许多企业、机构主办的专门服务于非洲地区或尼日利亚数字素养教育的门户网站或培训社区，如全民媒体意识和信息网络（MAIN）、Tech4Dev等。在这类门户网站中，公众可以通过线上注册参与在线学习或参加机构推行的项目、活动，这在推进公众的数字素养教育方面起到了非常重要的作用。目前，中国的这类网站还较为缺乏。中国政府应动员民间力量（如信息技术企业、非营利组织等）积极参与到全民数字素养教育工作中来，建设数字素养教育门户网站或在已有的门户网站中加入数字素养教育的学习门户，集成多样化数字素养学习资源和教育方案，为社会大众提供更多的数字学习机会和渠道。另外，可以学习尼日利亚该类组织、机构通过网站寻找合作伙伴或赞助商的形式，联动各方力量开展数字素养教育活动，打造涵盖数字学习、数字资源获取、数字活动链条式的数字素养教育门户。

（三）依靠学校教育，促进数字学习内容多元化

数字素养教育是伴随着数字媒介的发展和普遍使用所出现的概念，教育的内涵和维度应跟上数字时代的发展脚步，根据发展现实不断调整，以更好地适应时代的发展步伐。在中国依靠学校教育提升全民数字素养与技能的工作中，低龄化覆盖力度、内容涵盖范围还存在一定的不足，相比于西方国家，中国对低龄幼儿、儿童数字教育的力度还不足，更多是聚焦于中、大学生的教育中；另外，在数字教育内容的类型和形式上没有形成系统的教学体系。鉴于此，可参考尼日利亚数字素养的学校教育工作中适应中国教情的部分，加大对低龄幼儿、儿童数字教育的力度，数字素养教育从低龄儿童抓

起，贯穿于中小学、大学；注重数字教育形式的多样性和体验性，如尼日利亚本土注册组织推出的数字素养电子学习课程，课程内容包括数字体验、数字音频简介、数字视频简介和在计算机上欣赏数字媒体和数字技术和职业机会等，通过趣味性视频、体验式等形式让受教育对象融入课程学习。另外，要警惕伴随数字时代出现的数字安全问题，如网络攻击、隐私泄露等，平衡好学生在使用数字技术时的益处与风险。在教育过程中，要有意识地促进学生在数字社会生活中数字道德认知与实践合一，实现数字道德线上、线下互动，以防陷入"自我中心主义"和"道德相对主义"。

小结

数字化时代需要数字素养，技术有能力惠及更多人并缩减经济发展的障碍。借鉴尼日利亚的经验，中国政府应积极制定相关政策，推进数字素养教育扫盲计划，为数字弱势群体提供更多数字学习机会；动员社会各界力量，建设数字素养教育门户网站，为社会公众提供更多数字学习渠道；学校教育要适应数字时代的发展，从低龄儿童抓起，注重数字学习内容的多元。提升全民数字素养与技能，是顺应数字时代要求，提升国民素质、促进人的全面发展的战略任务，抓好数字素养教育工作，从而使国民更好适应数字经济时代下生活和工作，推进数字包容。

弥合数字鸿沟：加纳教师数字素养建设研究

新冠肺炎疫情的常态化推动着教育界不断变革和发展，为配合疫情防控，以电子化方式进行教与学成为越来越多学校的选择，这一方法使教师和学生可以不受物理空间的限制继续进行教学和学习。但这一教学的新发展对于一些缺乏信息通信技术知识或在互联网接入等硬件设施方面存在困难的发展中国家提出了更高的要求，加大了这些国家进一步克服适应电子化学习的难度。既往研究表明，影响电子化学习的因素包括：学习者能力；教师能力；IT 基础设施；外部管理；学校文化和面对面交流的偏好等，且研究者通常聚焦于学习者的数字素养及学习成效上。本书将重点关注教学者，通过对加纳基础学校教师电子化教学现状的观察与总结，对照他国教师的先进原理与典范经验进行反思，以期为加纳教师的数字化转型与升级提供参考与建议。

毋庸置疑，学校在培养数字人才方面发挥着至关重要的作用，而教师则是在课堂上发挥数字化主导作用的关键角色。为实现这一角色作用，教师必须具备足够的数字素养和信息素养，这包括教师的数字知识、数字技能、数字态度和数字应用等。同时，由于教师的数字素养极大影响着学校的数字化主动能力，因而成为成功的 ICT 整合和学校教育的关键因素。若教师没有率先实现数字化转型，则难以承担将信息技术融入其专业实践的功能，更谈不上推动学校的数字化变革[1]。因此，将数字素养能力和技能发展纳入对未来教师的培训中，可以更好地保障学校数字教育的适配性。具体而言，影响教师开展数字化教学的因素分内因和外因两方面，下文将围绕这些因素展开论述，并借鉴先进经验对加纳教师数字素养的未来发展路径进行展望。

---

[1] Mereku, K., Yidana, A. I., Pan-African research agenda on the pedagogical integration of ICTs: Ghana Report, 2011.

一、加纳教师数字化教学现状

(一) 转型困境：从传统教学到电子教学的过渡

不同于传统的课堂教学，电子化教学需要教师采用全新的教学方法来进行引导和交流。在采用电子学习平台时最重要的考虑因素应该是教师和学习者都有能力且能有效地利用这些系统的功能。既往学者研究发现，一些发展中国家往往在没有首先考虑其易用性的情况下采用电子化系统，因而没能获得预期的学习效果①。易用性一方面指向基础设施的操作难易程度，另一方面与使用者自身的数字素养紧密相关②。在有关新冠肺炎疫情期间的加纳电子化学习的研究中，Aboagye 以来自加纳各教育学院的 63 名教师为对象③，对其从面对面（传统）学习过渡到在线学习时所面临的挑战进行了调查。调查发现，当教师采用混合方法——既包括面对面的授课方式，同时又在网上进行评估和学习材料的发放与获取时，可以最大限度确保教学方式的有效过渡。Gyampo 等人假设，只有少数教师可以无障碍地开展在线教学，而大多数教师更希望接受事前培训，并依托这一假设调查了加纳教育学院的教师对个人数字素养和机构对电子化教学相关准备的看法④。Owusu-Fordjour 等人还调查了加纳高等教育和第二轮教育机构的 250 名学生。根据他们的研究结果不难看出，加纳推出的电子化学习平台对大部分使用者而言是一个巨大的挑战。据此，他们提出研究建议，向学生和教师介绍电子学习平台，使他们能够更加有效地使用这一平台进行教与学。教学模式的转型成为教师开展数字化教学的首要困难。其次，缺乏适合教师使用的基于学科的软件或应用程序也成为数字鸿沟难以弥合的原因之一，克服以上阻碍还需要校方和其他相关方的共同努力。

(二) 数字素养：从被动驱动到主动学习

Agyei 发现，教师没有将数字技术融入教学活动中，且大多数教师缺乏

---

① Alajmi M, "Faculty Members' Readiness for E-Learning in the College of Basic Education in Kuwait." *University of North Texas*, 2010.

② James Sunney Quaicoe, Kai Pata, "Teachers' digital literacy and digital activity as digital divide components among basic schools in Ghana." *Education and Information Technologies*, 2020.

③ Aboagye E, Transitioning from Face-to-Face to Online Instruction in the COVID-19 Era: Challenges of Tutors at Colleges of Education in Ghana Social Education Research, 2020.

④ GraphicOnline, Ministry of Education implements virtual learning to engage students at home, 2020.

数字技术整合所需的知识和技能。此外，由于教师大多数时间扮演着一个知识输出者的角色，职业的特殊性造成了他们个人学习机会的缺乏。由于教师数字素养及能力发展未得到充分重视，在现行教与学过程中，教师常常处于被动位置，在自身数字素养存在极大不确定性的情况下，其将信息技术及通讯科技融入教与学的难度进一步增大。

再者，教师并不具备足够的自主权来定义由学校驱动的数字议程。这是由于整个教育信息通信技术政策的实施是由上至下的，教师更多地落脚于课程和作业，可能不会对是否能熟练使用数字工具和资源进行创新教学和学习过于在意。这也在一定程度上体现出教师群体数字素养提升的所有权意识的薄弱。

一项在肯尼亚中学开展的研究显示，数字教学未能获得预期成效，除学校开展电子化学习的准备不充分外，教师个人的数字素养和实际能力缺乏培训和经验也是一大重要原因。因此，加纳教育局（GES）试图通过颁布新的教育政策，对学校课程中以技术为基础的教学方法的重要性进行再次强调，以教学者为出发点，加强学习的自主性。

与此同时，众多研究表明，教师更喜欢与学生面对面地进行课程教授，而不是在线教学。Bervell 和 Umar 一致认为，众多电子化学习解决方案的出现增强了教学和学习，然而面对面教学提供的物理存在仍然有着无可取代的优点，因而成为大多数教师的首选，这令教师个人数字素养的提升成为被动驱动下的不得已之举[1]。Edumadze 等人认为，加纳高等教育机构的许多教师无法充分利用电子学习资源进行教学，因为他们缺乏必要的技术技能。根据 Edumadze 的研究，加纳大多数教育学院没有将数字素养能力和技能发展纳入未来教师的培训中。这种情况有可能使未来的教师在对其学科领域的 ICT 使用和整体专业实践上遭遇困难[2]。

这些发现勾勒出了近些年加纳教师的数字素养及能力发展现状。结合以上对加纳教育领域的洞察不难发现，许多教师没有将数字技术融入教学活动

---

[1] Bervell B., Umar I. N, "Blended learning or face-to-face? Does Tutor anxiety prevent the adoption of Learning Management Systems for distance education in Ghana?" *Open Learning: The Journal of Open, Distance and e-Learning*, 2018.

[2] Qua-Enoo A. A. Bervell B. Nyagorme P. Arkorful V. Edumadze J. K. E. Information technology integration perception on ghanaian distance higher education: A comparative analysis. *International Journal of Learning, Teaching and Educational Research*, 2021.

中，同时他们也缺乏数字技术整合所需的知识和技能。而身处数字时代，这一大背景要求教师们精通数字技术，以满足他们作为当代教育者的期望，因而作为教育者的教师们需要不断发展，以支持教育过程的动态性和有效性。因此，如何通过提升教师的数字素养来实现教师的数字化赋权，并由此进一步推动数字教育变革值得进一步思考。

二、加纳"数字教师"的培养路径

（一）环境营造，激发教师数字化教学活力

首先，学校要完善数字接入，提高数字化教学软硬件配套。如根据需要进行教学设施与环境的建设，如笔记本电脑或混合设备、投影机、基于云的工具和软件应用程序、学习平台等，营造网络化、数字化、智能化的教育教学环境，并在宽带连接、电子学习应用程序配置、访问权限等方面提供充分支持。同时，自建或引进数字化教学平台，鼓励教师在平台上进行数字化课程资源的建设与使用。

其次，在此基础上配套激励制度，对教师数字化教学技能提升进行政策性引导。如开展"数字化教学比武"并以此增加教师们专业晋升的机会；也可增设相关的荣誉评选，表彰数字素养及能力突出的教师，并请他们为电子化教学故障排除和教学媒体准备等方面提供指导，以此帮助其他教师进行数字融入。通过营造一个数字化学习共同体，优化教师间的数字化协作与交流。

最后，针对教师数字素养的不足，学校及其他相关机构应积极提供多样化的数字技术培训项目。如奥地利联邦教育、科学与研究部于 2017 年开始在部分大学设立教育创新发展工作室，帮助教师扩展数字知识、能力、态度与伦理等智能素养，助力教师娴熟运用数字技术进行创造性教学。此外，数字素养的提升应贯穿在教师的专业发展过程中，因此在职前教师教育中，数字技术应被纳入优先学习领域；在入职教育中，还应为教师提升数字素养提供系统化校本课程支持；同时在继续教育阶段，也应为教师提供优质的、形式多样的数字素养在线培训与学习体验，以此激发教师数字化教学活力。

（二）推进改革，开放教师数字学习机会

加纳《2018—2030 年教育部门战略计划》概述了一项新的改革议程，

旨在提高学习成果，确保所有学习者都能平等获得教育的机会。为实现这些改革目标，教育部将全部门的问责、管理和协调列为工作重点。新成立的全国教育改革秘书处正在协调这些优先事项。改革秘书处还负责在教育改革中协调信息和通信技术，旨在加强在教育管理中使用技术，转变教师发展和高等教育。加纳教育部引入了国家远程学习和开放教育中心，最大限度地为教师创造数字学习机会。

此外，加纳政府通过教育部与信息技术公司 Real Studios Limited 签署了一份谅解备忘录，以实施数字教育系统（DES）。该项目旨在通过一系列电子设备和软件系统为全国师生提供世界一流的学习体验，这些电子设备和软件系统被设计为学习工具，将教师、学生、学校、出版商和教育部连接在一个平台上，还为教师提供了向全国各地的学生发送讲座和笔记的功能。同时，为全面提高这一教育系统的数字安全防护能力，系统还配备了在线过滤器和数字安全监测系统，保护使用者免受潜在有害数字资源的影响，以此引导教师增强数字伦理意识、增进数字伦理智慧。

（三）转变认知，促进教师数字素养的内化与升华

教师的日常活动包括备课、与学生互动、评估学生的成绩、进行研究和提供学术咨询等，充分利用数字技术的优势将使他们的职业生活变得更加轻松。当教学材料和相关内容都存储在云端时，在课上的检索和展示以及课后的编辑、保存、下载、检索和内容共享都变得更加便捷。因此，具备较高的数字化教学意识，充分认识到数字技术在教学中的重要性是必要的，这也要求教师们进一步实现数字素养的内化，使数字素养成为这一群体的"元素养"。

首先，教师们应转变认知，实现由"器"到"道"的渐进转变。认识到数字技术已经不仅仅是一种教学辅助工具，它更是通过革新教学方式而重塑教学模式的一种思维理念。因而在当前良好的数字化态度与意识基础上，教师们要培育数字教学思维，提高以数字化解决教学问题的敏感性、主动性和创造性，并树立数字伦理道德，形成系统的数字教育理念，打破"数字技术仅是教学辅助手段"的陈旧观念。

其次，教师还应建立起"数字教师"的身份概念，形成数字时代教学大变革背景下统一的价值观念和认知模式，强化身份认同感和心理归属，自觉提升数字素养和数字化教学技能。"数字教师"要求教师具备一系列能

力：信息和数据素养、数字化内容创造、数字化教学、数字化安全、数字化交流协作、数字化评估、数字化问题解决、数字化专业发展、数字化管理等，相较之传统教学更加严格。对此，教师可以通过自学、互助学习和在线学习等方式促进自身数字素养的内化与升华。

最后，教师还可以根据数字素养评估标准经常对自身进行评价，以及时调整和改进。随着国际社会对教师数字素养的重视程度加深，一系列教师数字能力框架或标准纷纷出台，包括2017年美国发布的《国家教师教育技术标准》、欧盟发布的《欧盟教育者数字素养框架》和2018年UNESCO发布的第三版《教师信息与通信技术能力框架》（详见表1）等。

表1　联合国教科文组织教师信息和通信技术能力框架

	技术素养	知识深化	知识创造
理解教育中的ICT	政策意识	政策理解	政策创新
课程与评估	基础知识	知识应用	知识社会技能
教学法	整合技术	复杂问题解决	自我管理
ICT	基本工具	复杂工具	普适工具
组织与管理	标准课堂	协作小组	学习型组织
教师专业学习	数字素养	管理与指导	教师作为模型学习者

适时地开展自我评价与对比，可以提高教师的满足感和成就感，降低数字素养发展过程中的倦怠感。同时也可以有效地分阶段、分领域引导教师有计划、有目标地进行学习与提升，确保教师数字素养的可持续发展，从而帮助教师全面应对数字时代教育改革浪潮的挑战。

小结

教育变革要想紧跟时代发展步伐，适应并引领数字化新常态，教师是关键力量。放眼当下，加纳教师的数字教学正经历着从传统教学到电子教学过渡的转型困境，且教师个人的数字素养也尚未完成从被动驱动到主动学习的转变。内外因交织进一步增大了加纳普通教师向"数字教师"迈进的难度，因而需要各方合力，从教师端来释放数字技术的潜能，创新教师发展和教育开展的形式，赋能学习者成为具有数字胜任力和竞争力的数字公民。

本书立足于加纳基本国情和教育发展现状，通过借鉴他国教师数字胜任力的发展理念和成功经验，对加纳教师数字素养的未来实践提出建议，以驱动加纳教师的数字变革，弥合数字鸿沟。同时，期望对更广泛范围内的教师在胜任未来教育工作的过程中形成一定的帮助与参考，推动真正实现教育教学的创新发展，促进具有数字胜任力和全球竞争力的人才培养。

津巴布韦中小学数字素养教育实践研究与启示

随着数字化时代的到来，人们的社会生产、社会交往生活逐渐数字化，人们认知水平的高低在一定程度上取决于数字素养的水平，人们亟须具备更高的数字能力以适应新时代下的数字生活。伴随着现代社会对人们数字素养能力要求的不断提高，数字素养教育也变得越发重要。数字素养教育是21世纪教育中必不可少的部分，它旨在让儿童与青年掌握数字素养的知识、技能和态度，能够高效地、周密地进行信息处理，以此推动社会经济高效发展且具有创新性，走向均衡、健康发展的信息化社会[1]。在欧盟提出的欧洲2020（Europe 2020）发展战略中，欧洲数字化议程（A Digital Agenda for Europe）强调要增进所有欧洲公民对互联网的使用与普及，特别是要采取行动支持数字素养的普及[2]。各个国家和地区都非常重视对公民数字素养的培养，并相继出台了许多相关政策，其中，教学教育在培养提升全民数字素养与技能的工作中发挥着重要的作用，而且随着数字素养内涵的不断变化，发展学生的数字素养技能以期为学生的未来做好准备也越发重要。

津巴布韦作为非洲地区数字素养教育改革的一分子，在推进全民数字素养与技能的工作中致力于实现所有人可获得和可使用的数字化，建设和完善数字化基础设施，因地制宜提出最适合本国环境的数字化解决方案，在中小学数字素养教育方面通过制定教学战略、优化课程体系等实践为学生提供公平、优质、包容和以能力为导向的教育。因此，本文聚焦于研究津巴布韦中小学生数字素养教育的政策战略、课程内容体系，以期为中国中小学生数字素养培育提供有益经验。

---

[1] KNAW, "Digitale Geletterdheid in het Voortgezet Onderwijs: Vaardigheden en Attitudes voor de 21ste eeuw." *Amsterdam*: *KNAW*, 2012.

[2] European Commission, "Europe 2020, A European Strategy for Smart, Sustainable and Inclusive Growth." *Brussels*: *European Commission*, 2010.

一、津巴布韦中小学数字素养教育战略

（一）数字学习基础设施的覆盖

信息和通信技术（ICT）的普及覆盖是实现提升全民数字素养能力的硬件基础，津巴布韦可持续社会经济转型议程（Zim-ASSET）也明确指出ICT是国家社会经济发展的支柱之一，信息和通信技术被赋予了关键作用。因此，利用信息和通信技术的力量促进国家数字素养能力的发展至关重要，津巴布韦也认识到ICT不可或缺的作用，从2005年开始，津巴布韦政府就开始启动第一个国家信息和通信技术政策的制定，以推动国家ICT的覆盖普及和全民数字素养能力的发展。尽管津巴布韦政府已经通过大量推出基础通信设施覆盖全国，但主要集中在富裕的城市和地区，大多数农村和偏远地区仍未被覆盖，尤其在新冠肺炎疫情暴发期间，由于学校学生上课形式的改变，津巴布韦许多农村地区的中小学学生网课受到严重影响。近年来，津巴布韦一直致力于扩大移动网络的覆盖率，由于电力问题和高昂的互联网成本，大多数津巴布韦学校没有连接，政府通过政策调整为学校推广普及计算机知识并提供连接性，通过使用技术工具加强教学和学习。津巴布韦共和国中小学教育部（MoPSE）2016年发布的《津巴布韦教育部门战略计划（2016—2020）》（Education Sectorstrategic Plan，2016—2020）中提出制定学校融资政策，通过研究、审查、改变和调整学校融资法规，将资源引导到最弱势的地区、社区和学校，在审查资金和人力资源政策方面，可以通过基于绩效的学校改进补助金补充激励残疾儿童（CWD）和孤儿与弱势儿童（OVC）从小学过渡到中学；另外，为学校提供足够的基础设施，检查独立学院并推荐符合规定标准的学院注册，针对处于弱势地区或社区，在中学提供水、卫生和健康（WASH）设施。此外，相关社会组织和机构也助力津巴布韦学校数字基础设施的普及，如进步通信协会（APC）中的计算机辅助项目，为津巴布韦哈拉雷的10所学校配备eClasses，给每所学校提供20台电脑、一台教师笔记本电脑以及包括投影仪、扬声器和打印机在内的辅助技术，以及培训和支持。在第一阶段为2 000名学生和技术生命周期中的12 000名学生提供了使用技术的机会，这些学校还各自收到了一个连接设备，使离线用户可以访问电子学习，该设备分发交互式学习内容、视频、数字教科书和教学资源，这意味着离线计算机可以应用于ICT本身以外的大量学科。政府战略的调整和社会方面的支持进一步提高了津巴布韦基础通信设施的覆盖率并缩小了城乡数字鸿沟。

（二）数字素养教育全年龄化的贯通

在数字经济时代，随着数字技术对人们生活的融入，数字技术的存在几乎贯穿于人们成长生活的各个阶段。通过不同阶段的教育提升人们的数字素养能力能够有效地促成数字素养概念和意识的形成，可见，数字素养教育的全年龄化已成趋势。津巴布韦的教育部门战略计划将新课程的引进、检测和调整都从婴幼儿阶段开始贯通至高中阶段，同时政府为确保新课程的推出提供充足资金预算，包括教师的专业发展、学习材料、ICT设备、STEAM设备等。同时，津巴布韦也越发重视对婴幼儿、低龄儿童和青少年数字素养能力的培养，相关的机构和组织相继推出各类针对该类群体的课程体系，如世界扫盲基金会发起的太阳书（Sun Books）项目。Sun Books汇集了创新的软件和硬件、书籍和教育活动以及当地社区本身为了提高线下教室中儿童的识字能力，为儿童提供有线/无线互联网或电子的数字学习工具，通过识字赋予儿童权利；鼓励幼儿时期的阅读爱好。另外，在推动数字素养教育全年龄化的同时，数字素养能力人才的补充也很重要。津巴布韦政府2016年发布的《津巴布韦国家信息和通信技术政策》指出，津巴布韦ICT行业面临ICT技能不足、实施ICT计划的数字人力短缺等问题，这种短缺会引发对数字素养的冲击。因此，津巴布韦政府也十分注重数字人力的补充，通过与相关机构和政府部门合作，制订ICT人力资源能力和技能计划，促进数字人力在小学及以上教育系统中的部署和利用。此外，通过推广电子学习和电子学习材料的使用，鼓励津巴布韦人主动地通过利用线上电子学习资源来提升自我数字素养能力。针对已有的数字人力，通过制定教师专业标准（TPS），在监测和评估教师质量方面取得了重大进展。TPS将教师的预期专业表现编入法典，为监测教师表现提供正式的客观工具，创造反馈和讨论表现的机会。津巴布韦通过这样的战略调整，保证数字人力资源的充足和质量，为数字素养能力的发展提供优质的人力保障。

（三）正规与非正规教育的并行

由于男女地位不平等、贫富差距大等原因，津巴布韦的失学、辍学等现象普遍，据2020年津巴布韦弱势群体评估委员会（ZimVAC）报道，由于父母或监护人未能支付学费，至少有61%的公立学校学生被拒之门外。为了弥补津巴布韦人民之间存在的数字学习机会不平等的情况，津巴布韦共和国中小学教育部（MoPSE）2016年发布了《津巴布韦教育部门战略计划（2016—2020）》（Education Sectorstrategic Plan，2016—2020）。该计划制定了一项非正规教育政策（NFE），通过提供正规教育与非正规教育并行的战略①，既为正常接受教育的学生提供学习机会，又为部分失学或未能完成学习的学生提供第二次数字学习机会。正规教育主要为学校教育，在津巴布韦教育系统中，首先提供4年的婴儿教育模块（Infant Education），包括2年的早期儿童发展（ECD）和2年的正规小学教育，然后是5年的初级教育模块（Junior Education），之后所有学生都参加全国7年级考试。通过考试后有一个为期4年的初中教育课程（4-Year Lower Secondary Education），学生在结束时参加"O"级考试，然后有一小部分学生在高中继续接受2年教育，之后学生可以参加"A"级考试。部分O级毕业生进入职业技术学院、技师学院、师范学院、农学院等培训机构，其余部分直接进入就业市场，而"A"级毕业生进入大学或其他培训机构。另外，非正规教育政策（NFE）为失学者、成年学习者、"O"级别但未通过5门科目并想补考的学生等提供高质量、相关和包容的非正规教育，主要针对小学学习阶段和中学学习阶段。通过在全国范围内实施和监控NFE政策，制定学校层面的NFE实施标准并提供服务培训和资源，NFE政策要求每所中学提供NFE服务，为NFE学习者提供新课程，NFE教师将接受新的学习方法指导和专业发展，并开发和提供与新课程大纲相呼应的相关NFE教学材料。以下为津巴布韦的教育系统：

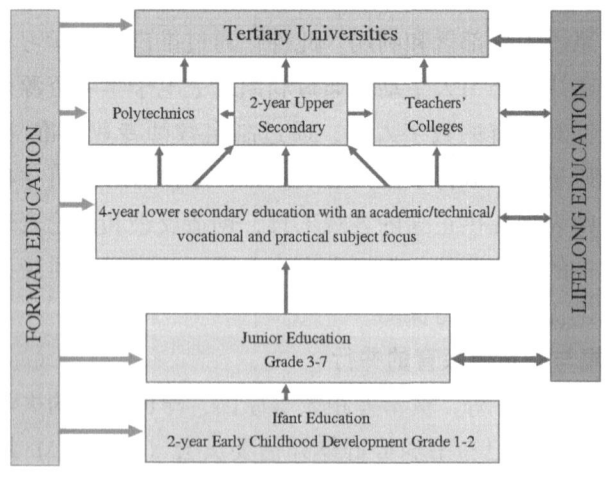

图1 津巴布韦的教育系统

---

①津巴布韦布共和国中小学教育部：《津巴布韦教育部门战略计划（2016—2020）》，https：//www.globalpartnership.org/content/2016—2020-education-sector-plan-zimbabwe，访问日期：2016年7月7日。

二、津巴布韦中小学数字素养教育课程

(一) 基本的 ICT 技能

信息和通信技术(Information and Communications Technology)简称 ICT，是一个涵盖性术语，覆盖了所有通信设备或应用软件以及与之相关的各种服务和应用软件，例如视频会议和远程教学。基本的 ICT 技能是指计算机和互联网技能，旨在让学习对象掌握基础的计算机、互联网使用技能，能够利用各种现代数字技术进行数字信息的获取、处理和创作等。津巴布韦制定了针对中小学生的数字素养能力培养战略，注重提升学生使用数字技术的能力，培养学生的基本 ICT 技能。津巴布韦中小学教育 ICT 政策(2019—2023 年)与宪法、津巴布韦可持续社会经济转型议程(ZIMASSET)、教育法、国家 ICT 政策、教育部门战略计划以及其他重要文件保持一致，通过技术基础设施、电子资源、能力建设和可持续发展四个关键行动领域推动 ICT 教育发展[1]。表 1 为四大关键领域的内容概述。

表 1　四大关键领域的内容概述

关键领域	内容概述
技术基础设施	1. 所有学校都连接到 WAN（广域网）和高速宽带互联网； 2. 所有学习者都可以每天使用 ICT 和自适应技术来支持他们的学习。
电子资源	1. 普遍访问所有学校提供的高质量数字学习资源，以满足所有学习者的需求； 2. 信息和通信技术在所有学习者的各个级别的整个课程中集成和应用。
能力建设	1. 所有教师和学校管理人员都精通 ICT 并在日常工作中使用它们； 2. 所有学习者都在使用 ICT 工具来支持电子学习和所有教学活动； 3. 所有中小学教育工作人员都精通 ICT 的使用并在日常工作中使用它们。
能力建设和可持续发展	1. 中小学教育的成本效益高、基于 ICT 的数字化运营活动； 2. 公私合作伙伴关系，以支持和确保信息和通信技术的有效使用和制度化。

(二) STEAM 课程

STEAM 代表科学(Science)、技术(Technology)、工程(Engineering)、艺术(Arts)和数学(Mathematics)。所谓 STEAM 课程就是集科学、技术、

---

[1] Monica Dzinotyiweyi, Abeba Taddese, "EdTech in Zimbabwe: A rapid scan." *Zimbabwe*: *EdTech Hub*, 2020: 1-20.

工程、艺术、数学等学科共同构成的多领域融合的跨学科课程，它强调知识跨界、场景多元、问题生成、批判建构、创新驱动，既体现出课程综合化、实践化、活动化的诸多特征，又反映了课程回归生活、回归社会、回归自然的本质诉求。在津巴布韦的数字教育进程中，最初推行的是STEM（科学、技术、工程、数学）课程教育，行动变更（原GIV信托）曾推出一个名为"打破进入非洲STEM学科的障碍"（Break Barriers to Access STEM Subjects in Africa）的项目，通过向边缘化社区提供STEM教育信息和资源，鼓励非洲各地的中小学生和青年学习STEM。但随着津巴布韦教育本土化改革的进程和实现津巴布韦工业现代化的战略，推行西方现代科学知识与本土文化、本土知识相结合是一个重点。《津巴布韦课程蓝图2015—2022年》提出，STEM教学科目主要分为三大类：数学、科学和职业技术，为使STEM教育理念本土化，津巴布韦中小学教育部提出将STEM与艺术和传统文化结合起来，推行STEAM教育[①]。津巴布韦教育部门2016—2020年的教育战略计划确定了教育部门战略计划（ESSP）的四大支柱，其中就提到引入以能力为基础的课程，包括ICT、STEAM/STEM、可持续发展教育（ESD）以及强大的老年生活技能，从而保证学习质量。

（三）数字素养教育电子资源

津巴布韦政府除了通过加强学校基础数字学习设施、与相关部委合作将信息和通信技术培训和教育纳入学校、学院和大学等措施提升中小学生的数字素养能力，还实施了数字素养教育电子教育科技战略，通过在津巴布韦推广电子学习和电子学习材料的使用，利用普遍服务基金（USF）促进偏远学校的连接，推行国家电子学习计划，在全国各地，包括弱势社区，提供公平的信息和通信技术教育和培训机会。津巴布韦在推进数字素养教育电子学习的战略中，通过与政府机构或非政府机构合作的方式推进，政府机构负责设计和实施津巴布韦的不同机构共同承担教育技术计划的责任，如教育部课程发展与技术服务课程发展组负责为多媒体学习材料制作设计新的教学系统和策略、开发并向学校传播学习资源如视频节目和计算机辅助教学多媒体包等；教育研究、创新和发展中心负责指导在教育中有效果且高效率地部署和

[①]朱力轲、张永宏、赵光辉：《津巴布韦教育本土化改革及其启示》，《广西社会科学》2022第4期。

使用 ICT 的研究和创新,并促进提供有关使用 ICT 改进教学的最新研究数据、信息和实践知识等。在数字素养教育电子资源的内容设计上,课程框架围绕"让学习者适应 21 世纪数字环境"展开,旨在促进技术在教育上的使用。表 2 为津巴布韦政府推出的一些较有特色的数字素养教育科技举措。

表 2 津巴布韦具有特色的部分数字素养教育科技举措

机构	课程名称	针对人群	概述
实施机构:高等生命基金会 政府合作伙伴:中小学教育部(MoPSE)	Ruzivo 数字学习	中小学生	Ruzivo 是一个交互数字学习平台,主要是用手机向学生提供补充学习和复习材料。
中小学教育部(MoPSE)和津巴布韦广播公司(ZBC)	无线电教学	中小学生	为应对新冠肺炎疫情,中小学教育部与津巴布韦广播公司合作,并在联合国儿童基金会的资助下,推出广播课程。
Cassava Smartech(多元化数字服务集团)	Akello 数字教室	中小学生;大专学生	Akello 是一个电子学习平台,允许学生访问预先录制的视频课程、幻灯片和练习。它为学生提供所有科目的在线津巴布韦学校考试委员会课程。该组织已与多家出版商合作,提供一个在线图书馆平台,可以访问各种 ZIMSEC 规定的教科书。
TelOne(半国营电信公司)	TelOne 学习选项卡	中学学习者("O"级)	可在线或离线访问的交互式数字教育平台。它包括数学、英语、生物、物理和化学的视频教程和互动测试。它可以通过网站流媒体服务在线获得;也可以通过在移动平台上运行的微型 SD 卡离线使用。
实施机构:联合国教科文组织、韩国信托基金 政府合作伙伴:中小学教育部(MoPSE)、高等教育和科技发展部	ICT 转型非洲数字教育计划	政策制定者、教育管理者、教师教育者、职前和在职教师、高等教育机构、中小学公立学校	2016—2019 年,莫桑比克、卢旺达和津巴布韦实施了由教科文组织—韩国信托合作基金制定的"非洲 ICT 教育转型"项目,该项目旨在通过创新的 ICT 解决方案提高基础教育的可及性和质量;通过 ODL 加强高等教育系统;促进国家信息和通信技术在教育政策和总体规划以及知识共享方面的发展。

三、津巴布韦中小学数字素养教育对中国的启示

（一）完善学校数字素养课程的建设

全民数字素养能力的提升离不开数字素养课程的建设，津巴布韦通过基础的 ICT 能力课程、STEAM 课程以及其他相关课程的设计、开发与实施，针对中小学学生不同的教育阶段调整课程框架与内容、教学目标与知识难易程度，使中小学生在不同的教育阶段获得相适应的数字学习，加强了学生的数字素养能力并使其逐步形成数字思维。对中国的中小学生而言，目前中国中小学数字素养课程没有形式正式、系统的课程体系，更多以选修课、兴趣班等形式展开培养，相关的课程也没有纳入国家课程的标准体系中。鉴于此，国内可以借鉴国外的相关做法，提高数字素养课程的重视度，制定并形成系统、统一的课程体系，根据学生的不同教育阶段开发设计与之所处教育水平相匹配的课程框架。另外，也可以考虑不同学生的兴趣特质，将数字素养能力的培养与专业学科的学习融合，开发设计一套既可以帮助学生学习到数字素养知识，还可以掌握其他学科在数字素养上的应用的课程。

（二）发挥数字素养电子资源的作用

数字化时代，越来越多的服务和日常交流都通过网络进行，公民的数字素养意识也在逐步觉醒和提高，但部分地区人民、老年群体、弱势群体往往由于年龄、经济地位、生活区域等因素的影响，很少或没有接受数字素养教育的机会，导致该群体逐渐被数字边缘化，其中部分具有数字学习意愿却缺乏数字学习机会的人群迫切需要一条获得数字学习的途径。津巴布韦有力地发挥了数字素养电子课程的作用，帮助了该类群体。国内的数字素养教育缺乏社会机构的推动，而相关的数字素养电子培训课程更是甚少。中国政府应动员民间力量，如信息技术企业、非营利组织等应积极参与到全民数字素养教育工作中来，建设数字素养教育门户网站或在已有的门户网站中加入数字素养教育的学习门户，利用门户网站在网络空间中推行数字素养电子资源，鼓励有需求的公民主动通过网络获取学习资源并参与数字能力的培训。另外，门户网站中的优质数字素养电子资源也可引用到学校教育中，为全民数字素养学习提供更多途径。

（三）加强专业教师的数字培训

在推动全民数字素养能力提升进程中，数字素养人才的补充也十分重

要。数字人才的短缺甚至可能对推进数字素养教育进程造成阻碍。要想实现全民数字素养能力的普及覆盖，大量的数字人才资源不可或缺，因此要注重数字人才的补充。同时，专业的数字人力资源不仅要实现数量上的覆盖，还要实现质量上的保证。鉴于此，中国要注重制订数字人力资源能力和技能的战略计划，保证数字人力在中小学、大学等教育系统中的部署和利用。另外，为了保证教师的数字能力，提高数字教育的质量，学校可通过制定教师专业标准，对教师的专业表现进行检测和评估，为检测教师表现提供正式的客观工具，提供反馈和讨论其表现的机会。同时，为在校教师或机构教师提供系统的数字教育培训，根据数字化时代的不断变化和发展，定期开展适应当下形势的数字培训。综上所述，应从战略的层面上保证数字人力资源的充足和质量，为数字素养能力的发展提供优质的人力保障。

小结

在数字教育全球化、国际化的大背景下，数字时代基础素养能力的形成与发展十分必要。借鉴国外优秀的中小学生数字素养教育成果对中国数字素养教育提升具有积极意义。中国在中小学生数字素养教育的课程建设中，应完善学校数字素养课程的建设，形成系统、统一的课程体系，根据学生的不同教育阶段开发设计与之所处教育水平相匹配的课程框架，同时也要发挥数字素养电子资源在数字素养教育中的作用。另外，数字素养人才作为全民数字素养能力提升进程中的重要人力资源，要注重数字人才的培养，在战略层面保证数字人力资源的充足和质量，为数字素养能力的发展提供优质的人力保障。

肯尼亚的数字化转型：实现性别包容性发展

一项名为《肯尼亚的数字经济：人民视角》[①]的研究表明，22%的肯尼亚人仅将移动信息服务用于发送和接收货币或购买通话时间或移动互联网数据，同时3%的用户仍为未使用数字服务。

与此同时，有研究表明，肯尼亚有50%的女性使用移动互联网，而在男性中这一比例为71%；男性用户中54%的用户是高级数字服务用户，而仅35%的女性用户进入高级用户序列。不难看出，女性在使用数字服务时通常都面临着更严峻的挑战，这些困难主要体现在互联网访问以及数字服务使用等方面。

数字性别鸿沟是指数字信息技术在不同性别之间形成的巨大差异。20世纪90年代，数字性别鸿沟对女性群体的重要影响开始受到关注。这种影响具有性别不均衡性，主要表现在信息通信设备可及性、信息收集和使用有效性的性别差异，网络空间对种族、性别和性取向、残障等群体的身份歧视、数字身份安全等方面，通常可归结为以下四点：接入和使用互联网方面的差距；数字技能和使用数字工具方面的差距；参与科学、技术、工程和数学（STEM）领域的差距；科技行业领导力和创业方面的差距[②]。数字时代，各国均在为弥合数字鸿沟不断进行探索和努力，而在数字化转型的过程中，该如何进一步消除性别数字鸿沟，给用户提供更具有性别包容性的互联网生态，值得进一步思考和调整。本书将着眼于性别，旨在通过梳理肯尼亚在信息和通信技术（ICT）和教育方面的性别数字鸿沟（GDD）现状及存在的困难，以借鉴其他国家或地区的先进经验，探索缩小这种差异的途径并提出相

[①] Dalberg, "Kenya's Digital economy: a people's perspective." https://dalberg.com/our-ideas/kenyas-digital-economy-a-peoples-perspective/，访问日期：2021年11月。
[②]《数字性别鸿沟现状与弥合展望》，https://m.thepaper.cn/baijiahao_10117809，访问日期：2020年11月24日。

关建议，以解决该国教育研究中的数字性别鸿沟问题。

一、肯尼亚数字社会的困难与挑战

（一）肯尼亚的社会文化规范的限制

肯尼亚由 42 个部落和 70 个民族社区组成，文化习俗复杂多样，这使国民接受数字教育机会的公平性遭到较大冲击。一些文化习俗对女孩的影响尤为严重。这使部分农村女性青年必须亲自前往有关部门才能获得使用数字设备和服务的许可。针对以上问题，国家及时采取了干预措施，旨在遏制这些做法。目前，相关不公平情况已得到明显改善。

（二）肯尼亚的历史及自然条件的约束

同时，作为一个中低收入国家，肯尼亚长期遭受着自然资源短缺和政治危机等多重冲击，教育部门也难以避免地受到这些冲击的影响。这使教育资源的供给、教学质量的提升以及获得教育的机会均受到挑战。特别是东北部省份，遗留的历史问题①及同中央政府的紧张关系进一步加剧了数字教育的复杂性，同时有关无国籍人士的受教育问题及其如何融入肯尼亚教育渠道也是一个巨大的挑战。

（三）肯尼亚性别数字鸿沟现状

研究表明，肯尼亚 37% 的女性更有可能经常用完手机通话时间和互联网数据，而男性则为 31%。由于接触、使用和拥有有限，43% 的女性表示她们在使用数字服务时需要帮助，而男性的这一比例为 31%。同时，占人口 11% 的农村女性青年面临着严重的负担能力挑战和强大的文化障碍。44% 的农村女性青年购买数字设备的机会及资金有限，且这一群体会更频繁地耗尽通话时间和互联网数据。同时，在成年女性农民也兼任家庭主妇这一群体中，有超过半数的成年人表示无法访问互联网。

性别数字鸿沟的存在是众所周知的，同时在这些存在困难的女性用户内部依旧存在地区及个体差异，如何缩小或消除特定女性群体（包括农村女性青年、成年女性农民或家庭主妇以及自由职业妇女）之间的数字差距，建设一条通往数字服务更大、更深入、更包容的道路成为首要任务。

---

① "Education marginalization in Northern Kenya." https：//unesdoc. unesco. org/ark：/48223/pf0000186617，访问日期：2015 年 1 月。

二、肯尼亚数字教育发展新路径——解锁服务和接触女性的新模式

(一) 既往的数字化转型途径

2014年,肯尼亚第四任国家元首乌胡鲁承诺在小学为学生提供计算机,从而引发了一场关于数字教育的全国对话。该项目的目的是提升学生的数字素养,使年轻学习者在以ICT为基础的经济中茁壮成长,同时"一个孩子一台电脑"项目的受益者大多是小学一年级的学生。

然而直到2016年,政府才开始兑现这一承诺,还将笔记本电脑换成了专门为孩子设计的平板电脑。项目宣布六年、实施三年后,最终悄悄终止。这一项目失败的原因在于:成本过高;缺乏熟练的项目运营人员;缺乏必要的基础设施;技术尚不成熟且缺乏支持机制①。

此后,取而代之的是在肯尼亚的所有高中建立计算机实验室。因为高中生已经具备一定的数字素养,同时这些实验室也可以用作社区中心,在假期或晚上为邻近社区的人们提供便利。这样一来可以节约许多成本。

2015年,相关部门根据肯尼亚宪法对教育和培训部门的性别政策进行了审查。该政策倡导性别平等和包容妇女、少数民族和残疾人。这一政策涉及以下六大问题:获得机会;公平;优质教育;安全、保障和基于性别的暴力;教育和指导;治理和管理。虽然肯尼亚在小学入学率方面基本上实现了性别平等,但随着教育阶梯的上升,以及包括TVET机构在内的STEM课程中学习者的分化,性别差距继续显现,男性占比仍高于女性。性别政策指向这些挑战,并出台了一些旨在消除课程内容和实践中两性不平等的策略(如表1)。

表1 关于课程和实践的性别政策建议策略②

政策	目标	政策声明	策略
素质教育	通过提供优质教育和培训消除两性不平等。	建立对性别问题敏感的高质量课程。	定期复习小学课程、教学材料,纳入科学、技术、工程和数学(STEM)概念,并使其具有性别敏感性。

---

① iAfrican, "Kenya's failed one laptop per child project." https://www.iafrikan.com/kenyas-failed-primary-school-laptops-project/,访问日期:2022年3月。

② "Landscape report on digital education in Kenya." https://fingo.fi/wp-content/uploads/2021/01/landscape-report-digital-education-kenya-fingo-powerbank.pdf,访问日期:2021年1月27日。

续表

政策	目标	政策声明	策略
培养和指导	为所有学习者发展有性别敏感性的导师和角色示范项目。	提供机制，提高所有教育层次的所有学习者对STEM的参与；促进男女均衡参与STEM和学术项目创新。	建立导师项目，以加强对STEM课程的参与，并在各级教育中进行技能获取的研究；强化公私伙伴关系，发展性别友好型科技创新中心，鼓励女性学生的参与。
治理和管理	建立良好治理、做法和管理的结构，确保在各级教育中对性别问题作出反应。	改进数据和资料的管理，确保对性别问题有敏感认识，并在各级按年龄和性别分列。	加强教育管理和信息系统，有效管理性别敏感的性别分类数据，供教育部门进行信息和战略规划。

2017年，教育部开始启动能力本位课程（CBC）。这是由肯尼亚课程发展研究所（KICD）开发的。这种新的教育体系的结构是2—6—6—3模式，即2年学前教育、6年小学教育、6年中学教育（分为初中和高中）和3年大学教育。这一新课程的设计和使用按照循序渐进的思路逐一推行。目前，从学前到小学五年级的课程设计已经完成并在全国推广[1]。然而，Momanyi和Rop进行的一项关于肯尼亚实施CBC的研究表明，教育工作者准备不足[2]。肯尼亚课程发展研究所（KICD）和教师服务委员会（TSC）的报告称，3%的教育工作者自信地认为做好了准备，而20%的教育工作者没有为实施CBC做好充分准备[3]。CBC带来的任务明确，并最终要求父母按照课程要求参与到孩子的教育中。父母在孩子的教育中扮演着关键的角色，因为他们应该不断地跟踪和帮助学生在家完成指定的活动。Mwarari、Githui和Mwenje认为，学习者的未来不仅取决于教师的努力，在更大程度上还取决

---

[1] 肯尼亚课程开发研究所，Ministry of Education, "Science and Technilogy." https://kicd.ac.ke/curriculum-reform/curriculum-development-policy/, 访问日期：2022年4月。

[2] Momanyi, J. M., Rop, P. K., "Teacher preparedness for the implementation of competency based curriculum in Kenya: A survey of early grade primary school teachers' in Bomet East Sub-County." *The Cradle of Knowledge: African Journal of Educational and Social Science Research*, 2020, 7 (1), 10-15.

[3] "The National Steering Committee. Report on competence based curriculum acticities." https://kicd.ac.ke/wp-content/uploads/2018/02/Presentation-on-CBC-Activities-Jan-2018.pdf, 访问日期：2018年1月。

于作为共同教育者的父母①。随着 CBC 的引入，家长、学习者和教师之间的关系得到了加强，从而更容易实现目标，同时这也对国民整体的数字素养水平提出了更高的要求。

（二）解锁服务和接触女性的新模式

既往的数字化转型虽然取得了一定成效，但仍未将缩小性别数字鸿沟放在更加重要的位置上。近几年陆陆续续有一些案例，在收获不错成效的同时也带来了更多的启发。

DigiFarm 是由电信巨头 Safaricom 领导的一个项目，是一个多提供商平台，为农民提供数字化的推广服务、投入品购买和市场联系，旨在通过使用移动技术改变生活，并覆盖更多的女性农民②。根据美慈组织农业金融计划最近的一项研究，该平台上超过 70% 的收入由女性农民创造，产量和农场生产力提高了 73%，预计通过复合效应将进一步增加。尽管要全面解决女性农民的排斥问题仍有许多工作要做，但 DigiFarm 等项目正朝着正确的方向前进。自雇女性也是一个为更多地采用先进数字服务做好准备的细分市场。36% 的自雇女性使用数字服务来维持生计（男性为 54%）。超过一半的女性（56%）表示，她们在使用高级数字服务时需要帮助，但无法找到能帮忙的人（相比之下，男性中这一比例为 44%）。尽管这一细分市场面临挑战，但女性企业家与男性企业家一样，渴望充分利用数字工具进行商业，并更多地了解电子商务和数字营销如何帮助她们扩展业务。

同时，随着创新服务继续鼓励更多的包容性，还需要更多的研究和重点努力来弥合其他细分市场的差距（例如残疾人，这些细分市场尚未通过支持使用先进数字服务的创新来实现），并将所有肯尼亚人纳入数字化转型之中。

（三）他国的先进经验

全球移动通信系统协会（GSMA）《2022 年移动性别差距报告》显示，

---

① Mwarari, C. N., Githui, P., Mwenje, M., "Parental Involvement in the Implementation of Competency Based Curriculum in Kenya: Perceived Challenges and Opportunities." American Journal of Humanities and Social Sciences Research (AJHSSR). 2020, 4 (3), pp.201-208.

② Casper Strydom, DigiFarm, "Technology that bolsters change in Kenya." 13 December 2017, https://mezzanineware.com/digifarm-technology-that-bolsters-change-in-kenya/，访问日期：2017 年 12 月。

中低收入国家（LMIC）开展了多年女性平等数字包容之后，在 2021 年新增了 5 900 万名女性开始使用移动互联网，而 2020 年增加人数为 1.1 亿人。近年来，中低收入国家女性使用移动互联网的增速放缓，与此形成鲜明对比的是，男性仍保持较高增速。这是 GSMA 数据首次出现这种负面趋势。报告还称，在整个中低收入国家，从 2017 年至 2020 年移动互联网的性别差距逐年缩小，从 25% 缩小到了 15%；然而，2021 年这一势头已经丧失。现在，女性使用移动互联网的可能性比男性少 16%，使用移动互联网的女性比男性少 2.64 亿[1]。

为缩小性别数字鸿沟，许多国家出台了极具借鉴意义的举措，为女性在数字经济发展中兴趣和能力的提升提供了切实的帮助。

2016 年，GSMA 推出了女性联网承诺计划，以促进弥合移动性别差距的行动。在此期间，非洲、亚洲和拉丁美洲的 40 多家移动运营商已正式承诺加快女性的数字和金融包容性。通过移动互联网或移动货币服务获益的女性已经增加了 5 500 万。

2021 年 6 月，中国发布《关于支持女性科技人才在科技创新中发挥更大作用的若干措施》，为培养造就高层次女性科技人才颁布了"支持女性科技人才承担科技计划项目""更好发挥女性科技人才在科技决策咨询中的作用"等一系列措施，为缩小性别数字鸿沟提供了政策范本。

在 Web Foundation 基金会及其附属机构 Alliance for Affordable Internet 2021 年发布的研究报告中，经过计算得出在过去 10 年中，32 个低收入和中等收入国家因没有帮助更多女性上网而损失了 1 万亿美元，以鲜明的经济术语阐述了数字性别鸿沟的代价。希望这能成为政府需要认真对待这一问题的动力。根据该报告的计算，在未来五年内缩小数字性别差距可以帮助所研究国家的经济产生额外的 5240 亿美元[2]，以切实的经济损失展示未弥合性别数字鸿沟所带来的重大损失。

根据国际电联的最新数据，全球使用互联网的女性比例为 57%，而男性为 62%，这意味着全球互联网使用方面的性别差距为 5%。虽然缩小性别

---

[1] 美通社：《新的 GSMA 数据为性别数字鸿沟敲响了警钟》，http://stdaily.com/guoji/qiye/202206/51218eaccf9a49e1a7f3dc0dfacaf61f.shtml，访问日期：2022 年 6 月。

[2]《Web Foundation 希望各国政府在看到数字性别鸿沟的经济成本后采取行动》，https://www.cnbeta.com/articles/tech/1188605.htm，访问日期：2010 年 10 月。

数字鸿沟在许多发达国家已经取得了一定成效，但在一些发展中国家却有扩大的趋势。除基础设施建设、缺乏数字技能和负担能力之外，如何进一步帮助妇女和女童实现有意义的数字参与同样是一个巨大的挑战。

为了缩小差距，国际电联开始强调数据的收集和共享。为帮助各国建设收集、传播和分享全球、区域和国家层面数据的能力，特别是关于人们获得和使用信息和通信技术和数字技能的数据，国际电联、联合国教科文组织联合宽带促进可持续发展委员会制定了一个专门的目标，即：到2025年，在其所有与互联网接入和使用、数字技能、数字金融服务以及中小微企业（MSME）有关的目标中实现性别平等。2022年，国际电联与联合国秘书长技术事务特使办公室（OSET）共同制定了一个框架，其中包括一个到2030年实现互联网接入性别平等的目标。

国际信息通信年轻女性日是由国际电联牵头的一项全球性旗舰活动，旨在提高认识、增强女童和年轻女性权能并鼓励她们考虑在STEM领域进行学习研究并开创一番事业。自2011年启动以来，已有37.7万名女童和年轻女性参与了在世界上171个国家举办的11 400场庆祝活动。

EQUALS伙伴关系由国际电联、联合国大学（UNU）、联合国妇女署、国际贸易中心（ITC）和全球移动通信系统协会（GSMA）于2016年创立，汇集了全球100多个公共和私营部门参与者，确保世界各地的妇女和女童拥有参与和协助建设数字经济的机会及技能、发挥领导作用并从事研究工作。EQUALS伙伴关系组织举办技术领域性别平等年度奖项，旨在表彰帮助世界各地妇女和女童弥合性别数字鸿沟的项目和举措。

国际电联与强化综合框架（EIF）和联合国项目事务厅（UNOPS）合作开展了一个项目，旨在加强布隆迪、埃塞俄比亚和海地等最不发达国家（LDC）的女性获得数字技术和培养数字技能的机会。通过改善政策和监管环境，提高政府将性别问题和信息和通信技术纳入主要工作的能力，并通过让适龄工作女性掌握数字技能，增加她们的收入和职业机会。

区域编码营和讲习班，如非洲年轻女性编码能力培训举措（AGCCI）和美洲年轻女性编码能力（AGCC）举措，旨在培训和赋能女童和年轻女性成为计算机程序员、创造者和设计师并使之成为STEM领域的榜样；创建一个分享编码经验的在线社区。

网络安全领域女性导师辅导计划寻求在网络安全领域激励、培训并赋能女性。目前的试点计划面向非洲和阿拉伯地区从事初级网络安全工作的女性，以及 ICT/STEM 领域中寻求进入网络安全工作队伍的女性。

不难看出，多年来国际电联领导了多项计划和举措，将妇女和女童更紧密地纳入经济和社会的数字化转型中，同时在其内部流程中加速推动实现性别平等并将性别问题纳入主流，为在数字生活中实现性别平等做出了巨大贡献[1]。

小结

在肯尼亚，社会文化和地理差异往往通过阻碍学习和教育来持久和直接地边缘化女性的数字融入，但通过该国的情况我们应该意识到更加巨大的全球性社会后果，在越来越依赖有效的数字能力才能生存的数字时代，这些社会后果可能对女性"数字穷人"产生更加深远而广泛的影响。同时，在缩小这一差距的过程中，我们在借鉴他国先进经验的同时还应注意到互联网和技术接入本身已经成为底层逻辑，使用数字工具的强度和性质成为新的衡量数字素养的标准。不能再机械地将完善基础设施与降低准入门槛作为检验弥合成效的条件，而要为女性的数字融入提供更加切实有效的帮助[2]。总之，数字发展中性别平等教育需要政府、企业、学校、教师、家长和个人通力合作，而开展高质量、包容性和无障碍的数字教育是未来的发展方向。促进数字教育中的性别平等，鼓励更多女性加入到数字经济的发展中来，弥合性别数字鸿沟，努力创造一个更加平等、开放、包容的数字社会[3]。

---

[1] ITU：《弥合性别鸿沟》，https：//www.itu.int/zh/mediacentre/backgrounders/Pages/bridging-the-gender-divide.aspx，访问日期：2022 年 6 月。

[2] Research outreach：《性别数字划分：加强包容性》，https：//www.graceymay.com/articles/gendered-digital-divides-enhancing-inclusivity/，访问日期：2021 年 6 月 29 日。

[3] 张秀：《数字时代性别平等教育的优化路径探析》，http：//jyjxltzzs.net/html/9375623652.html，访问日期：2022 年 7 月。